2판

대학수학

김현석 · 이영란 · 조성희 지음

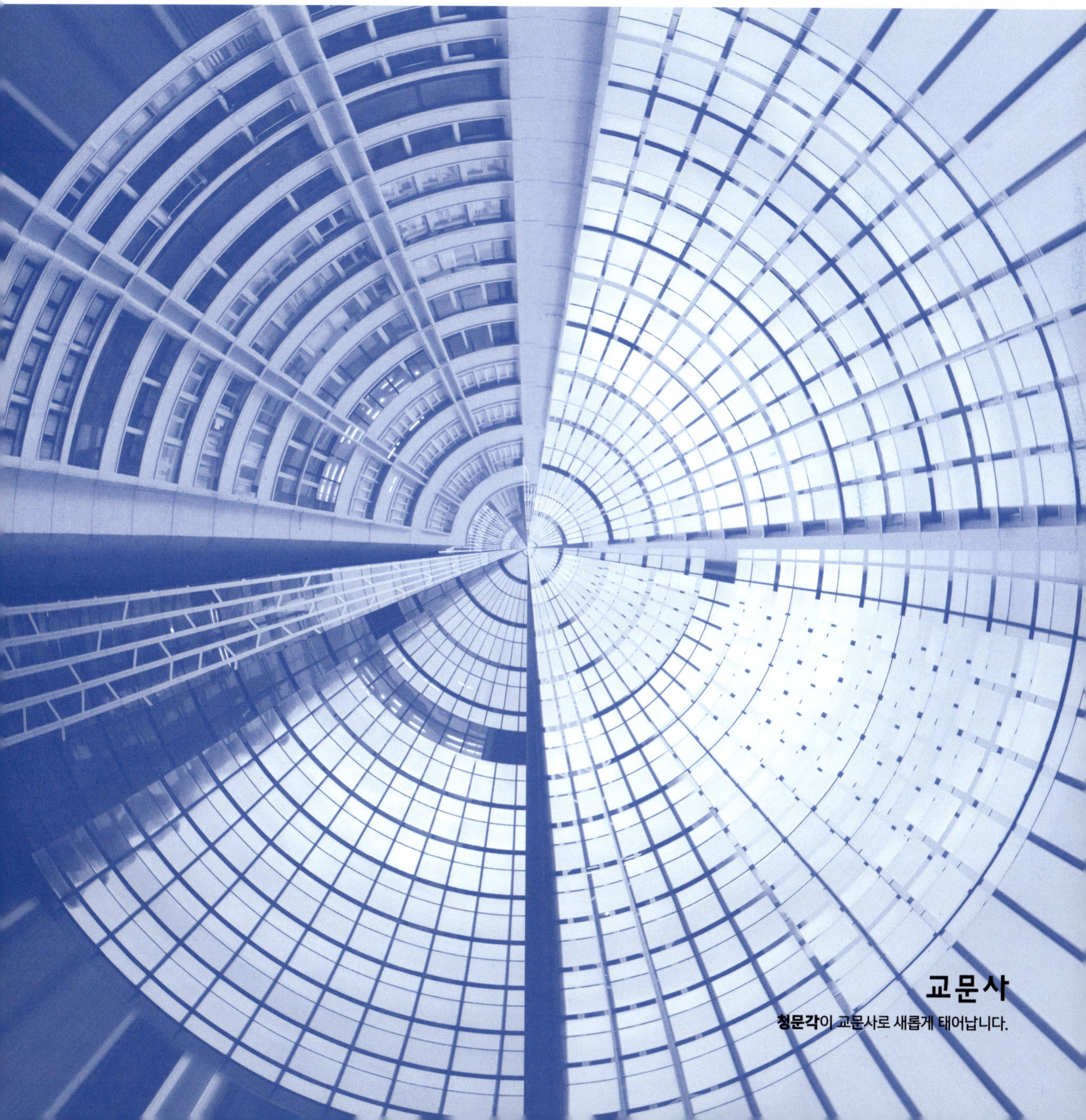

교문사

청문각이 교문사로 새롭게 태어납니다.

2판 머리말

미적분학과 행렬이론은 전통적인 응용분야인 자연과학과 공학뿐만 아니라 경제학, 경영학, 통계학 등의 사회과학과 4차 산업혁명의 기반이 되는 빅 데이터 분석 등에도 필수적인 수학 도구로 활용되고 있습니다. 2014년 고등학교 1학년부터 적용된 2009 개정 교육과정에 따라 문 · 이과 학생 모두 수학I, 수학II, 확률과 통계, 미적분I을 일반 선택 과목으로 이수하고 있습니다. 이를 통하여 수열과 함수의 극한, 무한급수, 다항함수의 미분과 적분 등에 대한 기본적인 지식은 고등학교 때 습득하게 됩니다. 그러나 행렬과 관련된 모든 내용이 2009 개정 교육과정에서 제외됨에 따라, 2017년 대학 신입생부터는 행렬에 대한 사전지식이 전혀 없이 대학에 들어오게 되었습니다. 또한, 문과 학생들은 고등학교에서 기하와 벡터, 미적분II를 이수하지 않기 때문에 공간좌표, 평면벡터, 공간벡터, 지수 · 로그함수의 미적분 등에 대하여 학습할 기회를 얻지 못했습니다. 이를 바탕으로 하여 사회과학을 전공하는 대학생들에게 필요한 미적분학과 행렬이론을 이 책에 담고자 노력했습니다.

1판과 비교하여 2판의 가장 중요한 변화는 벡터와 행렬에 대한 자세한 설명을 추가한 것입니다. 1판의 7장에서 함께 다루었던 벡터와 행렬을 두 개의 장으로 분리하여, 2판의 6장에서는 벡터, 7장에서는 행렬에 대한 기본적인 이론을 제공하였습니다. 특별히, 벡터와 행렬에 대한 다음의 내용이 추가되었습니다.

- 벡터함수와 곡선
- 연립일차방정식과 (가우스–조던) 소거법
- 정칙행렬의 여러 가지 성질들과 그 증명
- 행렬식의 정의, 행렬식의 기본 성질과 증명(본문 및 부록)
- 행렬식을 이용한 역행렬의 존재성 증명 등

다변수함수의 미분법에 대해서도 보다 자세히 설명하기 위하여 8장의 내용을 아래와 같이 일부 개정하였습니다.

- 극한, 연속성, 편도함수의 개념에 대한 설명 개정
- 방향미분계수의 정의 추가
- 전미분의 개념 삭제, 미분가능성의 정의 및 충분조건 추가

– 연쇄법칙을 이용한 접평면의 개념 설명
– 이계편도함수를 이용한 극값 판정법의 증명(부록) 등

그 밖에 2판에서 삭제 또는 추가된 주요 내용은 아래와 같습니다.

– 상계와 상한의 개념 삭제
– 이항정리와 여러 가지 부등식 추가
– 수열의 극한과 급수의 개념 추가
– 점근선의 개념 삭제
– 미분(differential)의 개념 삭제
– 뉴턴(Newton)의 방법 삭제
– 볼록함수의 필요충분조건 추가
– 1판의 5장 적분과 6장 정적분의 응용을 통합
– 곡선의 길이 삭제 등

또한, 2판에는 많은 연습문제가 추가되었습니다. 특히, 기본적인 정의와 공식을 연습할 수 있는 단순한 계산문제뿐만 아니라 본문에서 다룬 중요한 개념에 대한 이해를 심화할 수 있는 증명문제도 다수 추가하였습니다. 이를 위하여 많은 도움을 준 김두규 박사와 성기훈 학생에게 심심한 감사의 말을 전합니다.

이 책을 쓸 수 있도록 지원해주신 오영탁 학과장님을 비롯한 모든 수학과 교수님들과, 이 책이 완성되기까지 교정과 출판을 위해 수고해주신 교문사 출판사의 여러 관계자들께 감사를 드립니다.

2018년 8월
저자 일동

1판 머리말

이 책은 대학에 갓 들어온 1학년 학생을 대상으로 대학과정에서 반드시 필요한 수학내용을 한 학기과정으로 가르치기 위하여 쓰여 졌다. 일반적인 미적분학(Calculus)의 이론 중에서 기초적인 중요한 개념과 정리들을 선택하여 다루고 있다. 또한 선형대수(Linear algebra)의 내용 중에서 벡터와 행렬에 관한 기초 이론도 포함하고 있다. 이 책의 여러 가지 내용을 소개하는 데 있어서 너무 엄밀한 수학적인 용어와 기호의 사용을 가급적 배제하되 그 내용은 왜곡됨이 없이 전달하려고 노력하였다.

이 책은 주당 3시간으로 한 학기동안 강의할 수 있는 내용을 포함하고 있다. 미적분학의 내용을 처음으로 접하는 학생들에게는 이 책의 분량이 다소 많게도 느껴질 수 있으나 선생님의 강의진도에 맞추어 성실히 공부해 가면 한 학기에 충분히 소화할 수 있을 것으로 생각한다. 특히, 이 책에서 다루는 내용은 미적분학에 있어서 가장 기본이 되는 내용들이므로 첫 장부터 마지막 장까지 차례대로 빠짐없이 공부할 것을 강조하는 바이다.

끝으로, 이 책을 쓸 수 있도록 지원해주신 신창언 학과장님을 비롯한 모든 수학과 교수님들께 감사드린다. 또한 이 책에 삽입된 그림을 그리는 작업을 맡아 준 김길춘 박사에게도 심심한 감사의 말을 전하고 싶다. 앞으로도 이 책의 미비점을 바로잡아 내용을 보완해 나아가는 일을 계속할 것을 약속하며, 이 책이 완성되기까지 교정과 출판을 위해 수고해주신 교문사 출판사의 여러 관계자들께 감사를 표하는 바이다.

2011년 2월

저자 일동

차례

1장 함수

1.1 실수의 집합 ··· 12
1.2 함수와 그래프 ··· 18
1.3 함수의 연산 ··· 25
1.4 지수함수와 로그함수 ··· 29
1장 연습문제 ··· 36

2장 극한과 연속

2.1 수열의 극한 ··· 40
2.2 함수의 극한 ··· 49
2.3 함수의 연속 ··· 59
2.4 무한대에서의 극한 ··· 66
2장 연습문제 ··· 71

3장 미분

3.1 미분계수와 미분가능성 ··· 76
3.2 도함수 ··· 87
3.3 미분법 ··· 92
3.4 지수함수와 로그함수의 도함수 ··· 103

3.5 선형근사식 ······ 112
3장 연습문제 ······ 115

4장 미분의 활용

4.1 함수의 극값 ······ 118
4.2 평균값 정리 ······ 123
4.3 로피탈의 법칙 ······ 128
4.4 극값 판정법 ······ 135
4.5 함수의 볼록과 오목 ······ 141
4.6 함수의 최대, 최소 ······ 150
4장 연습문제 ······ 155

5장 적분

5.1 부정적분 ······ 160
5.2 정적분 ······ 163
5.3 미적분의 기본 정리 ······ 171
5.4 적분법 ······ 176
5.5 넓이 ······ 182
5.6 부피 ······ 189
5.7 이상적분 ······ 197
5장 연습문제 ······ 203

6장 벡터

6.1 벡터와 벡터공간 ······ 208
6.2 벡터의 내적 ······ 217
6.3 직선과 평면의 방정식 ······ 226

6.4 벡터함수 ········ 232
6장 연습문제 ········ 237

7장 행렬

7.1 행렬 ········ 240
7.2 연립일차방정식과 소거법 ········ 249
7.3 역행렬 ········ 257
7.4 행렬식 ········ 263
7.5 행렬식과 역행렬 ········ 273
7장 연습문제 ········ 281

8장 다변수함수의 미분

8.1 다변수함수와 그래프 ········ 286
8.2 다변수함수의 극한과 연속 ········ 293
8.3 편도함수 ········ 300
8.4 미분가능성과 선형근사식 ········ 308
8.5 연쇄법칙과 접평면 ········ 313
8.6 이변수함수의 극값 ········ 324
8.7 라그랑주 승수법 ········ 330
8장 연습문제 ········ 336

부록

A.1 정리 2.1.17의 증명 ········ 340
A.2 정리 7.4.9의 증명 ········ 342
A.3 정리 8.4.3의 증명 ········ 344
A.4 정리 8.6.3의 증명 ········ 346

찾아보기 ········ 349

1장

함수

1.1 실수의 집합
1.2 함수와 그래프
1.3 함수의 연산
1.4 지수함수와 로그함수
1장 연습문제

1.1 실수의 집합

수학에서 사용하는 수에는 자연수, 정수, 유리수, 무리수, 실수 그리고 복소수 등이 있다. 이러한 수들의 집합을 나타내는 기호와 정의에 대하여 알아보자.

자연수(natural number) 전체의 집합을 $\mathbb{N}$ 으로 나타내며 자연수를 양의 정수라고도 한다. 즉

$$\mathbb{N} = \{1, 2, 3, \cdots\}$$

이다. 또한 자연수와 0 그리고 음의 정수를 모두 **정수**(integer)라고 부르며 정수 전체의 집합을 $\mathbb{Z}$ 로 나타낸다. 즉

$$\mathbb{Z} = \{\cdots, -3, -2, -1, 0, 1, 2, 3, \cdots\}$$

이다. 자연수 n 과 정수 m 을 사용하여 $\frac{m}{n}$ 형태로 표현이 가능한 수를 **유리수**(rational number)라고 하며 모든 유리수의 집합을 $\mathbb{Q}$ 로 나타낸다. 즉

$$\mathbb{Q} = \left\{\frac{m}{n} \mid n \in \mathbb{N},\ m \in \mathbb{Z}\right\}$$

이다. 유리수의 집합 $\mathbb{Q}$ 는 **실수**(real number) 전체의 집합 $\mathbb{R}$ 의 부분집합이다. 유리수가 아닌 실수를 **무리수**(irrational number)라고 하며, 무리수 전체의 집합을 $\mathbb{R} \setminus \mathbb{Q}$ 로 나타낸다.

제곱하여 -1 이 되는 수를 i 로 나타낸다. 즉 $i^2 = -1$ 이 성립한다. 실수 a, b 에 대하여 $a + bi$ 꼴로 표현되는 수를 **복소수**(complex number)라고 부른다. 이때 a 를 복소수 $a + bi$ 의 **실수부분**(real part), b 를 **허수부분**(imaginary part)이라고 한다. 복소수 전체의 집합을 $\mathbb{C}$ 로 나타낸다. 즉

$$\mathbb{C} = \{\, a + bi \mid a, b \in \mathbb{R} \,\}$$

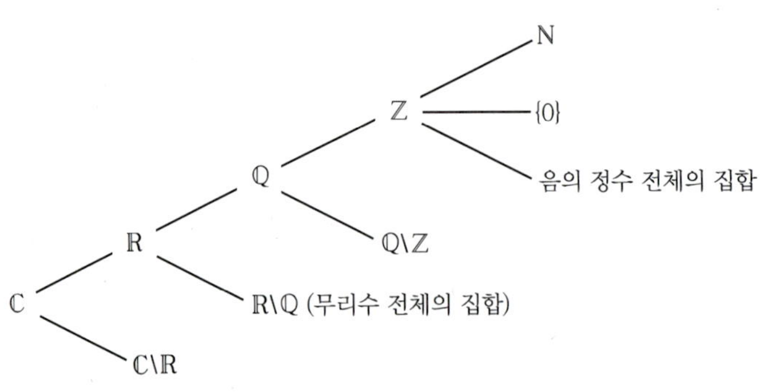

[그림 1-1]

이다. 실수 a는 $a=a+0i$로 나타낼 수 있는 복소수이다. 따라서 실수의 집합 $\mathbb{R}$은 복소수의 집합 $\mathbb{C}$의 부분집합이다.

미적분학은 실수의 성질에 기초를 두고 있으므로 실수의 기본 성질을 잘 알아야 한다. 먼저 실수의 덧셈과 곱셈에 대하여 교환법칙, 결합법칙, 분배법칙 등의 기본적인 연산법칙이 성립한다. 즉 임의의 실수 a, b, c에 대하여

$$a+b=b+a,\ \ ab=ba,$$
$$(a+b)+c=a+(b+c),\ \ (ab)c=a(bc),$$
$$(a+b)c=ac+bc$$

가 성립한다.

이와 같은 연산법칙과 부등식의 기본 성질들을 이용하여 여러 가지 유용한 항등식과 절대부등식을 유도할 수 있다.

보기 1.1.1 임의의 실수 a, b에 대하여 다음의 등식이 성립한다.

$$a^2-b^2=(a-b)(a+b)$$
$$a^3-b^3=(a-b)\left(a^2+ab+b^2\right)$$

일반적으로, 임의의 실수 a, b와 자연수 $n\geq 2$에 대하여 다음의 등식이 성립한다.

$$a^n-b^n=(a-b)\left(a^{n-1}+a^{n-2}b+\cdots+b^{n-1}\right)$$ ■

보기 1.1.2 **이항정리**(Binomial Theorem) 임의의 실수 a, b에 대하여 다음의 등식이 성립한다.

$$(a+b)^2=a^2+2ab+b^2$$
$$(a+b)^3=a^3+3a^2b+3ab^2+b^3$$

일반적으로, 임의의 실수 a, b와 자연수 n에 대하여 다음의 등식이 성립한다.

$$(a+b)^n=\sum_{k=0}^{n}{}_n\mathrm{C}_k a^{n-k}b^k={}_n\mathrm{C}_0 a^n+{}_n\mathrm{C}_1 a^{n-1}b+\cdots+{}_n\mathrm{C}_n b^n$$

여기서 ${}_n\mathrm{C}_k$는 서로 다른 n개에서 k개를 택하는 조합의 수로

$$ {}_n\mathrm{C}_k = \frac{n!}{k!(n-k)!} = \frac{n(n-1)\cdots(n-k+1)}{k!} $$

이다. ■

보기 1.1.3 **삼각부등식**(Triangle Inequality) 임의의 실수 a, b에 대하여, 절댓값에 대한 다음의 부등식이 성립한다.

$$ |a+b| \le |a|+|b|, \quad ||a|-|b|| \le |a-b| $$ ■

보기 1.1.4 **산술기하평균 부등식**(Arithmetic-Geometric Mean Inequality) 음이 아닌 임의의 실수 a, b에 대하여

$$ \frac{a+b}{2} \ge \sqrt{ab} $$

가 성립한다. 일반적으로, 음이 아닌 임의의 실수 $a_1, a_2, \cdots, a_n$ (n은 $n \ge 2$인 자연수)에 대한 다음의 부등식이 성립한다.

$$ \frac{a_1+a_2+\cdots+a_n}{n} \ge \sqrt[n]{a_1a_2\cdots a_n} $$

특별한 경우인 $n=2, 3, 4$일 때의 이 부등식의 증명을 연습문제로 남긴다. ■

보기 1.1.5 **코시-슈바르츠 부등식**(Cauchy-Schwarz Inequality) 임의의 실수 a, b, c, d에 대하여

$$ (ac+bd)^2 \le (a^2+b^2)(c^2+d^2) $$

이 성립한다. 일반적으로, 임의의 실수 $a_1, b_1, \cdots, a_n, b_n$ (n은 자연수)에 대하여 다음의 부등식이 성립한다.

$$ (a_1b_1+\cdots+a_nb_n)^2 \le (a_1^2+\cdots+a_n^2)(b_1^2+\cdots+b_n^2) $$

수학에서 가장 중요한 부등식 중의 하나인 이 부등식은 이차함수의 성질을 이용하여 쉽게 증명할 수 있으며, 자세한 증명은 연습문제로 남긴다. ■

실수 전체의 집합을 기하학적으로 표현할 때 직선을 사용한다. 한 직선이 주어졌다고 생각하자. 임의의 서로 다른 두 실수 $a, b\ (a<b)$를 직선 위의 서로 다른 두 점에 대응시키면(단, a보다 b를 직선의 오른쪽 점에 대응시킨다) 임의의 실수 x에 대하여 직선 위의 단 하나의 점이 대응되고 역으로 직선 위의 각 점에 대하여도 단 하나의 실수가 대응된다. 직선 위의 한 점 P에 대응되는 실수 x를 점 P의 **좌표**라고 한다. 이때 각 점에 좌표가 주어진 직선을 **좌표직선**(coordinate line)이라 하고, 좌표가 0으로 주어진 점을 **원점**(origin)이라고 한다.

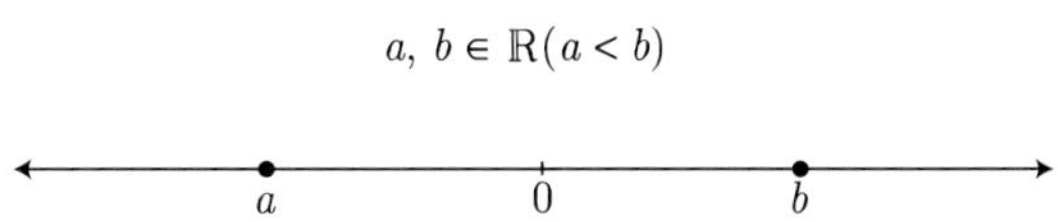

[그림 1-2]

직선에서 원점의 오른쪽 부분에는 양의 실수가 대응되고 왼쪽 부분에는 음의 실수가 대응되므로 오른쪽 화살표 방향을 **양의 방향**, 왼쪽 화살표 방향을 **음의 방향**이라고 부른다.

두 실수 $a, b\ (a<b)$에 대하여 다음과 같은 집합을 **구간**(interval)이라고 한다.

$$[a,\ b]=\{x\in\mathbb{R}\ |a\le x\le b\},\ \ (a,\ b)=\{x\in\mathbb{R}\ |a<x<b\}$$
$$[a,\ b)=\{x\in\mathbb{R}\ |a\le x<b\},\ \ (a,\ b]=\{x\in\mathbb{R}\ |a<x\le b\}$$

여기서 특별히 양 끝점 a, b를 모두 포함하는 구간 $[a,\ b]$를 **닫힌 구간**이라 하고, 모두 포함하지 않는 구간 $(a,\ b)$를 **열린 구간**이라고 한다. 이들 각 구간을 좌표직선 위에 나타내면 그림 1-3과 같다.

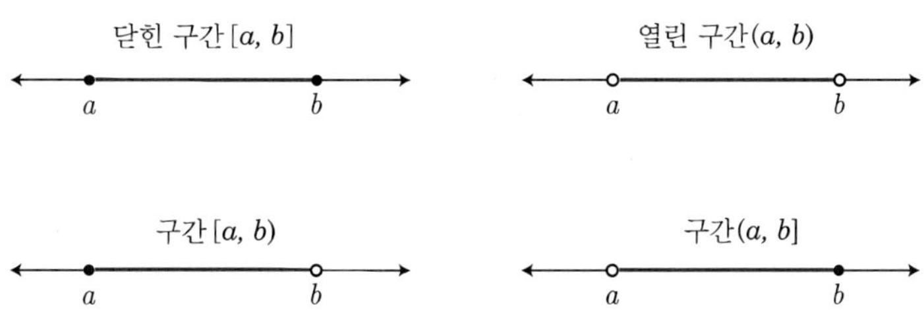

[그림 1-3]

또한, 실수 a에 대한 아래의 구간들도 생각한다.

$$[a,\ \infty)=\{x\in\mathbb{R}\ |x\ge a\},\ \ (a,\ \infty)=\{x\in\mathbb{R}\ |x>a\}$$
$$(-\infty,\ a)=\{x\in\mathbb{R}\ |x<a\},\ \ (-\infty,\ a]=\{x\in\mathbb{R}\ |x\le a\}$$

실수 전체의 집합 $\mathbb{R}$을 $(-\infty,\ \infty)$로 나타내기도 한다.

연습문제 1.1

1. 보기 1.1.1의 등식을 증명하여라. 즉 임의의 실수 a, b와 자연수 $n \geq 2$에 대하여 다음의 등식

$$a^n - b^n = (a-b)\left(a^{n-1} + a^{n-2}b + \cdots + b^{n-1}\right)$$

이 성립함을 보여라.

2. 보기 1.1.3의 부등식을 증명하여라.

3. 임의의 실수 a, b에 대하여 $a^2 + ab + b^2 \geq 0$임을 보여라. 또한, $a^2 + ab + b^2 = 0$이면 $a = 0$이고 $b = 0$임을 보여라.

4. 실수 a, b에 대하여 다음을 증명하여라.

(1) $a > b \geq 0$이면 $a^2 > b^2$ (2) $a > b$이면 $a^3 > b^3$

5. (1) 음이 아닌 임의의 실수 a, b에 대하여

$$\frac{a+b}{2} \geq \sqrt{ab}$$

임을 보여라.

(2) 음이 아닌 임의의 실수 a, b, c, d에 대하여

$$\frac{a+b+c+d}{4} \geq \sqrt[4]{abcd}$$

임을 보여라.

6. 문제 5의 (2)를 이용하여, 음이 아닌 임의의 실수 a, b, c에 대하여

$$\frac{a+b+c}{3} \geq \sqrt[3]{abc}$$

임을 보여라.

7. (1) $1 \le k < n$ 일 때 ${}_n\mathrm{C}_k = {}_{n-1}\mathrm{C}_{k-1} + {}_{n-1}\mathrm{C}_k$ 가 성립함을 보여라.

(2) (1)의 결과를 이용하여, 자연수 n 에 대한 수학적 귀납법으로 다음의 이항정리를 증명하여라.

$$(a+b)^n = \sum_{k=0}^{n} {}_n\mathrm{C}_k a^{n-k} b^k$$

8. 임의의 실수 $a_1, b_1, \cdots, a_n, b_n$ (n 은 자연수)에 대한 코시–슈바르츠 부등식(보기 1.1.5)

$$(a_1b_1 + \cdots + a_nb_n)^2 \le \left(a_1^2 + \cdots + a_n^2\right)\left(b_1^2 + \cdots + b_n^2\right)$$

을 증명하여라.

힌트 $A = a_1^2 + \cdots + a_n^2$, $B = a_1b_1 + \cdots + a_nb_n$, $C = b_1^2 + \cdots + b_n^2$ 이라 놓고, 이차함수 $f(x) = (a_1x + b_1)^2 + \cdots + (a_nx + b_n)^2$ 을 전개하면, $f(x) = Ax^2 + 2Bx + C$ 이다. 여기서 모든 실수 x 에 대하여 $f(x) \ge 0$ 임을 이용한다.

1.2 함수와 그래프

수학의 이론전개에 있어서 가장 중요한 개념인 함수와 함수의 그래프에 대하여 알아보도록 하자.

> **정의 1.2.1** 두 집합 X, Y에 대하여 X의 각 원소에 Y의 단 하나의 원소가 대응될 때 이 대응을 X에서 Y로의 **함수**(function)라고 한다. 이 함수를 f라고 할 때, 기호로
>
> $$f: X \to Y$$
>
> 와 같이 나타낸다. 이때 집합 X를 함수 f의 **정의역**(domain)이라 하고 $\mathrm{Dom}(f)$로 나타내며, 집합 Y를 함수 f의 **공역**이라고 한다. 또한 정의역 X의 원소 x에 대응되는 공역 Y의 원소 y를 $f(x)$로 나타내며, $f(x)$를 x에서의 **함숫값** 또는 함수 f에 의한 x의 **상**(image)이라고 한다. 그리고 정의역 X의 모든 원소에 대한 함숫값들의 집합
>
> $$f(X) = \{f(x) \mid x \in X\}$$
>
> 를 함수 f의 **치역**(range)이라고 한다.

참고 1.2.2 (1) 함수의 대응규칙을 $y = f(x)$로 표시할 때, 정의역의 원소를 표시하는 문자 x를 **독립변수**라 하고, 함숫값을 표시하는 문자 y를 **종속변수**라고 한다.

(2) 치역이 단 하나의 원소 c만으로 이루어진 함수 $f: X \to Y$를 **상수함수**라고 한다. 즉 모든 $x \in X$에 대하여 $f(x) = c$이다.

(3) 임의의 $x \in X$에 대하여 $f(x) = x$인 함수 $f: X \to X$를 집합 X에서의 **항등함수**라고 한다.

두 함수 f와 g에 대하여, $\mathrm{Dom}(f) = \mathrm{Dom}(g)$이고 정의역의 임의의 원소 x에 대하여 $f(x) = g(x)$일 때, f와 g는 **서로 같다**고 하며 $f = g$로 나타낸다.

보기 1.2.3 두 함수

$$f: \mathbb{R} \to \mathbb{R},\ f(x) = x^2, \quad g: \mathbb{R} \to \mathbb{C},\ g(x) = |x|^2$$

에서 두 함수의 공역은 다르지만 정의역이 같고 모든 함숫값이 같으므로 두 함수 f와 g는 서로 같다. ■

일반적으로 함수 f를 말할 때에는 정의역과 대응규칙을 제시해야 하지만 이 책에서는 주로 정의역과 공역이 실수의 부분집합인 함수만을 다룰 것이다. 그런 이유로 함수 f의 정의역이 제시되지 않았을 때에는 함숫값 $f(x)$가 실수로 정의되는 모든 실수 x의 집합을 함수 f의 정의역으로 생각한다.

보기 1.2.4 두 함수

$$f(x)=\frac{x^2-1}{x-1},\quad g(x)=x+1$$

의 정의역은 각각

$$\mathrm{Dom}(f)=\{x\in\mathbb{R}\mid x\neq 1\},\quad \mathrm{Dom}(g)=\mathbb{R}$$

이다. 임의의 $x\in\mathrm{Dom}(f)$에 대하여 $f(x)=g(x)$이지만 $\mathrm{Dom}(f)\neq\mathrm{Dom}(g)$이므로 두 함수 f와 g는 서로 같지 않다. ■

정의역의 서로 다른 두 원소에 대한 함숫값이 서로 다른 함수인 일대일함수와 그 역함수에 대하여 알아보자.

정의 1.2.5 함수 $f:X\to Y$에서 임의의 $x_1, x_2\in X$에 대하여

$$x_1\neq x_2 \text{이면 } f(x_1)\neq f(x_2) \ (\text{또는 대우인 } f(x_1)=f(x_2)\text{이면 } x_1=x_2)$$

가 성립할 때, 함수 f를 **일대일함수**라고 한다.

보기 1.2.6 두 함수

$$f_1:\mathbb{R}\to\mathbb{R},\ f_1(x)=x^2,\quad f_2:[0,\infty)\to\mathbb{R},\ f_2(x)=x^2$$

에서 f_1은 일대일함수가 아니고 f_2는 일대일함수이다. 또한, 함수

$$f_3:\mathbb{R}\to\mathbb{R},\ f_3(x)=x^3$$

은 일대일함수이다. 일반적으로 자연수 n이 짝수이면 함수

$$f:[0,\infty)\to\mathbb{R},\ f(x)=x^n$$

이 일대일함수이고 n이 홀수이면 함수

$$g: \mathbb{R} \to \mathbb{R}, g(x) = x^n$$

이 일대일함수이다. ■

함수 $f: X \to Y$가 일대일함수일 때, 치역 $f(X)$의 각 원소 y에 대하여 $f(x) = y$를 만족시키는 정의역 X의 원소 x가 오직 하나씩 존재한다. 따라서 $f(X)$의 각 원소 y에 $f(x) = y$인 X의 원소 x를 대응시키는 함수 $g: f(X) \to X$를 정의할 수 있다. 이 함수 g를 f의 **역함수**(inverse function)라 하고 f^{-1}로 나타낸다. 즉 다음이 성립한다.

$$f^{-1}(y) = x \quad \Leftrightarrow \quad f(x) = y \quad (x \in X,\ y \in f(X))$$

정의 1.2.7 함수 $f: X \to Y$가 일대일함수이면서 동시에 치역과 공역이 같으면 f를 **일대일 대응**(one-to-one correspondence)이라고 한다.

함수 $f: X \to Y$가 일대일 대응이면, f의 역함수 f^{-1}가 존재하며 f^{-1}의 정의역은 Y이고 치역은 X이다. 또한 임의의 $x \in X$와 $y \in Y$에 대하여 다음이 성립한다.

$$f^{-1}(f(x)) = x, \quad f\left(f^{-1}(y)\right) = y$$

보기 1.2.8 자연수 n이 짝수이면 $D = [0, \infty)$, n이 홀수이면 $D = \mathbb{R} = (-\infty, \infty)$이라고 하자. 그러면 함수 $f: D \to D, f(x) = x^n$은 일대일 대응이다. 이 함수 f의 역함수를 n **제곱근함수**라 하고 $f^{-1}(y) = \sqrt[n]{y}$로 나타낸다. ■

앞에서 말한 것처럼, 이 책에서는 함숫값이 실수로 주어지는 함수만을 다룰 것이므로 특별한 제시가 없는 한 함수를 $f: X \to Y$로 나타내기보다는 실수 전체의 집합 $\mathbb{R}$의 적당한 부분집합 D를 정의역으로 하고 집합 $\mathbb{R}$을 공역으로 하는 함수

$$f: D(\subset \mathbb{R}) \to \mathbb{R}$$

로 나타낸다.

다음의 증가함수와 감소함수는 일대일함수의 특별한 경우이다.

정의 1.2.9 함수 $f: D(\subset \mathbb{R}) \to \mathbb{R}$ 에서 임의의 $x_1, x_2 \in D$ 에 대하여

$$x_1 < x_2 \text{ 이면 } f(x_1) < f(x_2) \quad [f(x_1) > f(x_2)]$$

가 성립할 때, 함수 f 를 **증가함수**(increasing function)[**감소함수**(decreasing function)]라고 한다.

함수 $f: D(\subset \mathbb{R}) \to \mathbb{R}$ 가 증가함수 또는 감소함수이면 f 는 일대일함수이고 따라서 역함수 f^{-1} 가 존재한다. 또한, 함수 f 가 증가[감소]함수이면 f 의 역함수 f^{-1} 도 증가[감소]함수이다.

보기 1.2.10 자연수 n 이 짝수이면 $D = [0, \infty)$, n 이 홀수이면 $D = \mathbb{R}$ 이라고 하자. 그러면 함수 $f: D \to D, f(x) = x^n$ 은 증가함수이다. 또한, 함수 f 의 역함수인 n 제곱근 함수 $f^{-1}(x) = \sqrt[n]{x}$ 도 증가함수이다. ■

이제 함수를 파악하는데 있어서 가장 중요한 개념 중의 하나인 함수의 그래프에 대하여 알아보자.

정의 1.2.11 함수 $f: X \to Y$ 에서 정의역 X 의 원소 x 와 이에 대응하는 함숫값 $f(x)$ 의 순서쌍 $(x, f(x))$ 전체의 집합

$$G_f = \{(x, f(x)) \mid x \in X\}$$

를 함수 f 의 **그래프**(graph)라고 한다.

평면 위의 한 점 O 에서 직교하는 두 좌표직선이 그림 1–4와 같이 주어졌을 때 수평으로 위치한 좌표직선을 x **축**($x-$axis)이라 하고, 수직으로 위치한 좌표직선을 y **축**($y-$axis)이라고 하며 점 O 를 **원점**이라고 한다.

그림 1–4와 같이 평면 위의 한 점 P 에서 x 축과 y 축에 내린 수선의 발의 좌표를 각각 x, y 라고 하면, 점 P 에 대하여 순서쌍 (x, y) 가 대응한다. 역으로 실수의 순서쌍 (x, y) 에 대응하는 평면 위의 점 P 가 단 하나 정해진다. 이때 실수 x 를 점 P 의 x **좌표**, y 를 점 P 의 y **좌표**라 하고 순서쌍 (x, y) 를 점 P 의 **좌표**라고 한다. 이와 같이 각 점에 좌표가 주어진 평면을 **좌표평면**(coordinate plane)이라고 한다. 좌표평면 위의 점들은 성분을 실수로 가지는

순서쌍과 일대일 대응하므로 좌표평면을

$$\mathbb{R}^2 = \{(x, y) \mid x, y \in \mathbb{R}\}$$

로 나타낸다.

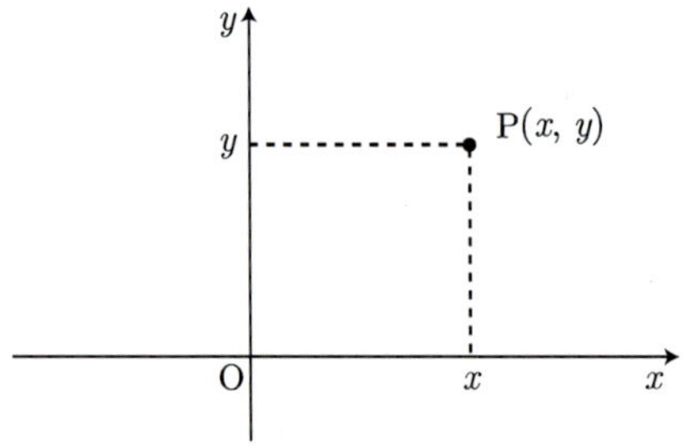

[그림 1-4]

이제, 함수 $f : D(\subset \mathbb{R}) \to \mathbb{R}$ 의 그래프 G_f 는 성분을 실수로 가지는 순서쌍들의 집합으로서 좌표평면 $\mathbb{R}^2$의 부분집합이므로 그래프 G_f 를 그린다는 것은 좌표평면에 G_f 의 원소들을 표시하는 것을 말한다. 만약 함수 f 의 정의역 D가 닫힌 구간 $[a, b]$ 이면 함수 f 의 그래프 G_f 는 그림 1-5와 같이 그려질 것이다.

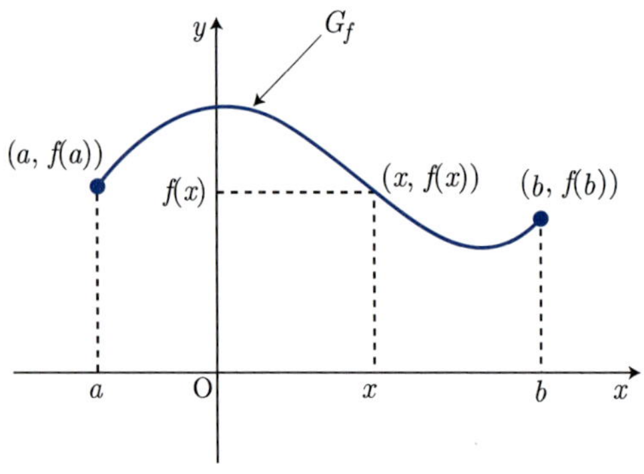

[그림 1-5]

연습문제 1.2

1. 다음의 곡선 중에서 함수의 그래프인 것을 찾아라.

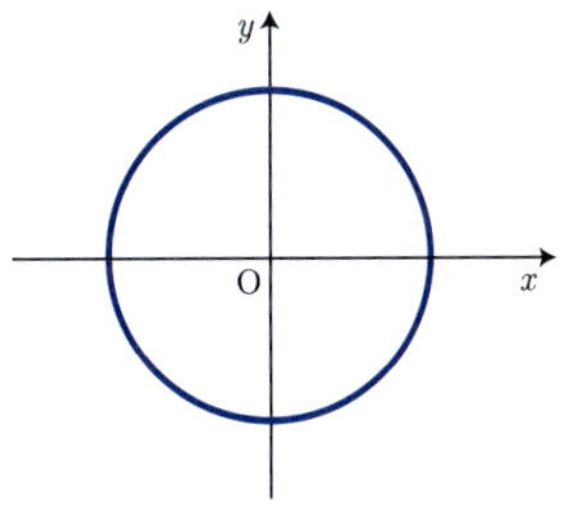

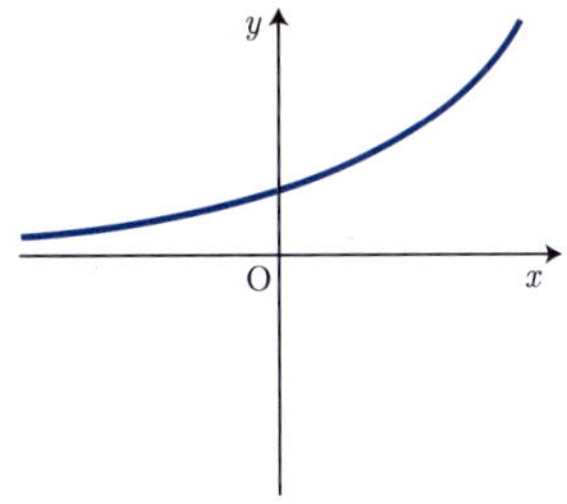

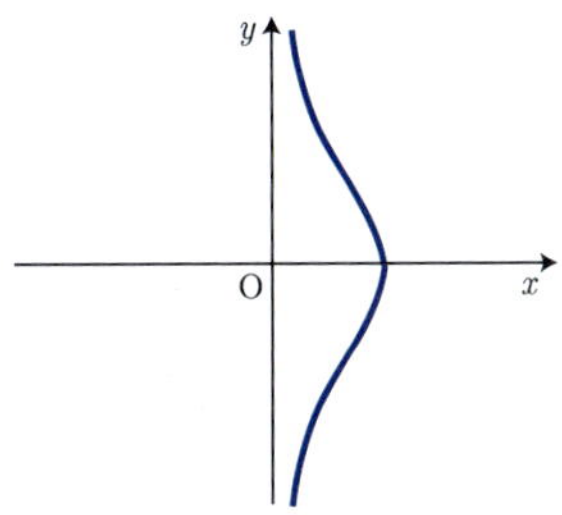

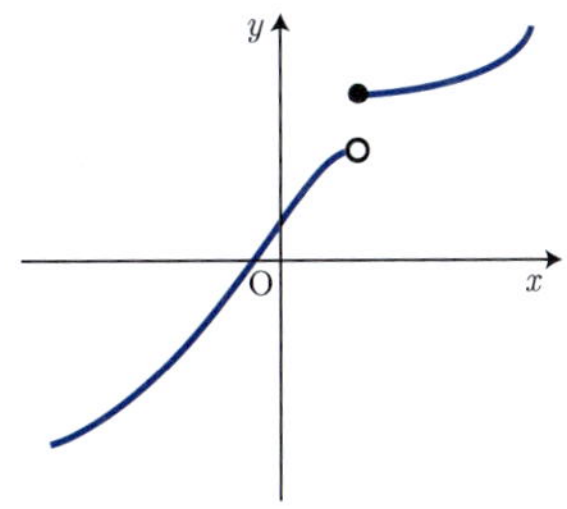

2. 함수 f의 정의역과 치역을 구하여라.

(1) $f(x) = \sqrt{x+1}$ (2) $f(x) = \dfrac{1}{2x-1}$

(3) $f(x) = \begin{cases} 3x+2 & (x \neq 1) \\ 3 & (x = 1) \end{cases}$

3. 함수 f에 대하여 일대일함수가 되도록 $f(d)$를 결정하고 일대일 대응이 되도록 새로운 공역을 결정하여라.

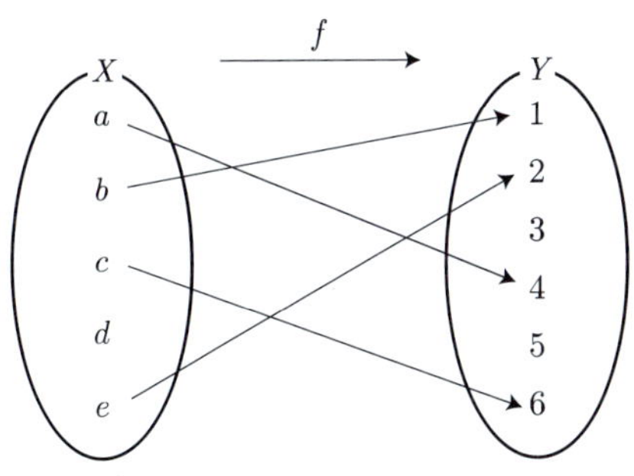

4. 다음과 같이 정의된 함수가 일대일함수임을 보여라.

$$f:\ \mathbb{R} \to \mathbb{R},\quad f(x) = 2x^3 + x - 3$$

5. 다음 함수 중에서 일대일함수인 것을 찾고, 정의역과 치역을 구하여라.

(1) $f(x) = \dfrac{1}{x^2}$ (2) $f(x) = \sqrt[3]{x}$ (3) $f(x) = x|x|$

6. 다음 함수가 일대일함수 또는 일대일 대응인지 구분하여라.

(1) $f:\ \{x \mid x \geq 0\} \to \mathbb{R},\quad f(x) = |x+1|$

(2) $f:\ \mathbb{Z} \to \mathbb{N},\ f(x) = \sqrt{x^2 + 2x + 1}$

(3) $f:\ \mathbb{R} \to \mathbb{R},\ f(x) = x^3$

7. 함수 f 가 $f(x) = \begin{cases} 0 & (x < -1) \\ x^2 + 1 & (-1 \leq x < 2) \\ x + 3 & (x \geq 2) \end{cases}$ 일 때 f 의 정의역과 치역을 구하고, 그래프를 그려라.

8. 다음 함수의 그래프를 좌표평면에 그려라.

(1) $f(x) = \dfrac{3}{x-1}$ (2) $f(x) = \sqrt{x+5}$ (3) $f(x) = |x+3|$

1.3 함수의 연산

실숫값을 갖는 함수들 사이의 연산을 알아보고 합성함수를 이용하여 새로운 함수를 정의하는 방법을 알아보자. 또한 몇 가지의 기본 함수들에 대하여 알아보도록 하자.

정의 1.3.1 두 함수 $f: A \to \mathbb{R}$ 과 $g: B \to \mathbb{R}$ 에 대하여 이들의 **합** $f+g$, **차** $f-g$, **곱** fg 와 **몫** $\dfrac{f}{g}$ 를 다음과 같이 정의한다.

(1) $f \pm g: A \cap B \to \mathbb{R}$, $(f \pm g)(x) = f(x) \pm g(x)$

(2) $fg: A \cap B \to \mathbb{R}$, $(fg)(x) = f(x)g(x)$

(3) $\dfrac{f}{g}: \{x \mid x \in A \cap B,\ g(x) \neq 0\} \to \mathbb{R}$, $\left(\dfrac{f}{g}\right)(x) = \dfrac{f(x)}{g(x)}$

보기 1.3.2 두 함수

$$f(x) = \frac{1}{x-3}, \quad g(x) = \sqrt{x}$$

에 대하여 f와 g를 더한 함수 $f+g$는 다음과 같이 정의되며

$$(f+g)(x) = \frac{1}{x-3} + \sqrt{x}$$

정의역은

$$\mathrm{Dom}(f+g) = \{x \mid x \geq 0, x \neq 3\}$$

이다. 또한 몫 함수 $\dfrac{f}{g}$는

$$\left(\frac{f}{g}\right)(x) = \frac{1}{\sqrt{x}(x-3)}$$

으로 정의되며 정의역은

$$\mathrm{Dom}\left(\frac{f}{g}\right) = \{x \mid x > 0,\ x \neq 3\}$$

이다. ■

함수 $f:\mathbb{R}\to\mathbb{R}$ 로서 다음과 같은 대응규칙을 갖는 함수

$$f(x)=a_nx^n+a_{n-1}x^{n-1}+\cdots+a_1x+a_0$$

(n은 음이 아닌 정수이고 $a_n, a_{n-1}, \cdots, a_0$는 실수)를 **다항함수**(polynomial function)라고 한다. 이때 실수 $a_n, a_{n-1}, \cdots, a_0$를 다항함수 f의 **계수**(coefficient)라고 한다. 또한, $a_n \neq 0$일 때 정수 n을 다항함수 f의 **차수**(degree)라고 하며 $\deg f$로 나타낸다.

두 다항함수 f와 g의 몫으로 표현되는 함수

$$h(x)=\frac{f(x)}{g(x)}\ (\text{단, } g(x)\neq 0)$$

를 **유리함수**(rational function)라고 하며 정의역은

$$\text{Dom}(h)=\{x\in\mathbb{R}\mid g(x)\neq 0\}$$

이다.

보기 1.3.3 유리함수 $f(x)=\dfrac{2x^3-x+2}{x^2-x-2}$의 정의역은 분모가 0이 되지 않도록 하는 모든 실수의 집합이다. 유리함수 $f(x)$의 분모를 인수분해하면,

$$x^2-x-2=(x+1)(x-2)$$

이므로 함수 f의 정의역은 $x=-1$과 $x=2$를 제외한 모든 실수의 집합이다. 즉

$$\begin{aligned}\text{Dom}(f)&=\{x\in\mathbb{R}\mid x^2-x-2\neq 0\}\\&=\{x\in\mathbb{R}\mid x\neq -1,\ x\neq 2\}\end{aligned}$$

이다. ■

함수에서의 연산에는 위에서 공부한 합, 차, 곱과 몫 이외에도 합성이라는 중요한 연산이 있다.

정의 1.3.4 두 함수 $f: X\to Y$와 $g: Y\to Z$에 대하여 다음과 같이 정의된 함수

$$g\circ f: X\to Z,\quad (g\circ f)(x)=g(f(x))$$

를 f와 g의 **합성함수**(composite function)라고 한다.

또한, 두 함수 $f: A(\subset \mathbb{R}) \to \mathbb{R}$과 $g: B(\subset \mathbb{R}) \to \mathbb{R}$에 대하여 f와 g의 합성함수 $g \circ f$는 정의역이

$$\mathrm{Dom}(g \circ f) = \{x \mid x \in A,\ f(x) \in B\}$$

이고 대응식이

$$(g \circ f)(x) = g(f(x))$$

인 함수로 정의된다. 일반적으로, 두 함수 f와 g에 대하여 합성함수 $g \circ f$와 $f \circ g$는 같은 함수가 아니다. 즉 함수의 합성에 대한 교환법칙이 성립하지 않는다. 예를 들어, 두 함수 $f(x) = x^2$과 $g(x) = \sqrt{x}$를 생각하면

$$(g \circ f)(x) = \sqrt{x^2} = |x|,\ \mathrm{Dom}(g \circ f) = \mathbb{R}$$

이고

$$(f \circ g)(x) = (\sqrt{x})^2 = x,\quad \mathrm{Dom}(f \circ g) = [0, \infty)$$

이므로 $g \circ f \neq f \circ g$이다.

보기 1.3.5 함수 $f(x) = \sqrt[4]{x^2 - x - 2}$는 다항함수 $x^2 - x - 2$와 4제곱근함수의 합성함수로서 정의역은

$$\begin{aligned}\mathrm{Dom}(f) &= \{x \in \mathbb{R} \mid x^2 - x - 2 \geq 0\} \\ &= \{x \in \mathbb{R} \mid x \leq -1 \text{ 또는 } x \geq 2\}\end{aligned}$$

이다. ■

몇 개의 다항함수들, 그리고 다항함수와 n제곱근함수와의 합성을 통하여 얻어지는 합성함수들, 또한 이들로부터 유한번의 대수적인 연산, 즉 덧셈, 곱셈, 뺄셈, 나눗셈을 통하여 얻어지는 함수를 **대수적 함수**(algebraic function)라고 하며 대수적 함수가 아닌 함수를 **초월함수**(transcendental function)라고 한다.

보기 1.3.6 함수

$$f(x) = \sqrt{x^2 - 3},\quad g(x) = \frac{x^4 - 16x^2}{x + \sqrt{x}} + (x-2)\sqrt[5]{x-1}$$

등은 대수적 함수들이다. 다음 절에서 설명하는 지수함수와 로그함수는 초월함수이다. 그 외의 대표적인 초월함수로 삼각함수 등이 있다. ■

연습문제 1.3

1. $f(x) = \dfrac{x}{\sqrt{x}-1}$ 라고 할 때, 다음을 구하여라.

(1) $f\left(\dfrac{1}{x}\right)$

(2) $f(x^2)$

2. $f(x) = x^3$, $g(x) = \sqrt{x+1}$ 일 때,

(1) $(f+g)(x)$, $(fg)(x)$, $\left(\dfrac{f}{g}\right)(x)$ 를 구하고, 각 함수에 대한 정의역을 구하여라.

(2) $(g \circ f)(x)$, $(f \circ g)(x)$ 를 구하고, 정의역을 구하여라.

3. 유리함수 $f(x) = \dfrac{ax+b}{cx-a}$ 에 대하여 $a^2+bc \neq 0$ 이면, $x \neq \dfrac{a}{c}$ 일 때 $f(f(x)) = x$ 임을 보여라.

4. 함수 $f(x) = \dfrac{x-3}{x+1}$ 에 대하여 $x \neq \pm 1$ 일 때 $f(f(f(x))) = x$ 임을 보여라.

5. 아래 표와 같이 정의된 두 함수 $f : A \to B$, $g : B \to A$ 에 대하여 합성함수 $f \circ g$ 와 $g \circ f$ 를 표로 나타내여라. $(A = \{a, b, c\},\ B = \{i, j, k\})$

A	B	f	g	$f \circ g$	$g \circ f$
a	i	j	c		
b	j	k	a		
c	k	i	b		

1.4 지수함수와 로그함수

이 절에서는 대수적 함수가 아닌 초월함수 중에서 가장 기본적이면서 중요한 지수함수와 로그함수에 대해서 알아본다. 지수함수와 로그함수에 대한 기본적인 사항은 증명없이 간단히 언급한다.

다음의 지수법칙이 성립한다.

> **정리 1.4.1 지수법칙**
> 임의의 양의 실수 a, b와 실수 x, y에 대하여 다음이 성립한다.
>
> (1) $a^x a^y = a^{x+y}$ (2) $\dfrac{a^x}{a^y} = a^{x-y}$ (3) $(a^x)^y = a^{xy}$ (4) $(ab)^x = a^x b^x$

a가 1이 아닌 양의 실수라고 하자. 각각의 실수 x에 양의 실수 a^x을 대응시키는 함수

$$f: \mathbb{R} \to \mathbb{R}, \quad f(x) = a^x$$

을 a를 **밑**(base)으로 하는 **지수함수**(exponential function)라고 한다.

참고 1.4.2 (1) 지수함수 $f: \mathbb{R} \to \mathbb{R}, f(x) = a^x$은 일대일함수이며 치역은 양의 실수 전체의 집합 $(0, \infty)$이다.

(2) $a > 1$인 경우 지수함수 $f(x) = a^x$은 증가함수이며 그래프는 다음과 같다.

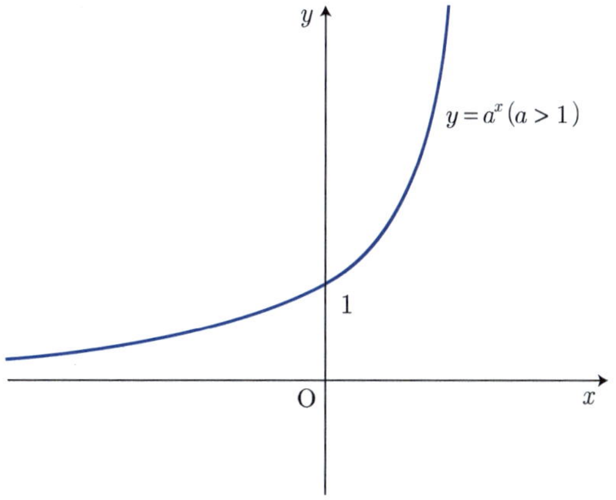

[그림 1-6]

(3) $0 < a < 1$ 인 경우 지수함수 $f(x) = a^x$ 은 감소함수이며 그래프는 다음과 같다.

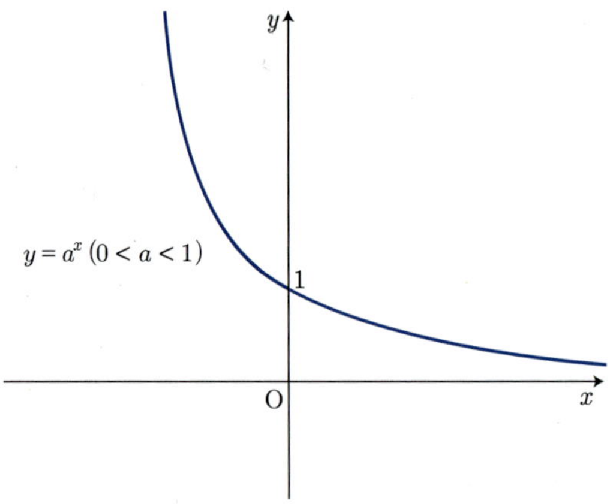

[그림 1-7]

a가 1이 아닌 양의 실수라고 하자. 그러면 지수함수

$$f : (-\infty, \infty) \to (0, \infty), \quad f(x) = a^x$$

은 일대일 대응이므로 역함수 $f^{-1} : (0, \infty) \to (-\infty, \infty)$가 존재한다. 이 역함수 f^{-1}를 a를 **밑**으로 하는 **로그함수**(logarithmic function)라고 한다. 또한, 양의 실수 x에 대하여 역함수 f^{-1}의 함숫값 $f^{-1}(x)$를 a를 밑으로 하는 x의 **로그**라고 하며

$$\log_a x$$

로 나타낸다. 따라서 임의의 양의 실수 x와 실수 y에 대하여

$$\log_a x = y \quad \Leftrightarrow \quad a^y = x$$

이다. 특히, $a^0 = 1$ 이고 $a^1 = a$ 이므로

$$\log_a 1 = 0, \quad \log_a a = 1$$

이다.

참고 1.4.3 (1) 로그함수 $f: (0, \infty) \to (-\infty, \infty), f(x) = \log_a x$ 는 일대일 대응이다.

(2) $a > 1$ 인 경우 로그함수 $f(x) = \log_a x$ 는 증가함수이며 그래프는 다음과 같다.

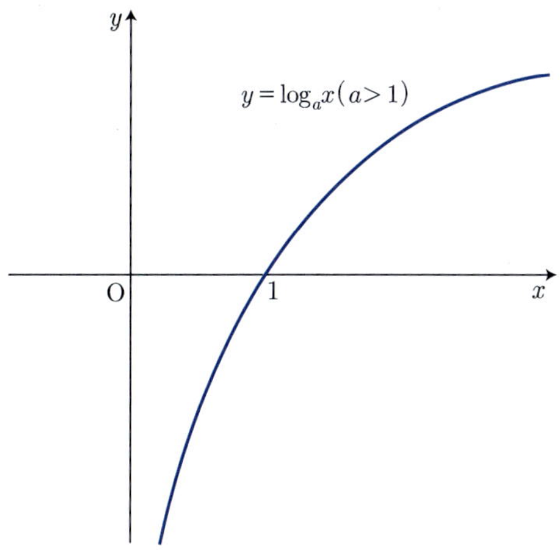

[그림 1-8]

(3) $0 < a < 1$ 인 경우 로그함수 $f(x) = \log_a x$ 는 감소함수이며 그래프는 다음과 같다.

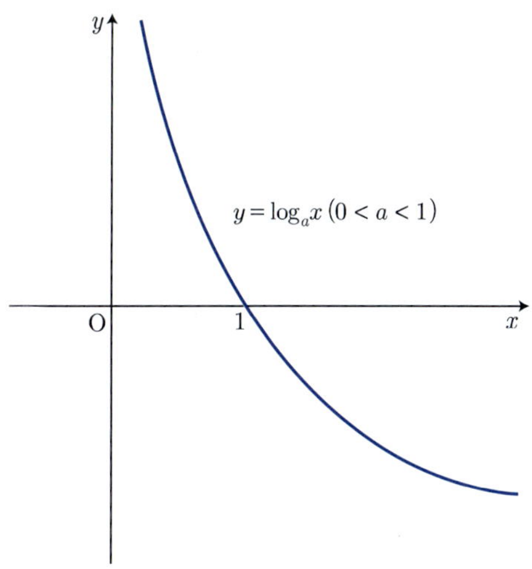

[그림 1-9]

지수법칙(정리 1.4.1)으로부터 다음의 로그법칙을 쉽게 얻을 수 있다.

정리 1.4.4 로그법칙

a가 1이 아닌 양의 실수라고 하자. 임의의 양의 실수 x, y에 대하여 다음이 성립한다.

(1) $\log_a(xy) = \log_a x + \log_a y$ (2) $\log_a\left(\frac{x}{y}\right) = \log_a x - \log_a y$

(3) 임의의 실수 r에 대하여 $\log_a(x^r) = r\log_a x$

증명 $\log_a x = M$, $\log_a y = N$으로 놓으면

$$x = a^M, \quad y = a^N$$

이므로 지수법칙(정리 1.4.1)에 의하여

$$xy = a^M a^N = a^{M+N}$$
$$\frac{x}{y} = \frac{a^M}{a^N} = a^{M-N}$$
$$x^r = \left(a^M\right)^r = a^{rM}$$

이다. 로그의 정의에 의하여 (1), (2), (3)을 얻는다. ■

예제 1.4.5 다음 값을 구하여라.

$$A = \log_2 \frac{4}{3} + 2\log_2 \sqrt{3}$$

풀이 로그법칙(정리 1.4.4)에 의하여

$$\begin{aligned} A &= \log_2 4 - \log_2 3 + \log_2 (\sqrt{3})^2 \\ &= \log_2 2^2 - \log_2 3 + \log_2 3 \\ &= 2\log_2 2 = 2 \end{aligned}$$

이다. ■

예제 1.4.6 다음 함수의 역함수를 구하여라.

$$f(x) = \frac{2^x + 2^{-x}}{2} \quad (x \geq 0)$$

풀이 $x \geq 0$ 인 실수 x 에 대하여, 산술기하평균 부등식(보기 1.1.4)에 의하여

$$f(x) = \frac{2^x + 2^{-x}}{2} \geq \sqrt{2^x \cdot 2^{-x}} = 1$$

이다. 따라서 $y \geq 1$ 인 임의의 실수 y 에 대하여, $x \geq 0$ 에 대한 방정식

$$y = \frac{2^x + 2^{-x}}{2}$$

을 생각하자. 여기서, $2^x = t$ 로 놓으면 $2^{-x} = t^{-1}$ 이므로

$$y = \frac{1}{2}\left(t + \frac{1}{t}\right)$$

즉 t 에 대한 이차방정식

$$t^2 - 2yt + 1 = 0$$

을 얻는다. 이차방정식의 근의 공식에 의하여

$$t = y \pm \sqrt{y^2 - 1}$$

이다. 그런데, $t = 2^x \geq 2^0 = 1$ 이므로

$$2^x = t = y + \sqrt{y^2 - 1}$$

이다. 따라서

$$x = \log_2\left(y + \sqrt{y^2 - 1}\right)$$

이다. 그러므로 구하는 함수 f 의 역함수는

$$f^{-1}(x) = \log_2\left(x + \sqrt{x^2 - 1}\right) \quad (x \geq 1)$$

이다. ■

연습문제 1.4

1. a와 b가 1이 아닌 양의 실수라고 하자. 임의의 양의 실수 x에 대하여 다음이 성립함을 보여라.

$$\log_a x = \frac{\log_b x}{\log_b a}$$

2. 다음 값을 구하여라.

(1) $\frac{1}{2}\log_9 24 - \log_9 \sqrt{8}$ (2) $\log_2 3 \cdot \log_3 5 \cdot \log_5 32$

3. 함수 $f(x) = \frac{5^x}{5^x + 3}$의 역함수를 구하여라.

4. 다음 함수의 그래프를 좌표평면에 그려라.

(1) $y = \log_2(x+1) - 1$ (2) $y = \log_3(-x)$

5. 다음 함수의 그래프를 좌표평면에 그려라.

(1) $y = \frac{2^x + 2^{-x}}{2}$ (2) $y = \frac{2^x - 2^{-x}}{2}$

6. 함수 $f: (-\infty, \infty) \to (0, \infty)$가 임의의 실수 x, y에 대하여

$$f(x+y) = f(x)f(y)$$

를 만족시킨다고 할 때, 다음을 증명하여라.

(1) $f(0) = 1$

(2) 임의의 실수 x, y에 대하여 $f(x-y) = \frac{f(x)}{f(y)}$

(3) 임의의 실수 x와 유리수 r에 대하여 $f(rx) = \{f(x)\}^r$

힌트 (3)을 증명하기 위해 r이 자연수인 경우, 정수인 경우, 마지막으로 유리수인 경우를 생각한다.

7. 함수 $f: (0, \infty) \to (-\infty, \infty)$가 임의의 양의 실수 x, y에 대하여

$$f(xy) = f(x) + f(y)$$

를 만족시킨다고 할 때, 다음을 증명하여라.

(1) $f(1) = 0$

(2) 임의의 양의 실수 x, y에 대하여 $f\left(\frac{x}{y}\right) = f(x) - f(y)$

(3) 임의의 양의 실수 x와 유리수 r에 대하여 $f(x^r) = rf(x)$

8. 1이 아닌 양의 실수 a에 대하여, 구간 $[0, \infty)$에서 정의된 다음 함수가 일대일함수임을 보이고 그 역함수를 구하여라.

$$f(x) = \frac{a^x + a^{-x}}{2}$$

1장 연습문제

1. 임의의 자연수 n과 실수 a, b에 대하여 다음을 보여라.

(1) $a > b \geq 0$이면 $a^n > b^n$

(2) $a > b \geq 0$이면 $\sqrt[n]{a} > \sqrt[n]{b}$

2. 임의의 자연수 n과 양의 실수 a에 대하여

$$(1+a)^n \geq 1 + na + \frac{n(n-1)}{2}a^2$$

임을 보여라.

3. 다음 함수의 정의역과 치역을 구하여라.

(1) $y = \sqrt{-x^2 + 4x}$ (2) $y = \dfrac{3}{(x+5)\sqrt{x-1}}$

4. 다음 함수의 그래프를 좌표평면 위에 그려라.

(1) $y = \dfrac{x^2 + x - 20}{x+5}$ (2) $y = \sqrt{9 - x^2}$

5. 두 함수 $f(x) = \sqrt{x}$와 $g(x) = \sqrt{2-x}$에 대하여 다음의 물음에 답하여라.

(1) 함수 $(f+g)(x)$, $(fg)(x)$와 $\left(\dfrac{f}{g}\right)(x)$를 구하고, 이 함수들의 정의역을 구하여라.

(2) 합성함수 $(f \circ g)(x)$와 $(g \circ f)(x)$를 구하고, 이들의 정의역을 구하여라.

6. 아래의 (i), (ii)를 만족하는 세 함수 f, g, h에 대하여 $(f \circ g \circ h)(3)$을 구하여라.

(i) $g(2) = 6$이고 $h(3) = 2$	(ii) $f(xy) = g(x) + h(y)$

7. 함수 $f: X \to Y$와 $g: Y \to X$의 합성함수 $g \circ f$가 X에서의 항등함수이면, 즉 임의의 $x \in X$에 대하여 $g(f(x)) = x$가 성립하면 함수 f가 일대일함수이고 함수 g의 치역 $g(Y)$가 공역 X와 같음을 보여라.

8. 함수 $f: \mathbb{R} \to \mathbb{R}$가 임의의 실수 x, y에 대하여

$$f(x+y) = f(x) + f(y)$$

를 만족시킨다고 할 때, 임의의 실수 x, y와 유리수 r, s에 대하여

$$f(rx+sy) = rf(x) + sf(y)$$

가 성립한다는 것을 보여라.

9. a가 $a > 1$인 실수일 때, 지수함수 $f(x) = a^x$와 로그함수 $g(x) = \log_a x$에 대하여 다음의 부등식을 보여라.

(1) 임의의 실수 x, y에 대하여

$$f\left(\frac{x+y}{2}\right) \leq \frac{f(x)+f(y)}{2}$$

(2) 임의의 양의 실수 x, y에 대하여

$$\frac{g(x)+g(y)}{2} \leq g\left(\frac{x+y}{2}\right)$$

10. a가 $a > 1$인 실수일 때, 함수

$$f(x) = \frac{a^x - a^{-x}}{2}$$

가 일대일함수임을 보이고, 그 역함수를 구하여라.

2장
극한과 연속

2.1 수열의 극한
2.2 함수의 극한
2.3 함수의 연속
2.4 무한대에서의 극한
2장 연습문제

2.1 수열의 극한

이 절에서는 극한의 개념 중에서 가장 기본이 되는 수열의 극한에 대해서 알아보도록 하자. 자연수 전체의 집합 $\mathbb{N}$ 에서 실수 전체의 집합 $\mathbb{R}$ 로의 함수

$$f: \mathbb{N} \to \mathbb{R}$$

을 **실수열** 또는 간단히 **수열**(sequence)이라 하고, 각각의 자연수 n 에 대한 함숫값 $a_n = f(n)$ 을 수열 f 의 **제 n 항**이라고 한다. 일반적으로 수열 f 를 나타내기 위해서는 각각의 항 a_n 을 이용하여

$$a_1, a_2, \cdots, a_n, \cdots$$

과 같이 나타낸다. 수열 f 를 간단히 $\{a_n\}$ 으로 나타내기도 한다.

보기 2.1.1 수열 $f: \mathbb{N} \to \mathbb{R}, f(n) = \dfrac{1}{n}$ 을 각 항을 이용하여,

$$1, \frac{1}{2}, \cdots, \frac{1}{n}, \cdots$$

또는 간단히 $\left\{\dfrac{1}{n}\right\}$ 로 나타낸다. ■

수열 $\{a_n\}$ 에서 n 이 한없이 커질 때 a_n 의 값이 일정한 실수 α 에 한없이 가까워지면, 수열 $\{a_n\}$ 은 α 에 **수렴한다**(converge)고 하며, 실수 α 를 수열 $\{a_n\}$ 의 **극한**(limit)이라고 한다. 또한, 이것을 기호로

$$\lim_{n\to\infty} a_n = \alpha \quad \text{또는} \quad n\to\infty \text{ 일 때 } a_n \to \alpha$$

와 같이 나타낸다.

보기 2.1.2 수열 $\left\{\dfrac{1}{n}\right\}$ 은 0 에 수렴한다. 즉 $\displaystyle\lim_{n\to\infty} \frac{1}{n} = 0$ 이다. ■

수열 $\{a_n\}$ 이 수렴하지 않을 때, $\{a_n\}$ 은 **발산한다**(diverge)고 한다. 특히, 수열 $\{a_n\}$ 에서

n 이 한없이 커질 때 a_n 의 값이 한없이 커지면, 수열 $\{a_n\}$ 은 **양의 무한대** ∞ 로 발산한다고 하며, 이것을 기호로

$$\lim_{n\to\infty} a_n = \infty \quad \text{또는} \quad n\to\infty \text{ 일 때 } a_n \to \infty$$

와 같이 나타낸다. 또한 수열 $\{a_n\}$ 에서 n 이 한없이 커질 때 a_n 의 값이 음수이면서 그 절댓값이 한없이 커지면, 수열 $\{a_n\}$ 은 **음의 무한대** $-\infty$ 로 발산한다고 하며, 이것을 기호로

$$\lim_{n\to\infty} a_n = -\infty \quad \text{또는} \quad n\to\infty \text{ 일 때 } a_n \to -\infty$$

와 같이 나타낸다.

참고 2.1.3 모든 자연수 n 에 대하여 $a_n > 0$ 일 때, 다음이 성립한다.

$$\lim_{n\to\infty} a_n = \infty \quad \Leftrightarrow \quad \lim_{n\to\infty} \frac{1}{a_n} = 0$$

보기 2.1.4 수열 $\{n\}$ 은 ∞ 로 발산한다. 즉 $\lim_{n\to\infty} n = \infty$ 이다. 보다 일반적으로, 임의의 양의 실수 c 에 대하여 $\lim_{n\to\infty} n^c = \infty$ 이다. 따라서 임의의 양의 실수 c 에 대하여

$$\lim_{n\to\infty} \frac{1}{n^c} = 0$$

이 성립한다. ■

수열의 극한에 대하여 다음의 기본 성질들이 성립한다.

정리 2.1.5 $\lim_{n\to\infty} a_n = \alpha$ 이고 $\lim_{n\to\infty} b_n = \beta$ (α, β 는 실수)일 때, 다음이 성립한다.

(1) $\lim_{n\to\infty} (c_1 a_n + c_2 b_n) = c_1\alpha + c_2\beta$ (c_1, c_2 는 임의의 실수)

(2) $\lim_{n\to\infty} a_n b_n = \alpha\beta$

(3) $\lim_{n\to\infty} \frac{a_n}{b_n} = \frac{\alpha}{\beta}$ (단, $b_n \neq 0$, $\beta \neq 0$)

정리 2.1.6 비교정리(Comparison Theorem)

모든 자연수 n에 대하여 $a_n \le b_n$이고 $\lim_{n\to\infty} a_n = \alpha$, $\lim_{n\to\infty} b_n = \beta$ (α, β는 실수 또는 $\pm\infty$)이면, $\alpha \le \beta$이다.

정리 2.1.7 압축정리(Squeeze Theorem) 또는 샌드위치정리(Sandwich Theorem)

세 수열 $\{a_n\}$, $\{b_n\}$, $\{c_n\}$에서 $\lim_{n\to\infty} a_n = \lim_{n\to\infty} b_n = \alpha$ (α는 실수 또는 $\pm\infty$)이고 모든 자연수 n에 대하여 $a_n \le c_n \le b_n$이면, $\lim_{n\to\infty} c_n = \alpha$이다.

실수 α에 대하여

$$-\infty < \alpha < \infty, \alpha + (\pm\infty) = (\pm\infty) + \alpha = \pm\infty$$

$$\alpha \cdot (\pm\infty) = (\pm\infty) \cdot \alpha = \begin{cases} \pm\infty & (\alpha > 0) \\ \mp\infty & (\alpha < 0) \end{cases}$$

와 같이 정의하면, 정리 2.1.5에서 α 또는 β가 $\pm\infty$인 경우에도 성립할 수 있다. 예를 들어, $\lim_{n\to\infty} a_n = \infty$이고 $\lim_{n\to\infty} b_n = \beta$ (β는 실수 또는 ∞)이면

$$\lim_{n\to\infty} (a_n + b_n) = \infty = \alpha + \beta$$

이다.

보기 2.1.8 $|r| < 1$이면 $\lim_{n\to\infty} r^n = 0$이다.

증명 $0 < r < 1$일 때, $a = \frac{1}{r} - 1$로 놓자. 그러면 $a > 0$이므로 이항정리에 의해서,

$$\frac{1}{r^n} = (1+a)^n \ge 1 + na > na$$

가 임의의 자연수 n에 대하여 성립한다. 따라서 임의의 자연수 n에 대하여

$$0 < r^n < \frac{1}{na}$$

이다. 또한, $\lim_{n\to\infty} \frac{1}{na} = 0$이므로 압축정리에 의해서 $\lim_{n\to\infty} r^n = 0$이다. $-1 < r < 0$일

때는 $-|r|^n < r^n < |r|^n$ 이고 $\lim_{n\to\infty}|r|^n = 0$ 이므로 역시 압축정리에 의해서 $\lim_{n\to\infty} r^n = 0$ 이다. 마지막으로, $r = 0$ 인 경우에는 당연히 성립한다. ■

수열 $\{a_n\}$ 의 각 항을 덧셈기호 $+$로 연결한 식

$$a_1 + a_2 + \cdots + a_n + \cdots$$

를 **급수**(series)라 하고, 이것을 기호로

$$\sum_{n=1}^{\infty} a_n$$

으로 나타낸다. 급수 $\sum_{n=1}^{\infty} a_n$ 에서 제1항부터 제n항까지의 합

$$S_n = \sum_{k=1}^{n} a_k = a_1 + \cdots + a_n$$

을 그 급수의 n번 째 **부분합**이라고 한다. 급수 $\sum_{n=1}^{\infty} a_n$ 의 부분합의 수열 $\{S_n\}$ 이 어떤 일정한 실수 S에 수렴할 때, 급수 $\sum_{n=1}^{\infty} a_n$ 가 S에 **수렴한다**고 하며

$$a_1 + a_2 + \cdots + a_n + \cdots = S \quad \text{또는} \quad \sum_{n=1}^{\infty} a_n = S$$

와 같이 나타낸다. 이때 실수 S를 급수 $\sum_{n=1}^{\infty} a_n$ 의 **합**이라고 한다. 만약 급수 $\sum_{n=1}^{\infty} a_n$ 의 부분합의 수열 $\{S_n\}$ 이 발산하면 이 급수 $\sum_{n=1}^{\infty} a_n$ 가 **발산한다**고 한다. 또한 급수 $\sum_{n=1}^{\infty} a_n$ 의 부분합의 수열 $\{S_n\}$ 이 $\infty\,[-\infty]$ 로 발산하면 이 급수 $\sum_{n=1}^{\infty} a_n$ 가 $\infty\,[-\infty]$ 로 발산한다고 하며, 이것을 기호로

$$a_1 + a_2 + \cdots + a_n + \cdots = \infty\,[-\infty] \quad \text{또는} \quad \sum_{n=1}^{\infty} a_n = \infty\,[-\infty]$$

와 같이 나타낸다.

수열의 극한에 대한 법칙들(정리 2.1.5)을 이용하면 다음이 성립함을 쉽게 알 수 있다.

정리 2.1.9 (1) 급수 $\sum_{n=1}^{\infty} a_n$ 이 수렴하면 $\lim_{n\to\infty} a_n = 0$ 이다.

(2) $\lim_{n\to\infty} a_n \neq 0$ 이면 급수 $\sum_{n=1}^{\infty} a_n$ 이 발산한다.

정리 2.1.10 선형성(Linearity)

두 급수 $\sum_{n=1}^{\infty} a_n$ 과 $\sum_{n=1}^{\infty} b_n$ 이 수렴하면, 임의의 실수 c_1, c_2 에 대하여 급수 $\sum_{n=1}^{\infty}(c_1 a_n + c_2 b_n)$ 도 수렴하고 $\sum_{n=1}^{\infty}(c_1 a_n + c_2 b_n) = c_1 \sum_{n=1}^{\infty} a_n + c_2 \sum_{n=1}^{\infty} b_n$ 이다.

보기 2.1.11 임의의 자연수 n 에 대하여

$$\sum_{k=1}^{n} \frac{1}{k(k+1)} = \sum_{k=1}^{n}\left(\frac{1}{k} - \frac{1}{k+1}\right) = 1 - \frac{1}{n+1}$$

이므로

$$\sum_{n=1}^{\infty} \frac{1}{n(n+1)} = \lim_{n\to\infty}\left(1 - \frac{1}{n+1}\right) = 1$$

이다. ■

보기 2.1.12 **등비급수**(Geometric Series) 두 실수 $a, r\ (a \neq 0)$에 대하여 등비급수 $\sum_{n=1}^{\infty} ar^{n-1}$ 는 $|r| < 1$ 일 때만 수렴하고, 이때 급수의 합은 $\frac{a}{1-r}$ 이다. 즉

$$\sum_{n=1}^{\infty} ar^{n-1} = \frac{a}{1-r} \quad (|r| < 1)$$

이다.

증명 $r \neq 1$ 이라고 하자. 그러면 보기 1.1.1에 의하여 등비급수의 n 번 째 부분합이

$$S_n = a + ar + \cdots + ar^{n-1} = \frac{a(1-r^n)}{1-r}$$

으로 주어진다. 따라서 $|r| < 1$ 인 경우에는, 보기 2.1.8에 의해서

$$\lim_{n\to\infty} S_n = \lim_{n\to\infty} \frac{a(1-r^n)}{1-r} = \frac{a}{1-r}$$

이다. $|r| \ge 1$ 일 때는 $\lim_{n\to\infty} ar^{n-1} \ne 0$ 이므로 등비급수 $\sum_{n=1}^{\infty} ar^{n-1}$ 이 발산한다. ■

보기 2.1.13 **조화급수**(Harmonic Series) 조화급수 $\sum_{n=1}^{\infty} \frac{1}{n}$ 은 ∞ 로 발산한다. 즉

$$\sum_{n=1}^{\infty} \frac{1}{n} = 1 + \frac{1}{2} + \frac{1}{3} + \cdots + \frac{1}{n} + \cdots = \infty$$

이다.

증명 n 번 째 부분합을 S_n 이라고 하면,

$$S_2 = 1 + \frac{1}{2}$$

$$S_4 = S_2 + \frac{1}{3} + \frac{1}{4} > S_2 + 2 \cdot \frac{1}{4} = 1 + \frac{2}{2}$$

$$S_8 = S_4 + \frac{1}{5} + \cdots + \frac{1}{8} > S_4 + 4 \cdot \frac{1}{8} > 1 + \frac{3}{2}$$

등이 성립한다. 일반적으로, 임의의 자연수 n 에 대하여

$$S_{2^n} > S_{2^{n-1}} + 2^{n-1} \cdot \frac{1}{2^n} > 1 + \frac{n}{2}$$

이 성립한다. 따라서 $n \to \infty$ 일 때 $S_{2^n} \to \infty$ 이다. 이 사실로부터 $n \to \infty$ 일 때 $S_n \to \infty$ 임을 알 수 있다. ■

보기 2.1.13과 같이, 급수 $\sum_{n=1}^{\infty} a_n$ 의 모든 항들이 0 보다 크거나 같으면 그 급수는 반드시 수렴하거나 ∞ 로 발산한다. 다음의 정리는 실수의 수열과 급수에 대한 가장 근본적인 결과 중의 하나로서, 그 증명은 이 책의 수준을 넘어가므로 생략한다.

정리 2.1.14 모든 자연수 n에 대하여 $a_n \ge 0$일 때

(1) 모든 자연수 n에 대하여 $\sum_{k=1}^{n} a_k \le M$을 만족하는 상수 M이 존재하면 급수 $\sum_{n=1}^{\infty} a_n$가 수렴하고 $\sum_{n=1}^{\infty} a_n \le M$이다.

(2) 이와 같은 상수 M이 존재하지 않으면, 급수 $\sum_{n=1}^{\infty} a_n$은 ∞로 발산한다.

정리 2.1.14로부터 다음의 비교판정법을 얻을 수 있다.

정리 2.1.15 비교판정법(Comparison Test)

모든 자연수 n에 대하여 $0 \le a_n \le b_n$일 때,

(1) 급수 $\sum_{n=1}^{\infty} b_n$가 수렴하면 급수 $\sum_{n=1}^{\infty} a_n$도 수렴하고 $\sum_{n=1}^{\infty} a_n \le \sum_{n=1}^{\infty} b_n$이다.

(2) 급수 $\sum_{n=1}^{\infty} a_n$가 발산하면 급수 $\sum_{n=1}^{\infty} b_n$도 발산한다.

증명 (2)는 (1)의 대우명제이므로 (1)만 증명하면 된다. 급수 $\sum_{n=1}^{\infty} b_n$가 수렴하면, 정리 2.1.14에 의하여 모든 자연수 n에 대하여 $\sum_{k=1}^{n} b_k \le M$을 만족하는 상수 M이 존재한다. 또한, 모든 자연수 n에 대하여 $a_n \ge 0$이고 $\sum_{k=1}^{n} a_k \le \sum_{k=1}^{n} b_k \le M$이다. 따라서 정리 2.1.14와 정리 2.1.6에 의하여 급수 $\sum_{n=1}^{\infty} a_n$도 수렴하고 $\sum_{n=1}^{\infty} a_n \le \sum_{n=1}^{\infty} b_n$이다. ■

보기 2.1.16 보기 2.1.11과 정리 2.1.10에 의하여 급수 $\sum_{n=1}^{\infty} \frac{2}{n(n+1)}$가 수렴한다. 그런데 임의의 자연수 n에 대하여

$$0 < \frac{1}{n^2} \le \frac{2}{n(n+1)}$$

가 성립한다. 따라서 정리 2.1.15에 의하여 급수 $\sum_{n=1}^{\infty} \frac{1}{n^2}$이 수렴한다. ■

급수

$$1+\left(-\frac{1}{2}\right)+\frac{1}{3}+\left(-\frac{1}{4}\right)+\cdots$$

와 같이 급수 $\sum_{n=1}^{\infty} a_n$ 에서 각 항들의 부호가 양과 음으로 교대로 바뀔 때, 급수 $\sum_{n=1}^{\infty} a_n$ 을 **교대급수**(alternating series)라고 한다. 아래 정리의 자세한 증명은 부록으로 넘긴다.

정리 2.1.17 교대급수판정법

모든 자연수 n 에 대하여 $a_n \ge a_{n+1} \ge 0$ 이고 $\lim_{n\to\infty} a_n = 0$ 일 때, 교대급수

$$\sum_{n=1}^{\infty}(-1)^{n+1}a_n = a_1+(-a_2)+a_3+\cdots+(-1)^{n+1}a_n+\cdots$$

가 수렴한다.

보기 2.1.18 정리 2.1.17에 의하여 교대급수

$$\sum_{n=1}^{\infty}\frac{(-1)^{n+1}}{n}=1+\left(-\frac{1}{2}\right)+\frac{1}{3}+\left(-\frac{1}{4}\right)+\cdots$$

가 수렴한다. ■

연습문제 2.1

1. 정리 2.1.9와 정리 2.1.10을 증명하여라.

2. $|r|<1$ 이면 $\lim_{n\to\infty} nr^n = 0$ 임을 보여라. 또한 이를 이용하여, $|r|<1$ 이면 $\lim_{n\to\infty} n^2 r^n = 0$ 임을 보여라.

3. 실수 x 에 대하여 $[x]$ 를 x 보다 크지 않은 최대의 정수라고 한다. 아래 극한을 구하여라.

$$\lim_{n\to\infty} \frac{[\sqrt{n}]}{\sqrt{n}}$$

4. 다음 급수의 합을 구하여라.

(1) $\sum_{n=1}^{\infty} \frac{1}{n(n+2)}$ (2) $\sum_{n=1}^{\infty} \frac{1}{n(n+1)(n+2)}$

5. 급수 $\sum_{n=1}^{\infty} \frac{2}{\sqrt{n+2}+\sqrt{n}}$ 가 발산함을 보여라.

6. 급수 $\sum_{n=1}^{\infty} \frac{n}{n^2+1}$ 의 수렴성을 조사하여라.

7. 등비급수 $1-2x+4x^2-8x^3+\cdots$ 가 수렴하는 실수 x 의 값의 범위를 구하여라.

8. 급수 $\sum_{n=1}^{\infty} (-1)^{n+1} a_n$ 이 수렴하면 $\lim_{n\to\infty} a_n = 0$ 임을 보여라.

9. 실수 p 에 대하여 급수 $\sum_{n=1}^{\infty} \frac{1}{n^p}$ 이 $p \le 1$ 일 때는 발산하고 $p \ge 2$ 일 때는 수렴함을 보여라.

2.2 함수의 극한

미적분학에서 가장 기본적인 개념인 함수의 극한에 대해서 알아보자.

실수 a를 포함하는 적당한 구간 I에 대하여, 함수 f가 a가 아닌 임의의 $x \in I$에서 정의되어 있다고 하자. 변수 x의 값이 a가 아니면서 a에 한없이 가까워질 때 함숫값 $f(x)$가 어떤 일정한 실수 L에 한없이 가까워지면 $x \to a$일 때 $f(x)$가 L에 **수렴한다**고 하며 L을 $x=a$에서의 함수 f의 **극한값** 또는 **극한**이라고 한다. 이것을 기호로

$$\lim_{x \to a} f(x) = L \quad \text{또는} \quad x \to a \text{ 일 때 } f(x) \to L$$

으로 나타낸다. 만약 $x=a$에서의 함수 f의 극한값이 존재하지 않으면 $x \to a$일 때 $f(x)$는 **발산한다**고 한다. 특히, x의 값이 a가 아니면서 a에 한없이 가까워질 때 함숫값 $f(x)$가 한없이 커지면[음수이면서 그 절댓값이 한없이 커지면] $x=a$에서 함수 f는 양의 무한대[음의 무한대]로 발산한다고 하며

$$\lim_{x \to a} f(x) = \infty \quad \text{또는} \quad x \to a \text{ 일 때 } f(x) \to \infty$$

$$\left[\ \lim_{x \to a} f(x) = -\infty \quad \text{또는} \quad x \to a \text{ 일 때 } f(x) \to -\infty\ \right]$$

로 나타낸다.

참고 2.2.1 $x=a$에서의 함수 f의 극한값을 생각할 때 f가 $x=a$에서 반드시 정의되어 있을 필요는 없다. 예를 들어 함수 $f(x) = \dfrac{x^2-1}{x-1}$의 $x=1$에서의 극한을 생각하자.

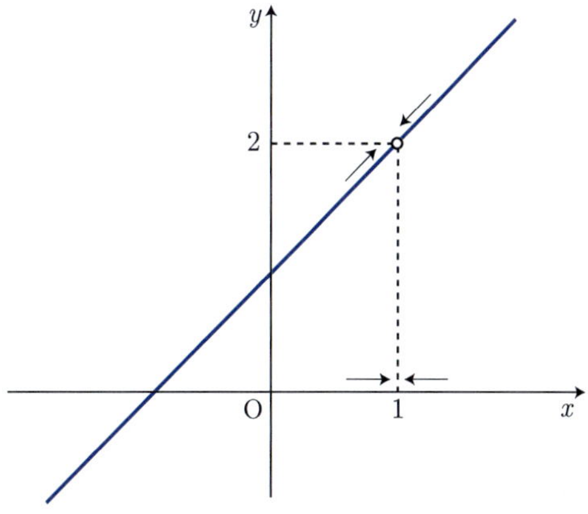

[그림 2-1]

이 함수 $f(x)$는 $x=1$에서는 정의되어 있지 않지만 1이 아닌 모든 실수 x에서 정의되어 있으므로, 함수 $f(x)$의 $x=1$에서의 극한값을 생각할 수 있고

$$\lim_{x\to 1} f(x) = \lim_{x\to 1}\frac{x^2-1}{x-1} = \lim_{x\to 1}(x+1) = 2$$

이다.

보기 2.2.2 임의의 실수 a에 대하여 상수함수 $f(x)=c$의 $x=a$에서의 극한값은 c이다. 즉

$$\lim_{x\to a} c = c$$

이다.

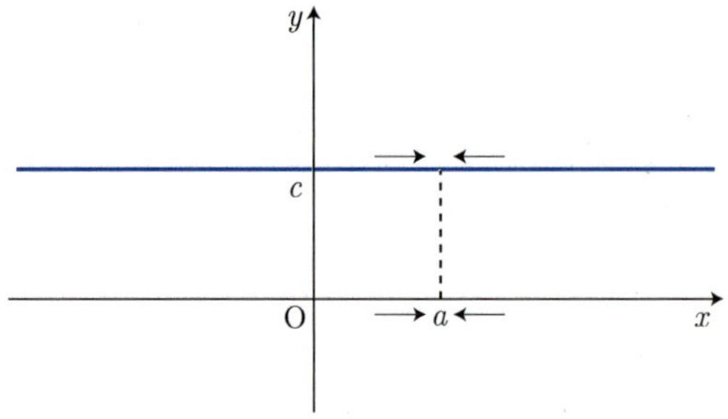

[그림 2-2]

■

보기 2.2.3 임의의 실수 a에 대하여 함수 $f(x)=x$의 $x=a$에서의 극한값은 a이다. 즉

$$\lim_{x\to a} x = a$$

이다.

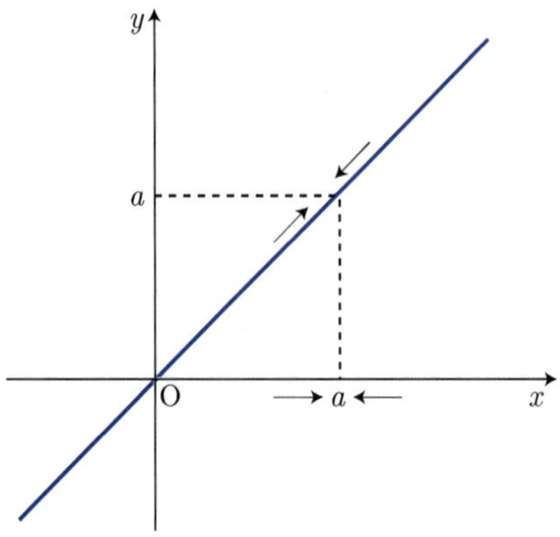

[그림 2-3]

■

보기 2.2.4 함수 $f(x)=\dfrac{1}{x^2}$ 은 $x=0$ 에서 양의 무한대로 발산한다. 즉

$$\lim_{x\to 0}\frac{1}{x^2}=\infty$$

이다.

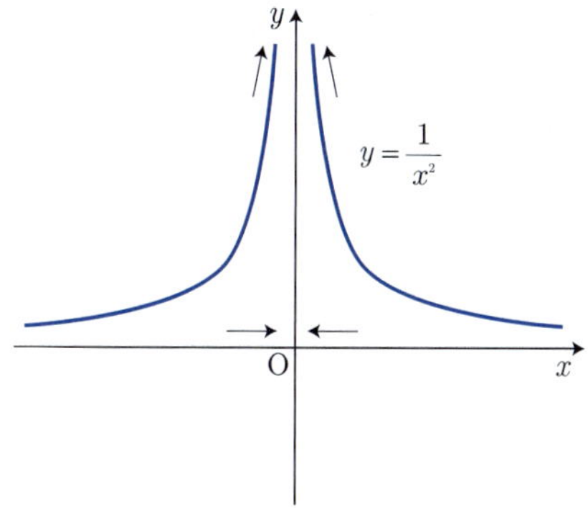

[그림 2-4] ■

보기 2.2.5 다음과 같이 정의된 함수 $f:\mathbb{R}\to\mathbb{R}$ 의 극한을 살펴보자.

$$f(x)=\begin{cases}1 & (x\in\mathbb{Q})\\ 0 & (x\in\mathbb{Q}^c)\end{cases}$$

a 를 임의의 실수라고 하자. 만일 x 가 a 로 충분히 가까이 가면, 그 중에는 유리수와 무리수가 계속 존재하게 된다. 따라서 함숫값 $f(x)$ 는 1 과 0 의 값이 계속해서 나타날 것이다. 그러므로 함수 f 는 임의의 실수 a 에서 극한값을 갖지 않는다. ■

함수 f 가 a 보다 크면서[작으면서] a 에 충분히 가까운 모든 실수들에 대하여 정의되어 있다고 하자. 변수 x 의 값이 a 보다 크면서[작으면서] a 에 한없이 가까워질 때 함숫값 $f(x)$ 가 어떤 일정한 실수 L 에 한없이 가까워지면 실수 L 을 $x=a$ 에서의 함수 f 의 **우극한**[**좌극한**]이라 하고 이것을

$$\lim_{x\to a+}f(x)=L \quad 또는 \quad x\to a+ \text{ 일 때 } f(x)\to L$$

$$\left[\ \lim_{x\to a-}f(x)=L \quad 또는 \quad x\to a- \text{ 일 때 } f(x)\to L\ \right]$$

으로 나타낸다. 또한, 다음의 표현들에 대한 의미도 쉽게 파악할 수 있다.

$$\lim_{x\to a+}f(x)=\infty,\quad \lim_{x\to a-}f(x)=\infty,\quad \lim_{x\to a+}f(x)=-\infty,\quad \lim_{x\to a-}f(x)=-\infty$$

참고 2.2.6 함수 f가 적당한 양수 r에 대하여 구간 $(a-r, a)$와 $(a, a+r)$에서 정의되어 있을 때, $x=a$에서의 함수 f의 극한 L이 존재할 필요충분조건은 $x=a$에서의 f의 우극한과 좌극한이 모두 존재하고 두 값이 L과 같은 것이다. 즉

$$\lim_{x \to a} f(x) = L \quad \Leftrightarrow \quad \lim_{x \to a+} f(x) = \lim_{x \to a-} f(x) = L$$

보기 2.2.7 임의의 실수 x에 대하여 $n \le x < n+1$을 만족시키는 정수 n이 오직 하나 존재하고 이를 $[x]$로 나타낸다. 실수 전체의 집합 $\mathbb{R}$에서 정의된 함수 $f(x)=[x]$를 **가우스**(Gauss) **함수**라고 한다. a가 정수가 아닌 실수이면, a에 충분히 가까운 모든 실수 x에 대하여 $[x]=[a]$이므로

$$\lim_{x \to a} [x] = [a]$$

이다. 그러나 정수 m에서의 가우스 함수의 우극한과 좌극한을 살펴보면,

$$\lim_{x \to m+} [x] = m, \quad \lim_{x \to m-} [x] = m-1$$

이다. 이때 우극한과 좌극한이 모두 존재하지만 두 값이 같지 않으므로 극한 $\lim_{x \to m} [x]$는 존재하지 않는다.

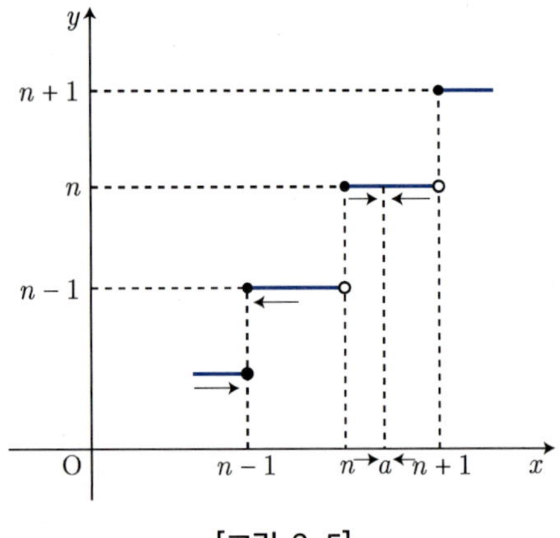

[그림 2-5] ■

실제로 극한값을 계산할 때는 아래의 극한에 관한 기본 성질들을 이용한다.

정리 2.2.8 두 함수 f와 g에 대하여

$$\lim_{x \to a} f(x) = L, \quad \lim_{x \to a} g(x) = M$$

이면 다음이 성립한다.

(1) $\lim_{x \to a} [c_1 f(x) + c_2 g(x)] = c_1 L + c_2 M$ (c_1, c_2는 임의의 실수)

(2) $\lim_{x \to a} f(x) g(x) = LM$

(3) $\lim_{x \to a} \dfrac{f(x)}{g(x)} = \dfrac{L}{M}$ (단, $g(x) \neq 0$, $M \neq 0$)

정리 2.2.9 $\lim_{x \to a} f(x) = L$이면 임의의 자연수 n에 대하여

$$\lim_{x \to a} \sqrt[n]{f(x)} = \sqrt[n]{L} \quad (\text{단, } n\text{이 짝수이면 } f(x) \geq 0)$$

정리 2.2.10 압축정리 또는 샌드위치정리

실수 a가 아니면서 a에 충분히 가까운 모든 실수 x에 대하여 세 함수 f, g, h가

$$f(x) \leq g(x) \leq h(x)$$

를 만족하며

$$\lim_{x \to a} f(x) = L = \lim_{x \to a} h(x)$$

이면

$$\lim_{x \to a} g(x) = L$$

이다.

정리 2.2.8, 정리 2.2.9와 상수함수와 항등함수의 기본적인 극한을 보여주는 보기 2.2.2, 보기 2.2.3을 이용하면 모든 대수적 함수의 극한은 함숫값과 일치한다는 사실을 알 수 있다. 즉 함수 f가 대수적 함수이면 임의의 $a \in \mathrm{Dom}(f)$에 대하여 다음이 성립한다.

$$\lim_{x \to a} f(x) = f(a)$$

예제 2.2.11 극한 $\lim_{x \to 2}(5x^5 - 13x + 10)$을 조사하여라.

풀이 보기 2.2.4에 의하여 $\lim_{x \to 2} x = 2$이다. 따라서 정리 2.2.8의 (2)와 (1)에 의하여 $\lim_{x \to 2} 5x^5 = 5 \cdot 2^5 = 160$이고 $\lim_{x \to 2} 13x = 13 \cdot 2 = 26$이다. 한편, 보기 2.2.2에 의하여 $\lim_{x \to 2} 10 = 10$이다. 따라서 정리 2.2.8(1)에 의하여

$$\lim_{x \to 2}(5x^5 - 13x + 10) = 160 - 26 + 10 = 144$$

이다. ■

예제 2.2.12 극한 $\lim_{x \to 3} \dfrac{\sqrt{x^2 - 3}}{x^3 - 8}$을 조사하여라.

풀이 예제 2.2.11과 같은 이유로 $\lim_{x \to 3}(x^3 - 8) = 19$이다. 또한, $\lim_{x \to 3}(x^2 - 3) = 6$이므로 정리 2.2.9에 의하여 $\lim_{x \to 3} \sqrt{x^2 - 3} = \sqrt{6}$이다. 분모의 극한이 19, 분자의 극한이 $\sqrt{6}$으로 존재하며 특히 분모의 극한이 0이 아니므로 정리 2.2.8(3)에 의하여

$$\lim_{x \to 3} \frac{\sqrt{x^2 - 3}}{x^3 - 8} = \frac{\sqrt{6}}{19}$$

이다. ■

위의 두 예제에서와 같이 대수적 함수에 대하여 정의역에 속하는 점에서의 극한값은 항상 존재하며 이는 그 점에서의 함숫값과 같다는 사실을 알 수 있다. 그러면 예제 2.1.12의 극한에서 $x \to 3$ 대신에 $x \to 2$로 바꾸면 어떻게 될까? 우선 함수 $\dfrac{\sqrt{x^2 - 3}}{x^3 - 8}$은 $x = 2$에서 정의되지 않으므로 $x = 2$에서 함숫값이 존재하지 않는다. 그리고 x가 2에 가까울 때 분모 $x^3 - 8$은 0에 가깝고

$$\lim_{x \to 2-} \frac{\sqrt{x^2 - 3}}{x^3 - 8} = -\infty, \quad \lim_{x \to 2+} \frac{\sqrt{x^2 - 3}}{x^3 - 8} = \infty$$

으로 극한이 존재하지 않는다. 이와 같이 분수식 형태의 극한

$$\lim_{x \to a} \frac{f(x)}{g(x)}$$

에서 $\lim_{x\to a} f(x) = L \neq 0$ 이고 $\lim_{x\to a} g(x) = 0$ 이면 항상 $\lim_{x\to a}\frac{f(x)}{g(x)}$ 가 발산함을 알 수 있다. 그러나 극한 $\lim_{x\to a}\frac{f(x)}{g(x)}$ 에서 $\lim_{x\to a} f(x) = 0 = \lim_{x\to a} g(x)$ 이면 극한의 존재 여부를 쉽게 판단할 수 없다. 이러한 극한을 $\frac{0}{0}$ 형의 **부정형**(indeterminate form)이라고 부르며 두 식의 인수분해를 통한 공통인수의 약분 또는 유리화 등을 통하여 극한을 계산할 수 있다.

보기 2.2.13 (1) $\lim_{x\to 2}\frac{x^3-8}{x-2} = \lim_{x\to 2}\frac{(x-2)(x^2+2x+4)}{x-2} = \lim_{x\to 2}(x^2+2x+4) = 12$

(2) $\lim_{x\to 0}\frac{(3+x)^2-9}{x} = \lim_{x\to 0}\frac{x(6+x)}{x} = \lim_{x\to 0}(6+x) = 6$

(3) $\lim_{x\to 1}\frac{x^2+x-2}{(x-1)^2} = \lim_{x\to 1}\frac{(x-1)(x+2)}{(x-1)^2} = \lim_{x\to 1}\frac{x+2}{x-1}$

그런데, $\lim_{x\to 1-}\frac{x+2}{x-1} = -\infty$ 이고 $\lim_{x\to 1+}\frac{x+2}{x-1} = \infty$ 이므로 극한

$\lim_{x\to 1}\frac{x^2+x-2}{(x-1)^2}$ 는 존재하지 않는다.

(4) $\lim_{x\to -3}\frac{(x+3)^2}{x^2+2x-3} = \lim_{x\to -3}\frac{(x+3)^2}{(x+3)(x-1)} = \lim_{x\to -3}\frac{x+3}{x-1} = 0$ ■

보기 2.2.14 (1) $\lim_{x\to 0}\frac{\sqrt{1+x}-1}{x} = \lim_{x\to 0}\frac{x}{x(\sqrt{1+x}+1)} = \lim_{x\to 0}\frac{1}{\sqrt{1+x}+1} = \frac{1}{2}$

(2) $\lim_{x\to 8}\frac{\sqrt[3]{x}-2}{x-8} = \lim_{x\to 8}\frac{\sqrt[3]{x}-2}{(\sqrt[3]{x}-2)(\sqrt[3]{x^2}+2\sqrt[3]{x}+4)}$

$= \lim_{x\to 8}\frac{1}{\sqrt[3]{x^2}+2\sqrt[3]{x}+4} = \frac{1}{12}$ ■

극한의 존재 여부가 일정하지 않은 극한에는 $\frac{0}{0}$ 형의 부정형 이외에도 $\infty - \infty$, $\infty \cdot 0$ 형 등의 부정형이 있으며 이들 역시 적절한 식의 변형을 통하여 계산할 수 있다.

보기 2.2.15 (1) $\lim_{x \to 0}\left(\frac{1}{x} - \frac{1}{x^2}\right) = \lim_{x \to 0}\frac{x-1}{x^2} = -\infty$

(2) $\lim_{x \to 0}\frac{1}{x}\left(\frac{1}{(x+1)^2} - 1\right) = \lim_{x \to 0}\frac{-x^2-2x}{x(x+1)^2} = \lim_{x \to 0}\frac{-x-2}{(x+1)^2} = -2$ ■

극한을 계산하는 데 있어서 아래와 같이 압축정리(정리 2.2.10)가 유용하게 쓰이기도 한다.

예제 2.2.16 $f(x) = x - [x]$ 일 때, 극한 $\lim_{x \to 0} x^2 f\left(\frac{1}{x}\right)$ 을 조사하여라.

풀이 임의의 실수 x 에 대하여 $[x] \le x \le [x]+1$ 이므로

$$0 \le f(x) < 1$$

이다. 따라서 0이 아닌 임의의 실수 x 에 대하여

$$0 \le x^2 f\left(\frac{1}{x}\right) < x^2$$

이다. 한편, $\lim_{x \to 0} x^2 = 0$ 이므로 압축정리에 의하여

$$\lim_{x \to 0} x^2 f\left(\frac{1}{x}\right) = 0$$

이다. ■

연습문제 2.2

1. 아래의 극한 계산에서 잘못된 부분을 찾아 설명하여라.

$$\left(\lim_{x\to 0+} x\right)\left(\lim_{x\to 0+}\frac{1}{x}\right) = \lim_{x\to 0+}\left(x\cdot\frac{1}{x}\right) = \lim_{x\to 0+} 1 = 1$$

2. 다음 극한을 조사하여라.

(1) $\lim_{x\to 2}(5x^3-3x^2+x+1)$

(2) $\lim_{x\to 5}\frac{3x^2+4x}{x-1}$

(3) $\lim_{x\to 3}(x^2+2)(x-4)$

(4) $\lim_{x\to 2}(x^2-\sqrt{x+1})$

(5) $\lim_{x\to 1}\frac{x^3-1}{x-1}$

(6) $\lim_{x\to -2}\frac{x^3+8}{x+2}$

(7) $\lim_{x\to 9}\frac{x-9}{\sqrt{x}-3}$

(8) $\lim_{x\to 1}\frac{x^2+6x+5}{x^2-3x-4}$

(9) $\lim_{x\to 1}\frac{x-1}{\sqrt{x^2+4}-\sqrt{5}}$

(10) $\lim_{x\to 0}\frac{\sqrt{x+6}-\sqrt{6}}{x}$

3. 다음 극한을 조사하여라.

(1) $\lim_{x\to 0+}\frac{[x]}{x}$

(2) $\lim_{x\to 0-}\frac{x}{|x|}$

(3) $\lim_{x\to -1+}(\sqrt{x+1}-\sqrt{x+2})$

(4) $\lim_{x\to 3-}\frac{2x}{x^2-9}$

4. 아래의 함수 $f(x)$에 대하여 극한 $\lim_{x\to a}\frac{f(x)-f(a)}{x-a}$를 계산하여라.

(1) $f(x)=2x+1,\quad a=3$

(2) $f(x)=\frac{1}{x},\quad a=2$

(3) $f(x)=x^2+2x+3,\quad a=1$

(4) $f(x)=\frac{x}{x^2+1},\quad a=2$

5. 함수

$$f(x) = \begin{cases} x+1 & (x \geq 2) \\ \dfrac{1}{4}x^2 & (0 \leq x < 2) \\ -2x+1 & (x < 0) \end{cases}$$

에 대하여 다음의 극한값을 구하여라.

(1) $\lim_{x \to 2+} f(x)$ (2) $\lim_{x \to 2-} f(x)$

(3) $\lim_{x \to 0+} f(x)$ (4) $\lim_{x \to 0-} f(x)$

6. 함수 $f(x) = \begin{cases} x^2 & (x \in \mathbb{Q}) \\ 0 & (x \in \mathbb{Q}^c) \end{cases}$ 일 때 $\lim_{x \to 0} f(x) = 0$ 임을 보여라.

7. $\lim_{x \to 1} \dfrac{x^3 + ax^2 + bx + c}{x^2 - 2x + 1} = 4$ 가 되도록, 상수 a, b, c 를 결정하여라.

8. $\lim_{x \to a} f(x) = L$ 이면 $\lim_{x \to a} |f(x)| = |L|$ 임을 보여라. 역은 성립하는가?

2.3 함수의 연속

극한의 개념을 이용하여 함수의 연속을 정의하자.

앞에서 공부한 바와 같이 $\lim_{x \to a} f(x) = L$이면 x의 값이 a가 아니면서 a에 한없이 가까워질 때 함숫값 $f(x)$가 L에 한없이 가까워지게 될 것이다. 이때 $x = a$에서의 함숫값 $f(a)$도 존재하며 $L = f(a)$이면 어떻게 될 것인가? 극한값이 함숫값과 같다면 x의 값이 a와 같거나 a에 한없이 가까워질 때 함숫값 $f(x)$가 L과 같거나 한없이 가까워지게 된다. 이것을 기하학적으로 살펴보면 함수 f의 그래프가 그리는 곡선이 아래 그림 2-6에서와 같이 점 $(a, f(a))$에서 단절되지 않고 연결되어 있음을 짐작할 수 있을 것이다.

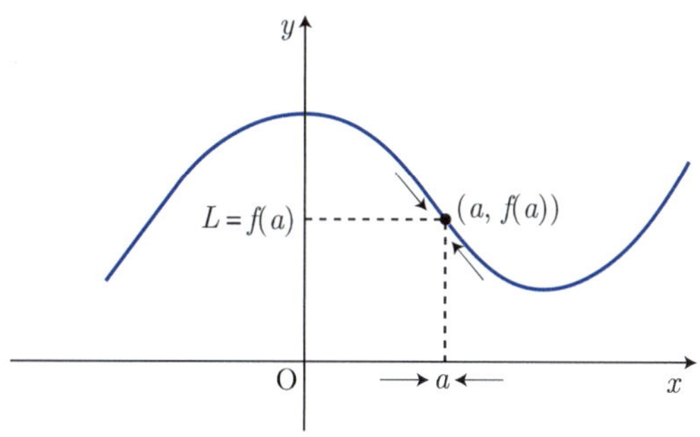

[그림 2-6]

> **정의 2.3.1** 함수 f가 한 실수 a와 a에 충분히 가까운 모든 실수에서 정의되어 있다고 가정하자. 만약 a에서의 함수 f의 극한값 $\lim_{x \to a} f(x)$가 존재하며 그 극한값이 함숫값 $f(a)$와 같으면, 즉
>
> $$\lim_{x \to a} f(x) = f(a)$$
>
> 이면 함수 f는 $x = a$에서(또는 a에서) **연속**(continuous)이라고 한다.

참고 2.3.2 정의 2.3.1의 두 가지 조건 중 어느 하나를 만족하지 않아도 함수 f는 $x = a$에서 연속이 아니다. 그림 2-7과 같은 그래프를 가지는 함수들을 살펴보자. 함수 f의 경우에는 극한값 $\lim_{x \to a} f(x) = L$이 존재하고 함숫값 $f(a)$도 존재하지만 두 값이 일치하지 않으므로 $x = a$에서 연속이 아니다. 함수 g는 함숫값 $g(a) = L_2$가 존재하고 우극한값 $\lim_{x \to a+} g(x) = L_2$가 함숫값과 일치하지만 좌극한 값 $\lim_{x \to a-} g(x) = L_1$과는 다르므

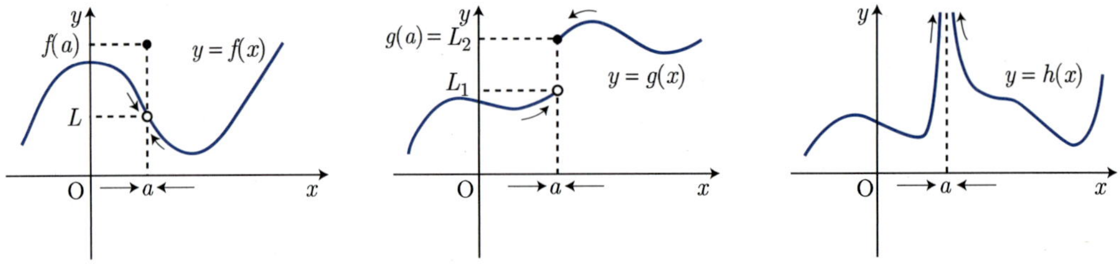

[그림 2-7]

로 극한이 존재하지 않는다. 그러므로 함수 g도 역시 $x=a$에서 연속이 아니다. 함수 h의 경우에는 함숫값 $h(a)$도 존재하지 않고 극한 $\lim_{x\to a} h(x)=\infty$도 발산하므로 $x=a$에서 연속이 아니다.

이와 같이 $x=a$에서 연속이 아닌 함수 f의 그래프를 그리면 그래프 위의 점 $(a, f(a))$에서 단절되어 있음을 알 수 있다. 이때 점 a를 함수 f의 **불연속점**이라 하고 함수 f는 $x=a$에서 **불연속**(discontinuous)이라고 한다.

함수 f가 어떤 구간 I의 모든 내부점에서 연속이고 모든 끝점에서의 우극한 또는 좌극한이 존재하며 함숫값과 같을 때 함수 f는 **구간 I에서 연속**이라고 한다. 특히, 함수 f가 닫힌 구간 $[a, b]$에서 연속이라는 것은 f가 열린 구간 (a, b)의 모든 점 x에서 연속이며 $\lim_{x\to a+} f(x)=f(a)$이고 $\lim_{x\to b-} f(x)=f(b)$임을 의미한다.

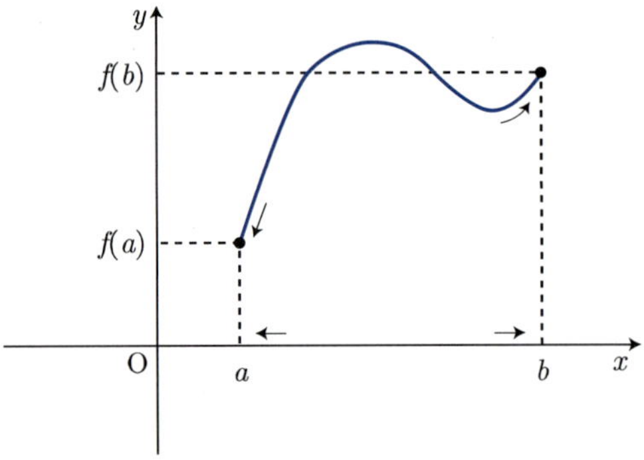

[그림 2-8]

극한에 관한 기본 성질들(정리 2.2.8, 정리 2.2.9)에 의해서 함수의 연속에 관한 다음의 정리가 성립한다.

정리 2.3.3 두 함수 f와 g가 $x=a$에서 연속이면 다음의 함수들도 모두 $x=a$에서 연속이다.

$$c_1 f + c_2 g \quad (c_1, c_2 \text{는 상수}),$$

$$fg,$$

$$\frac{f}{g} \quad (\text{단, } g(a) \neq 0),$$

$$\sqrt[n]{f(x)} \quad (\text{단, } n \text{은 자연수이고 } n \text{이 짝수일 경우에는 } f(x) \geq 0)$$

정리 2.3.3에 의하여 다항함수는 모든 실수에서 연속이며 유리함수는 분모를 0으로 하지 않는 모든 실수에서 연속이다. 또한 대수적 함수는 자신의 정의역에 속하는 모든 점에서 연속인 함수임을 알 수 있다.

또한 합성함수의 극한에 대하여 다음의 결과가 성립한다.

정리 2.3.4 두 함수 f와 g에 대하여 $\lim_{x \to a} f(x) = L$이고 g가 L에서 연속이면

$$\lim_{x \to a} g(f(x)) = g(L)$$

이 성립한다. 즉

$$\lim_{x \to a} g(f(x)) = g\left(\lim_{x \to a} f(x)\right)$$

이다.

정리 2.3.4에 의하여 두 연속함수의 합성함수는 연속함수임을 알 수 있다.

따름정리 2.3.5 함수 f가 a에서 연속이고 함수 g가 $f(a)$에서 연속이면 합성함수 $g \circ f$는 a에서 연속인 함수이다.

예제 2.3.6 극한 $\lim_{x \to 1} \sqrt{\dfrac{x^2 + x - 2}{x - 1}}$를 조사하여라.

풀이 $f(x) = \dfrac{x^2 + x - 2}{x - 1}$, $g(x) = \sqrt{x}$라고 하면

$$\lim_{x \to 1} f(x) = \lim_{x \to 1} \frac{(x-1)(x+2)}{x-1} = \lim_{x \to 1}(x+2) = 3$$

이고 $g(x)=\sqrt{x}$ 는 양의 실수에서 연속인 함수이다. 따라서 정리 2.3.4에 의하여

$$\lim_{x\to1}\sqrt{\frac{x^2+x-2}{x-1}}=\lim_{x\to1}g(f(x))=g(3)=\sqrt{3}$$

이다. ■

다음은 참고 2.3.2에서 말한 연속함수의 그래프가 가지는 특성으로부터 알 수 있는 중요한 정리를 알아보도록 하자.

정리 2.3.7 사이값 정리(Intermediate Value Theorem)
함수 f 가 닫힌 구간 $[a, b]$ 에서 연속이고 $f(a)\neq f(b)$ 이면, $f(a)$ 와 $f(b)$ 사이에 있는 임의의 값 k 에 대하여

$$f(c)=k$$

를 만족하는 실수 c 가 열린 구간 (a, b) 에 적어도 하나 존재한다.

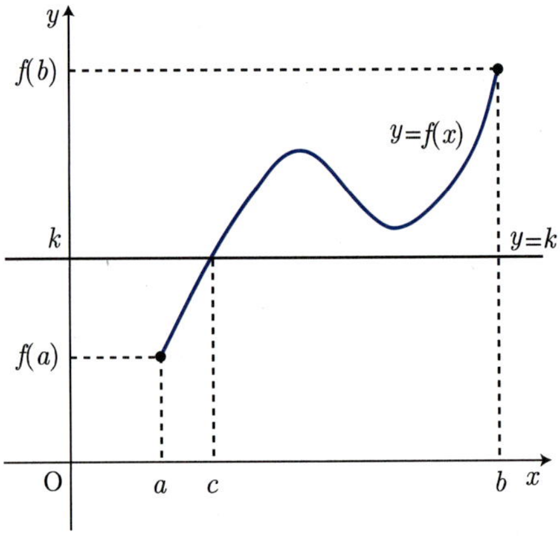

[그림 2–9]

예제 2.3.8 삼차방정식 $4x^3-6x^2+3x-2=0$ 의 실근이 열린 구간 $(1, 2)$ 에 적어도 하나 존재함을 보여라.

풀이 삼차함수 $f(x)=4x^3-6x^2+3x-2$ 는 모든 실수에서 연속이다. 따라서 f 는 닫힌 구간 $[1, 2]$ 에서도 연속인 함수이다. 또한 $f(1)=-1<0<f(2)=12$ 이므로 사이값 정리에 의하여 $f(c)=0$ 을 만족하는 실수 c, 즉 방정식 $f(x)=0$ 의 실근인 c 가 열린구간 $(1, 2)$ 에 적어도 하나 존재한다. ■

함수 $f: D \to \mathbb{R}$ 에서 임의의 $x \in D$ 에 대하여 $f(x) \le f(x_0)$ $[f(x) \ge f(x_0)]$가 성립하는 $x_0 \in D$가 존재할 때, x_0에서의 함수 f의 함숫값 $f(x_0)$를 f의 **최댓값**(maximum)[**최솟값**(minimum)]이라고 한다.

미적분학뿐만 아니라 수학 전 분야에서 가장 중요한 문제 중의 하나는 주어진 함수의 최댓값 또는 최솟값을 구하는 것이다. 닫힌 구간에서 연속인 함수에 대하여 아래의 중요한 결과가 성립한다.

정리 2.3.9 최대·최소 정리(Extreme Value Theorem)
함수 f가 닫힌 구간 $[a, b]$에서 연속이면, 함수 f는 이 구간에서 최댓값과 최솟값을 갖는다.

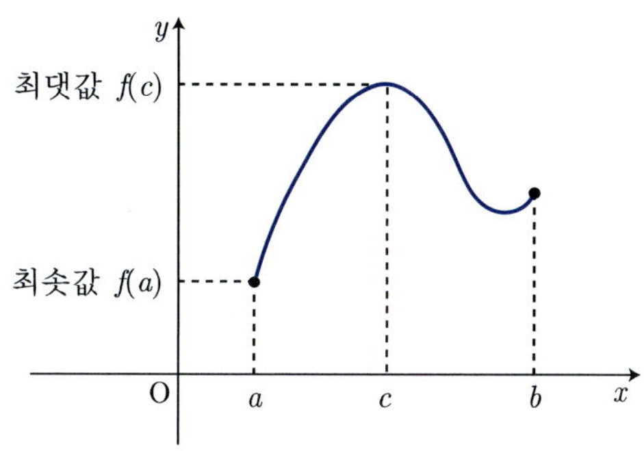

[그림 2-10]

참고 2.3.10 함수 f가 닫힌 구간에서 연속이 아니면 반드시 그 구간에서 최댓값과 최솟값을 가지는 것은 아니다. 예를 들어, 함수 $f(x) = \dfrac{1}{x}$은 구간 $(0, 1]$에서 연속이지만 $\lim_{x \to 0+} f(x) = \infty$ 이므로 이 구간에서 최댓값을 갖지 않는다.

연습문제 2.3

1. 다음 물음에 답하여라.

(1) 함수 f와 g가 $x=c$에서 불연속이면 $f+g$, fg도 $x=c$에서 불연속인가?

(2) $f(x)=[x]$는 정수에서 왜 불연속인가?

(3) $f(x)=|x|$는 모든 실수 x에서 연속인가?

2. 주어진 함수의 그래프를 그리고, 불연속인 점을 찾아라.

(1) $f(x)=\begin{cases} x^2 & (x \le -1) \\ x & (-1 < x \le 1) \\ x^3 & (x > 1) \end{cases}$

(2) $g(x)=\begin{cases} |x| & (x \le -2,\ x > 2) \\ \sqrt{4-x^2} & (-2 < x \le 0) \\ \sqrt{x} & (0 < x \le 2) \end{cases}$

3. 주어진 함수가 연속이 되도록 상수 a, b를 구하여라.

(1) $f(x)=\begin{cases} \dfrac{x^2-2x-a}{x-3} & (x \ne 3) \\ b & (x=3) \end{cases}$

(2) $g(x)=\begin{cases} -2x-1 & (x \le 0) \\ ax+b & (0 < x \le 1) \\ x^2-1 & (x > 1) \end{cases}$

4. 주어진 함수가 연속이 되는 모든 실수 x들의 집합을 구하여라.

(1) $f(x)=\dfrac{2x+3}{x^2-5x+6}$

(2) $g(x)=\dfrac{x+1}{x^2+2x+3}$

(3) $h(x)=\sqrt{\dfrac{2x^2-1}{x+3}}$

5. 다음 함수에 대하여 $x=0$에서의 연속성을 조사하여라.

(1) $f(x)=x-[x]$

(2) $g(x)=[x]+[-x]$

[문제 6-10] 사이값 정리를 사용하여 다음 물음에 답하여라.

6. 방정식 $x^4 + 3x^2 - 5 = 0$ 이 최소한 두 개의 실근을 가짐을 보여라.

7. 방정식 $x^5 + 4x^3 - 7x + 14 = 0$ 이 적어도 하나의 실근을 가짐을 보여라.

8. 함수 f가 닫힌 구간 $[0, 1]$ 에서 연속이고 모든 $x \in [0, 1]$ 에 대하여 $f(x) \in [0, 1]$ 이면 $f(c) = c$를 만족하는 실수 c가 구간 $[0, 1]$ 에 적어도 하나 존재한다는 것을 보여라.

9. 임의의 삼차함수 $f(x) = ax^3 + bx^2 + cx + d$(단, a, b, c, d는 실수이고 $a \neq 0$)에 대하여 $f(k) = 0$ 을 만족하는 실수 k가 적어도 하나 존재한다는 것을 보여라.

10. 닫힌 구간 $[a, b]$ 에서 연속인 함수 f가 이 구간에서 최댓값 M과 최솟값 m을 갖는다고 하자. 함수 f가 구간 $[a, b]$ 에서 상수함수가 아니면 f의 치역이 닫힌 구간 $[m, M]$, 즉

$$f([a, b]) = [m, M]$$

임을 보여라.

2.4 무한대에서의 극한

함수 $f(x)$ 에서 $x \to \infty$ 또는 $x \to -\infty$ 일 때의 극한, 즉 x 의 값이 한없이 커질 때 또는 음수이면서 그 절댓값이 한없이 커질 때 함수 $f(x)$ 의 극한에 대하여 알아보자.

적당한 구간 (a, ∞) $[(-\infty, a)]$에서 정의된 함수 f 에 대하여, x 의 값이 한없이 커질 때 [음수이면서 그 절댓값이 한없이 커질 때] 함숫값 $f(x)$ 가 일정한 실수 L 에 한없이 가까워지면, 양의[음의] 무한대에서 함수 f 는 L 에 수렴한다 또는 양의[음의] 무한대에서 함수 f 의 극한값은 L 이라 말하고,

$$\lim_{x \to \infty} f(x) = L \quad \text{또는} \quad x \to \infty \text{ 일 때 } f(x) \to L$$

$$\left[\lim_{x \to -\infty} f(x) = L \quad \text{또는} \quad x \to -\infty \text{ 일 때 } f(x) \to L\right]$$

로 나타낸다.

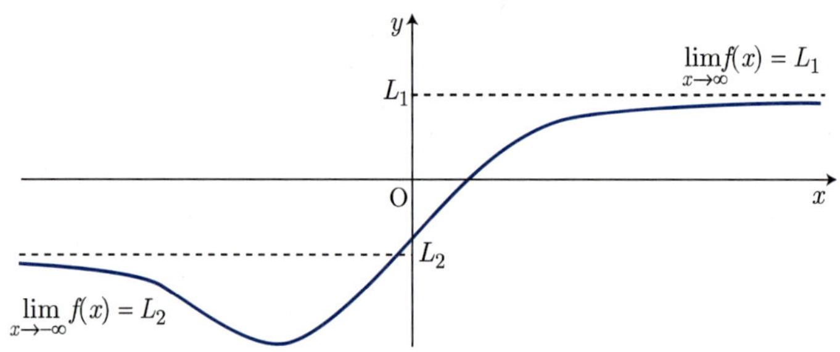

[그림 2-11]

또한, x 의 값이 한없이 커질 때 함숫값 $f(x)$ 가 한없이 커지면[음수이면서 그 절댓값이 한없이 커지면] 함수 f 는 양의[음의] 무한대로 발산한다고 하며,

$$\lim_{x \to \infty} f(x) = \infty \quad \text{또는} \quad x \to \infty \text{ 일 때 } f(x) \to \infty$$

$$\left[\lim_{x \to \infty} f(x) = -\infty \quad \text{또는} \quad x \to \infty \text{ 일 때 } f(x) \to -\infty\right]$$

로 나타낸다. 마찬가지로 다음의 극한 기호들에 대한 의미도 쉽게 파악할 수 있다.

$$\lim_{x \to -\infty} f(x) = \infty, \quad \lim_{x \to -\infty} f(x) = -\infty$$

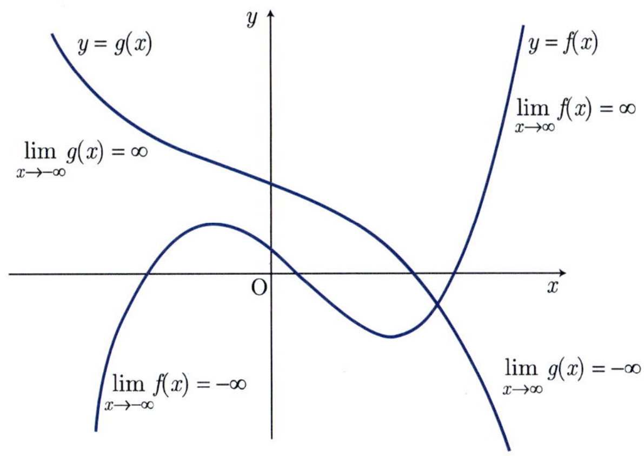

[그림 2-12]

함수의 극한에 관한 기본적인 성질을 말해 주는 정리 2.2.8, 정리 2.2.9, 정리 2.2.10의 결과들이 $x \to a$ 대신에 $x \to \pm\infty$ 인 경우에도 성립한다. 그러나 극한값이 존재하지 않는 경우에는 정리 2.2.8의 결과가 성립하지 않는다. 따라서 2.2절에서와 마찬가지로, 두 함수 f와 g에 대하여 $\lim_{x\to\pm\infty} |f(x)| = \infty$ 이고 $\lim_{x\to\pm\infty} |g(x)| = \infty$ 이면 다음과 같은 형태의 극한들은 극한값의 존재 여부가 분명하지 않은 부정형의 극한이다.

$$\lim_{x\to\pm\infty} \frac{f(x)}{g(x)}$$

$$\lim_{x\to\pm\infty} [f(x) - g(x)]$$

적당한 식의 변형을 통하여 이러한 부정형의 극한값을 계산할 수도 있다.

예제 2.4.1 다음의 극한을 조사하여라.

(1) $\lim_{x\to\infty} \frac{2x^2 + x - 3}{3x^2 - 2x - 4}$

(2) $\lim_{x\to\infty} \frac{9x^2 + x - 3}{3x^3 - 2x - 4}$

(3) $\lim_{x\to\infty} \frac{2x^4 + x^3 - 3}{3x^2 - 2x - 4}$

풀이 위의 세 극한 모두 $\frac{\infty}{\infty}$ 형의 부정형의 극한이다. 이런 형태의 극한은 분모의 최고차항으로 분모, 분자를 나누고

$$\lim_{x\to\pm\infty}\frac{1}{x^n}=0 \quad (\text{단, } n\text{은 자연수})$$

인 사실을 이용하여 해결한다.

(1) $$\lim_{x\to\infty}\frac{2x^2+x-3}{3x^2-2x-4}=\lim_{x\to\infty}\frac{2+\frac{1}{x}-\frac{3}{x^2}}{3-\frac{2}{x}-\frac{4}{x^2}}=\frac{2}{3}$$

(2) $$\lim_{x\to\infty}\frac{9x^2+x-3}{3x^3-2x-4}=\lim_{x\to\infty}\frac{\frac{9}{x}+\frac{1}{x^2}-\frac{3}{x^3}}{3-\frac{2}{x^2}-\frac{4}{x^3}}=0$$

(3) $$\lim_{x\to\infty}\frac{2x^4+x^3-3}{3x^2-2x-4}=\lim_{x\to\infty}\frac{2x^2+x-\frac{3}{x^2}}{3-\frac{2}{x}-\frac{4}{x^2}}=\infty$$ ■

예제 2.4.2 다음의 극한을 조사하여라.

$$\lim_{x\to-\infty}\frac{2x+1}{\sqrt{x^2-1}+2}$$

풀이 먼저 $x=-t$로 치환하면

$$\lim_{x\to-\infty}\frac{2x+1}{\sqrt{x^2-1}+2}=\lim_{t\to\infty}\frac{-2t+1}{\sqrt{t^2-1}+2}$$

로서 $\frac{\infty}{\infty}$ 형의 부정형의 극한이다. 제곱근호 밖의 최고차항 t로 분자, 분모를 나누어서 극한을 계산하면

$$\lim_{t\to\infty}\frac{-2t+1}{\sqrt{t^2-1}+2}=\lim_{t\to\infty}\frac{-2+(1/t)}{\sqrt{1-(1/t^2)+(2/t)}}=-2$$ ■

예제 2.4.3 다음의 극한을 조사하여라.

$$\lim_{x\to\infty}(\sqrt{x^2-x+3}-x)$$

풀이 위의 극한은 $\infty-\infty$ 형의 부정형의 극한으로 무리식을 포함한다. 이러한 극한은 유리화를 통하여 적절한 다른 형태의 식으로 변형하여 계산한다.

$$\begin{aligned}\lim_{x\to\infty}(\sqrt{x^2-x+3}-x) &= \lim_{x\to\infty}\frac{-x+3}{\sqrt{x^2-x+3}+x}\\ &= \lim_{x\to\infty}\frac{-1+(3/x)}{\sqrt{1-(1/x)+(3/x^2)}+1}\\ &= -\frac{1}{2}\end{aligned}$$

■

예제 2.4.4 극한 $\lim_{x\to\infty}\frac{[x]}{x}$ 을 조사하여라.

풀이 임의의 양의 실수 x 에 대하여 $x-1<[x]\le x$ 이므로

$$1-\frac{1}{x}=\frac{x-1}{x}<\frac{[x]}{x}\le 1$$

이다. 또한, $\lim_{x\to\infty}\left(1-\frac{1}{x}\right)=1$ 이므로 압축정리에 의하여

$$\lim_{x\to\infty}\frac{[x]}{x}=1$$

이다. ■

우리는 2.2절과 2.4절을 통하여 함수의 극한, 특히 대수적 함수에 대한 부정형의 극한을 계산하는 것을 주로 공부하였다. 그러면 초월함수에 대한 부정형의 극한은 어떻게 구할 것인가? 앞으로 공부하게 될 도함수를 이용하여 극한을 계산하는 로피탈의 법칙을 이용하면 모든 함수에 대한 부정형의 극한을 좀 더 쉽게 구할 수 있게 될 것이다.

연습문제 2.4

1. 다음 극한을 조사하여라.

(1) $\lim_{x\to\infty}\dfrac{x^2}{5-x^3}$

(2) $\lim_{x\to\infty}\dfrac{x^2}{x^2-8x+15}$

(3) $\lim_{x\to\infty}\dfrac{7x^2+3x+1}{3x^2+2}$

(4) $\lim_{x\to-\infty}\dfrac{2x^3-3}{x^3+x+1}$

(5) $\lim_{x\to\infty}\dfrac{3\sqrt{x^3}+3x}{\sqrt{2x^3}}$

(6) $\lim_{x\to-\infty}\dfrac{\sqrt{3x^2-1}}{2x+1}$

(7) $\lim_{x\to-\infty}\dfrac{5+x^2}{\sqrt{2+3x^4}}$

(8) $\lim_{x\to\infty}\sqrt[3]{\dfrac{5x^5-3x^2}{2x^5+1}}$

(9) $\lim_{x\to-\infty}\dfrac{x^2+x+1}{\sqrt{3x^2+2}}$

(10) $\lim_{x\to\infty}\dfrac{3+x^2}{\sqrt{2x^2-8}+3}$

(11) $\lim_{x\to\infty}\dfrac{7-3x^3}{\sqrt{5+x^7}}$

(12) $\lim_{x\to\infty}(\sqrt{x^2+2x}-x)$

(13) $\lim_{x\to\infty}(\sqrt{x^2-1}-\sqrt{x^2+1})$

(14) $\lim_{x\to-\infty}(\sqrt{x^2-1}+x)$

(15) $\lim_{x\to\infty}\left(\sqrt[3]{x^3+3x^2}-\sqrt[3]{x^3-3x^2}\right)$

(16) $\lim_{x\to-\infty}\left(\sqrt{x^2-2x}+x\right)$

(17) $\lim_{x\to\infty}\dfrac{[\sqrt{x^2+x}]-\sqrt{x}}{x}$

2. $\lim_{x\to\infty}\left(\sqrt{x^2+4x+1}-ax-b\right)=1$ 이 되도록 하는 상수 a, b를 결정하여라.

2장 연습문제

1. 다음과 같이 정의된 수열 $\{a_n\}$의 극한과 급수의 부분합 $\sum_{k=1}^{n} a_k$를 구하여라.

$$a_1 = 3, \quad a_{n+1} = \frac{1}{4}(a_n + 6) \quad (n = 1, 2, 3, \cdots)$$

2. $|r| < 1$이면

$$\sum_{n=1}^{\infty} nr^{n-1} = 1 + 2r + 3r^2 + \cdots + nr^{n-1} + \cdots = \frac{1}{(1-r)^2}$$

임을 보여라.

3. (1) $r > 1$이면 $\lim_{n\to\infty} \frac{r^n}{n} = \infty$ 임을 보여라.

(2) 급수 $\sum_{n=1}^{\infty} \frac{x^n}{n}$이 수렴하는 실수 x의 값을 구하여라.

4. (1) 실수 x에 대하여 $x^+ = \max(x, 0)$, $x^- = \max(-x, 0)$라고 놓으면

$$x^+ \ge 0, \quad x^- \ge 0, \quad x = x^+ - x^-, \quad |x| = x^+ + x^-$$

가 성립함을 보여라.

(2) 급수 $\sum_{n=1}^{\infty} a_n$의 각 항의 절댓값의 급수 $\sum_{n=1}^{\infty} |a_n|$이 수렴하면, 세 급수

$$\sum_{n=1}^{\infty} a_n^+, \quad \sum_{n=1}^{\infty} a_n^-, \quad \sum_{n=1}^{\infty} a_n$$

이 모두 수렴함을 보여라.

5. 함수

$$f(x)=x^2+\frac{x^2}{(1+x^2)}+\frac{x^2}{(1+x^2)^2}+\frac{x^2}{(1+x^2)^3}+\cdots$$

에 대하여 $x=0$ 에서의 연속성을 조사하여라.

6. 다음 극한을 조사하여라.

(1) $\lim_{x\to 3+}(7x^2-4x+3)$

(2) $\lim_{x\to 3}\frac{x^2+5x}{x+2}$

(3) $\lim_{x\to 2}\frac{x^3-x^2-x-2}{x^2-x-2}$

(4) $\lim_{x\to 16}\frac{2x-32}{\sqrt{x}-4}$

(5) $\lim_{x\to 0+}\frac{\sqrt{x+5}-\sqrt{x}}{x}$

(6) $\lim_{x\to 0}\frac{1-\sqrt{1-x^2}}{x}$

7. 다음 극한을 조사하여라.

(1) $\lim_{x\to\infty}\frac{x^3+5x}{2x^3+x+1}$

(2) $\lim_{x\to\infty}(\sqrt{4x^2+x}-2x)$

(3) $\lim_{x\to-\infty}(x+\sqrt{x^2+x})$

(4) $\lim_{x\to-\infty}(\sqrt{x^2+x+1}+x)$

(5) $\lim_{x\to\infty}(x^3-x^4)$

(6) $\lim_{x\to-\infty}\frac{\sqrt{4x^6-3x}}{2x^3+1}$

8. 극한

$$\lim_{x\to 0}\frac{\sqrt[3]{x+1}-1}{x}$$

을 구하여라.

9. 곡선 $y=x^2+1$ 위의 한 점 (t,t^2+1)을 중심으로 하고 점 $(0,1)$을 지나는 원을 $C(t)$라고 하자. 원 $C(t)$와 x축 사이의 최단 거리를 $d(t)$라고 할 때, $\lim_{t\to\infty}d(t)$를 구하여라.

10. 아래 함수가 연속이 되도록 상수 a, b를 결정하여라.

$$f(x)=\begin{cases} x+1 & (x<1) \\ ax^2+bx+1 & (1\le x<2) \\ \sqrt{x-2} & (x\ge 2) \end{cases}$$

11. 함수 f와 g가 $\lim_{x\to a}\{f(x)+g(x)\}=2$와 $\lim_{x\to a}\{f(x)-g(x)\}=1$을 만족한다고 할 때, 극한 $\lim_{x\to a}\{f(x)g(x)\}$를 구하여라.

12. $a>0$와 $b>0$에 대하여, 방정식

$$\frac{a}{x^3+2x^2-1}+\frac{b}{x^3+x-2}=0$$

이 적어도 하나의 실근을 가짐을 보여라.

13. 함수 f는 $[-1, 1]$에서 연속함수이고 $f(-1)=f(1)$을 만족할 때, $f(z)=f(z-1)$을 만족하는 $z\in[0, 1]$가 존재함을 보여라.

14. 함수 $f: \mathbb{R}\to\mathbb{R}$가 임의의 실수 x, y에 대하여

$$f(x+y)=f(x)+f(y)$$

를 만족시키고 $x=0$에서 연속이라고 한다.

(1) 함수 f가 모든 실수 x에서 연속임을 보여라.

(2) 임의의 실수 x, y에 대하여 $f(x)=xf(1)$이 성립함을 보여라.

3장
미분

3.1 미분계수와 미분가능성
3.2 도함수
3.3 미분법
3.4 지수함수와 로그함수의 도함수
3.5 선형근사식
3장 연습문제

3.1 미분계수와 미분가능성

함수의 정의역 내의 한 점에서 함숫값의 순간적인 변화율을 나타내는 미분계수에 대하여 알아보고 그 의미에 대하여 공부하여 보자.

함수 $y=f(x)$가 실수 a를 포함하는 적당한 구간에서 정의되어 있다고 하자. x의 값이 a에서 $a+\Delta x$까지 Δx만큼 변했을 때의 함숫값의 변화량 $f(a+\Delta x)-f(a)$를 $x=a$에서의 x의 **증분** Δx에 대한 y의 **증분**이라 하고 Δy로 나타낸다. 즉

$$\Delta y = f(a+\Delta x)-f(a)$$

이다. 또한, $x=a$에서의 y의 증분 Δy를 x의 증분 Δx로 나눈 몫

$$\frac{\Delta y}{\Delta x}=\frac{f(a+\Delta x)-f(a)}{\Delta x}$$

를 함수 f의 구간 $[a,\ a+\Delta x]$ (만약 $\Delta x<0$이면, $[a+\Delta x,\ a]$)에서의 **평균변화율**이라고 한다. 이때 함수 f의 평균변화율 $\frac{\Delta y}{\Delta x}$는 아래 그림 3-1과 같이, 함수 f의 그래프 위의 두 점 $\mathrm{P}(a, f(a))$와 $\mathrm{Q}(a+\Delta x, f(a+\Delta x))$를 지나는 직선의 기울기를 의미한다.

함수 f의 정의역에 속하는 한 점 a가 고정된 상태에서 x의 증분 Δx가 변한다면 점 P는 고정된 상태에서 점 Q가 함수 f의 그래프 위를 움직이게 되고 평균변화율 $\frac{\Delta y}{\Delta x}$가 변하게 된다. 따라서 $\frac{\Delta y}{\Delta x}$는 x의 증분 Δx에 의해 결정되는 함수이므로, $\Delta x\to 0$일 때 함수 f의

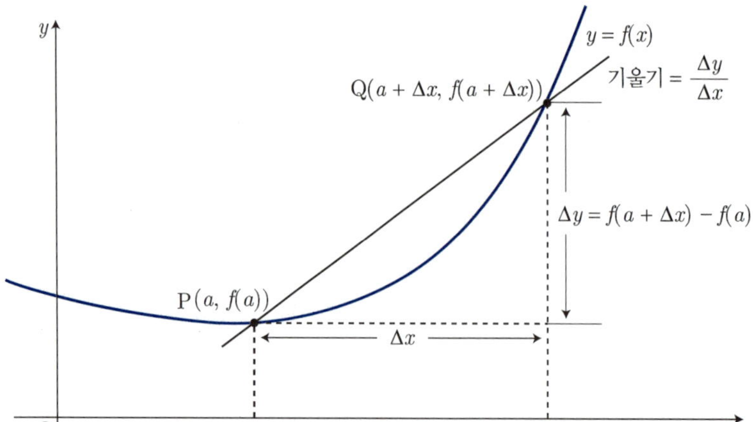

[그림 3-1]

평균변화율 $\dfrac{\Delta y}{\Delta x}$ 의 극한을 생각할 수 있다.

정의 3.1.1 함수 f가 $x=a$를 포함하는 적당한 구간에서 정의되어 있다고 하자. 만약 극한값

$$\lim_{\Delta x \to 0} \frac{\Delta y}{\Delta x} = \lim_{\Delta x \to 0} \frac{f(a+\Delta x)-f(a)}{\Delta x}$$

가 존재하면, 함수 f는 $x=a$에서 **미분가능하다**고 말한다. 이때 이 극한값을 함수 f의 $x=a$에서의 **미분계수** 또는 **순간변화율**이라 하고, $f'(a)$로 나타낸다. 즉

$$f'(a) = \lim_{\Delta x \to 0} \frac{f(a+\Delta x)-f(a)}{\Delta x} \tag{3.1}$$

이다. 또한 함수 f가 어떤 구간에 속하는 모든 점에서 미분가능하면 함수 f는 그 구간에서 미분가능하다고 한다. 특히, 자신의 정의역에 속하는 모든 점에서 미분가능한 함수를 간단히 미분가능한 함수라고 한다.

식 (3.1)에서 $h=\Delta x$, $x=a+h$라고 하면 미분계수 $f'(a)$를 다음과 같이 나타낼 수도 있다.

$$\begin{aligned} f'(a) &= \lim_{h \to 0} \frac{f(a+h)-f(a)}{h} \qquad (3.2) \\ &= \lim_{x \to a} \frac{f(x)-f(a)}{x-a} \end{aligned}$$

예제 3.1.2 함수 $f(x)=\sqrt{x}$ 에서 임의의 양의 실수 a에 대하여 $f'(a)$를 구하여라.

풀이 미분계수에 대한 식 (3.2)를 이용하면

$$\begin{aligned} f'(a) &= \lim_{x \to a} \frac{\sqrt{x}-\sqrt{a}}{x-a} \\ &= \lim_{x \to a} \frac{\sqrt{x}-\sqrt{a}}{(\sqrt{x}-\sqrt{a})(\sqrt{x}+\sqrt{a})} \\ &= \lim_{x \to a} \frac{1}{\sqrt{x}+\sqrt{a}} = \frac{1}{2\sqrt{a}} \end{aligned}$$

■

$x=a$에서 미분가능한 함수 f의 그래프에서 미분계수 $f'(a)$의 기하학적 의미를 알아보자.

그림 3-1에서 보는 바와 같이, 함수 f의 평균변화율 $\dfrac{\Delta y}{\Delta x}$는 곡선 $y=f(x)$ 위의 두 점 $\mathrm{P}(a, f(a))$와 $\mathrm{Q}(a+\Delta x, f(a+\Delta x))$를 지나는 직선 $\overline{\mathrm{PQ}}$의 기울기이다. 만약 Δx가 0에 충분히 가까이 가면 점 Q는 곡선 $y=f(x)$를 따라서 점 P에 충분히 가까워지고, 직선 $\overline{\mathrm{PQ}}$는 점 $\mathrm{P}(a, f(a))$를 지나고 기울기가 미분계수 $f'(a)$인 직선 l에 충분히 가까워지게 된다. 이 직선 l을 곡선 $y=f(x)$ 위의 점 P에서의 **접선**이라 하고, 점 P를 이 접선의 **접점**이라고 한다. 그러므로 함수 f의 $x=a$에서의 미분계수 $f'(a)$는 함수 f의 그래프 위의 점 $\mathrm{P}(a, f(a))$에서 접하는 접선의 기울기를 의미한다. 또한 이 접선의 방정식은

$$y=f(a)+f'(a)(x-a)$$

이다.

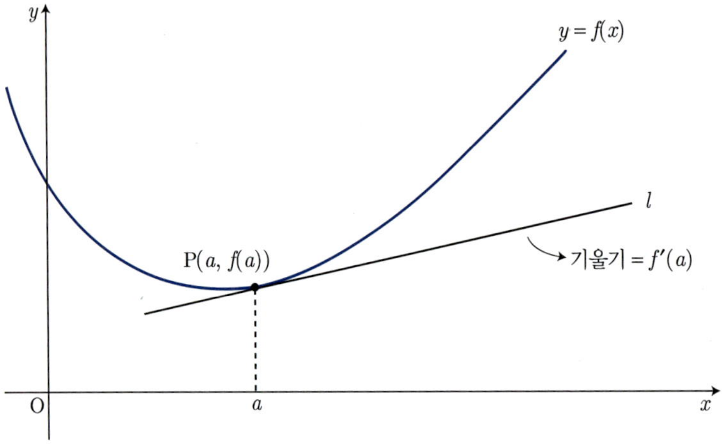

[그림 3–2]

예제 3.1.3 함수 $f(x)=3x^2$에 대하여 $f'(1)$을 구하고, 곡선 위의 점 $(1, 3)$에서 접하는 접선의 방정식을 구하여라.

풀이 미분계수에 대한 식 (3.2)를 이용하면,

$$f'(1)=\lim_{h\to 0}\frac{3(1+h)^2-3}{h}=\lim_{h\to 0}\frac{3h(2+h)}{h}$$

$$=\lim_{h\to 0}3(2+h)=6$$

이다. 따라서 접선의 방정식은 $y=3+6(x-1)$, 즉 $y=6x-3$이다. ■

미분계수 $f'(a)$는 구간 $[a, a+h]$ (또는 $[a+h, a]$)에서의 f의 평균변화율

$$\frac{f(a+h)-f(a)}{h}$$

의 $h\to 0$에서의 극한값이므로 미분계수 $f'(a)$가 존재한다는 것은 우극한

$$f'_{+}(a)=\lim_{h\to 0+}\frac{f(a+h)-f(a)}{h} \tag{3.3}$$

와 좌극한

$$f'_{-}(a)=\lim_{h\to 0-}\frac{f(a+h)-f(a)}{h} \tag{3.4}$$

가 모두 존재하고 일치함을 의미한다. 이때 식 (3.3)의 우극한[식 (3.4)의 좌극한]을 함수 f의 $x=a$에서의 **우미분계수[좌미분계수]**라고 하며 $f'_{+}(a)\,[f'_{-}(a)]$로 나타낸다. 따라서 $f'_{+}(a)$ 또는 $f'_{-}(a)$가 존재하지 않거나 두 값이 모두 존재하지만 같지 않으면 함수 f는 $x=a$에서 미분가능하지 않다. 또한 닫힌 구간 $[a, b]$에서 정의된 함수 f가 $x=a$에서 미분가능하다는 것은 우미분계수 $f'_{+}(a)$가 존재하는 것을 말하고, $x=b$에서 미분가능하다는 것은 좌미분계수 $f'_{-}(b)$가 존재하는 것을 말한다.

예제 3.1.4 함수 $f(x)=|x^2-x|$에 대하여 $x=0$에서의 미분가능성을 조사하여라.

풀이 절댓값의 정의에 의하여 함수 f를 다시 쓰면,

$$f(x)=\begin{cases} x^2-x & (x<0) \\ -x^2+x & (0\le x<1) \\ x^2-x & (x\ge 1) \end{cases}$$

로서 $x=0$의 좌우에서 다른 함수이므로 좌미분계수와 우미분계수를 조사하여야 한다. 먼저 좌미분계수를 계산하면

$$f'_{-}(0)=\lim_{h\to 0-}\frac{f(0+h)-f(0)}{h}=\lim_{h\to 0-}\frac{f(h)}{h}$$

이다. 여기서 h가 음수이면서 0에 충분히 가까우면 $f(h)=h^2-h$이므로

$$f'_-(0) = \lim_{h \to 0-} \frac{h^2 - h}{h}$$

$$= \lim_{h \to 0-} (h - 1) = -1$$

이다. 다음으로 우미분계수를 계산하면

$$f'_+(0) = \lim_{h \to 0+} \frac{f(0+h) - f(0)}{h} = \lim_{h \to 0+} \frac{f(h)}{h}$$

이다. 여기서 h가 양수이면서 0에 충분히 가까우면 $f(h) = -h^2 + h$이므로

$$f'_+(0) = \lim_{h \to 0+} \frac{-h^2 + h}{h}$$

$$= \lim_{h \to 0+} (-h + 1) = 1$$

이다. 좌미분계수 $f'_-(0) = -1$과 우미분계수 $f'_+(0) = 1$이 모두 존재하지만 두 값이 일치하지 않으므로, 함수 f는 $x = 0$에서 미분가능하지 않다.

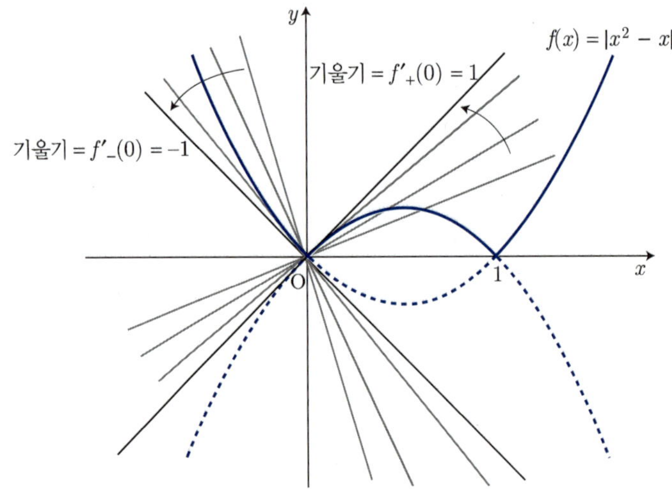

[그림 3-3]

■

예제 3.1.5 함수 $f(x)=\sqrt{|x|}$ 의 $x=0$ 에서의 미분가능성을 조사하여라.

풀이 $x \geq 0$ 일 때 $f(x)=\sqrt{x}$ 이므로

$$f'_{+}(0)=\lim_{h\to 0+}\frac{f(0+h)-f(0)}{h}$$
$$=\lim_{h\to 0+}\frac{\sqrt{h}}{h}=\lim_{h\to 0+}\frac{1}{\sqrt{h}}=\infty$$

로서 극한이 발산하므로 우미분계수 $f'_{+}(0)$ 이 존재하지 않는다. 따라서 함수 f 는 $x=0$ 에서 미분가능하지 않다. 한편, $f'_{-}(0)=-\infty$ 인 것도 쉽게 확인할 수 있다.

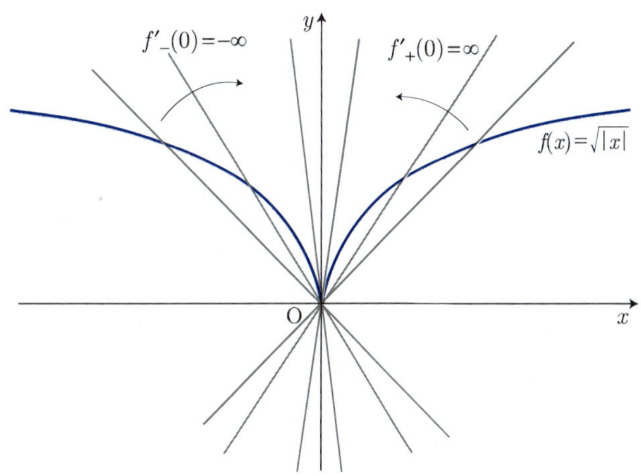

[그림 3-4] ■

미분가능한 함수는 반드시 연속함수이다.

정리 3.1.6 함수 f 가 $x=a$ 에서 미분가능하면 $x=a$ 에서 연속이다.

증명 함수 f 가 $x=a$ 에서 미분가능하면, 즉 미분계수 $f'(a)$ 가 존재하면 극한의 기본 성질들에 의하여

$$\lim_{x\to a}f(x)=\lim_{x\to a}\left[f(a)+\frac{f(x)-f(a)}{x-a}(x-a)\right]$$
$$=\lim_{x\to a}f(a)+\lim_{x\to a}\frac{f(x)-f(a)}{x-a}\cdot\lim_{x\to a}(x-a)$$
$$=f(a)+f'(a)\cdot 0=f(a)$$

이다. $x=a$ 에서의 극한값이 존재하고 함숫값과 같으므로 함수 f 는 $x=a$ 에서 연속이다. ■

위의 정리에서 역은 성립하지 않는다. 그러므로 한 점에서 연속이라는 사실은 미분가능하기 위한 필요조건이지만 충분조건은 아니다. 예를 들어, 함수 $f(x)=|x^2-x|$ 는 예제 3.1.4에 의하여 $x=0$ 에서 미분가능하지 않지만, $x=0$ 에서 연속임을 쉽게 보일 수 있다.

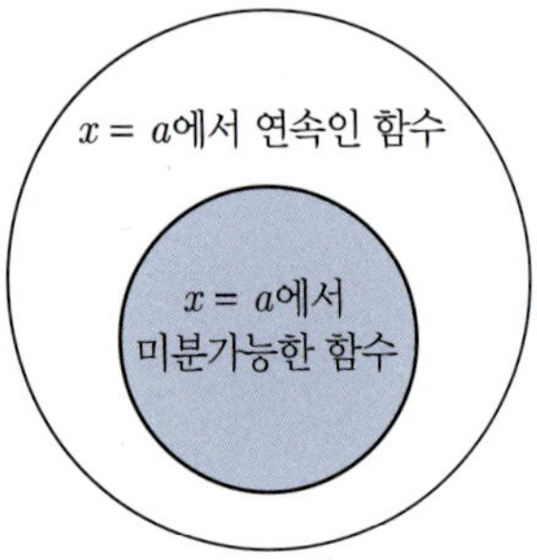

[그림 3–5]

한 점에서 미분가능한 함수의 기하학적 특징에 대하여 알아보도록 하자. 함수 f 가 $x=a$ 에서 미분가능하다고 가정하자. 정리 3.1.6에 의하여 함수 f 는 $x=a$ 에서 연속이므로 함수 f 의 그래프는 점 $(a, f(a))$ 에서 단절되지 않고 연결되어 있다. 그리고 미분가능성의 정의에 의하여 미분계수 $f'(a)$ 가 존재한다. 따라서 $f'_-(a)$ 와 $f'_+(a)$ 가 모두 존재하고 $f'_-(a)=f'_+(a)$ 이므로 $f'_-(a)$ 와 $f'_+(a)$ 각각은 존재하지만 일치하지 않아서 생기는 그림 3–6과 같은 모서리 형태가 함수 f 의 그래프에서 나타나지 않는다.

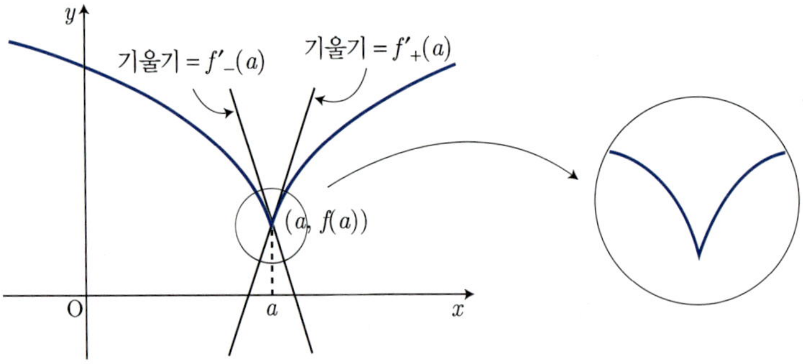

[그림 3–6]

또한 $f'_-(a)$와 $f'_+(a)$의 값이 ∞ 또는 $-\infty$로서 생기는 그림 3-7과 같은 수직 접선 역시 나타나지 않는다.

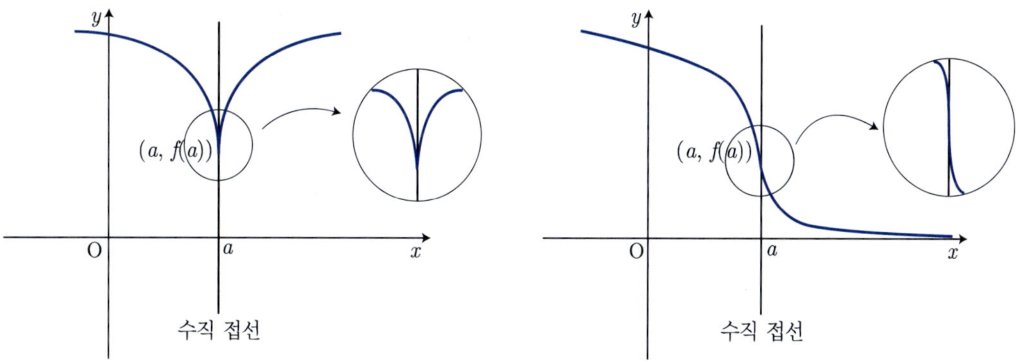

[그림 3-7]

이상을 종합적으로 생각해보면, $x=a$에서 미분가능한 함수 f의 그래프는 그래프 위의 점 $(a, f(a))$에서 부드럽게 연결되어 있음을 알 수 있다.

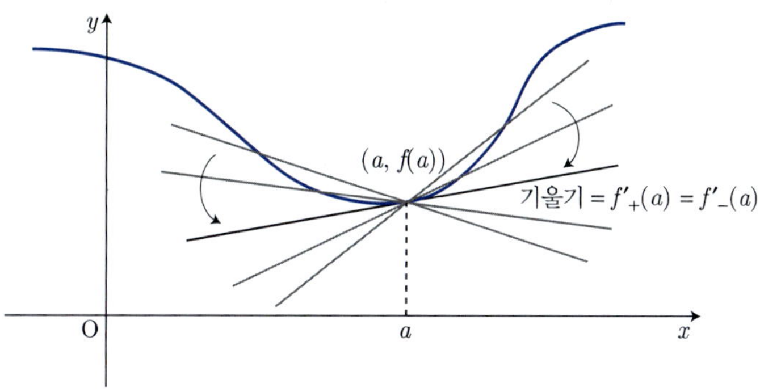

[그림 3-8]

예제 3.1.7 아래의 함수 f에 대하여 $x=1$에서의 연속성과 미분가능성을 조사하여라.

$$f(x)=\begin{cases} 2x-1 & (x<1) \\ x^2 & (x \geq 1) \end{cases}$$

풀이 $x=1$에서의 f의 좌미분계수는

$$f'_-(1)=\lim_{h\to 0-}\frac{\{2(1+h)-1\}-1}{h}=2$$

이고 우미분계수는

$$f'_+(1) = \lim_{h\to 0+} \frac{(1+h)^2-1}{h} = 2$$

이고 서로 같으므로 미분계수 $f'(1)=2$가 존재한다. 따라서 f는 $x=1$에서 미분가능하다. 또한, 정리 3.1.6에 의하여 함수 f는 $x=1$에서 연속이다. 사실

$$\lim_{x\to 1-} f(x) = \lim_{x\to 1-}(2x-1) = 1 = f(1)$$

이고

$$\lim_{x\to 1+} f(x) = \lim_{x\to 1+} x^2 = 1 = f(1)$$

이므로 함수 f가 $x=1$에서 연속임을 직접 알 수도 있다. 한편, 함수 f는 $x=1$의 좌우에서 서로 다른 함수를 연결했지만 미분가능하기 때문에 함수 f의 그래프는 점 $(1,1)$에서 부드럽게 연결되어 있음을 알 수 있다.

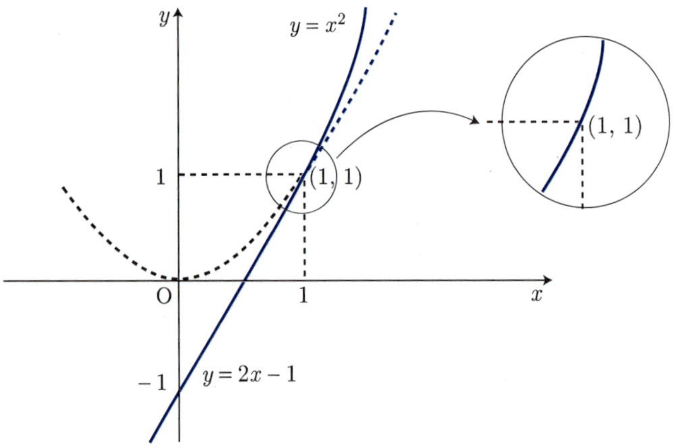

[그림 3-9]

■

연습문제 3.1

1. 다음 함수에 대하여 x 가 1 에서 1.02 로 변할 때 평균변화율과 $x=1$ 에서의 미분계수를 구하여라.

(1) $f(x)=3x+1$

(2) $f(x)=\dfrac{1}{x+1}$

(3) $f(x)=x^3$

2. 함수 $f(x)=\dfrac{x^3}{3}+x^2+x+2$ 에 대하여 $f'(a)=0$ 인 a 를 구하여라.

3. 함수 $f(x)=x|x|$ 에 대하여 $x=0$ 에서의 미분가능성을 조사하여라.

4. $f'(a)=1$ 인 함수 $f(x)$ 에 대하여 다음의 극한값을 구하여라.

(1) $\displaystyle\lim_{h\to 0}\frac{f(a+2h)-f(a)}{h}$

(2) $\displaystyle\lim_{h\to 0}\frac{f(a+h^3)-f(a)}{h}$

5. $f(1)=3,\ f'(1)=2$ 일 때, 극한

$$\lim_{x\to 1}\frac{x^2 f(1)-f(x^2)}{x-1}$$

을 구하여라.

6. 함수 f 가

$$f(x)=\begin{cases}3x^2+a & (x\le 2)\\ bx+1 & (x>2)\end{cases}$$

일 때, $x=2$ 에서 f 가 미분가능하기 위한 a 와 b 의 값을 구하여라.

7. 함수 $f(x)=\begin{cases}\dfrac{x^2-9}{x+3} & (x\ne -3)\\ 0 & (x=-3)\end{cases}$ 에 대하여 $x=-3$ 에서의 미분가능성을 조사하여라.

8. 함수 $f(x)=[x^2]$ 에 대하여 미분가능하지 않은 모든 점들의 집합을 구하여라.

9. 함수 $f(x)=\begin{cases} x^2+2x+2 & (x \le 0) \\ \sqrt{x+4} & (x>0) \end{cases}$ 에 대하여 $x=0$ 에서의 연속성과 미분가능성에 대하여 조사하여라.

10. 함수 f 의 그래프가 아래와 같을 때 다음을 구하여라.

(1) 극한이 존재하지 않는 점

(2) 불연속인 점

(3) 미분불가능한 점

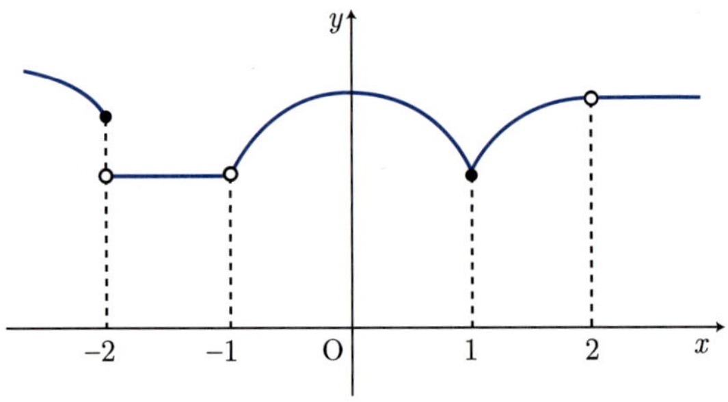

3.2 도함수

미분가능한 함수의 한 점에서의 미분계수를 그 점에서의 함숫값으로 가지는 새로운 함수에 대하여 알아보도록 하자.

정의 3.2.1 함수 f에 대하여 D를 함수 f의 모든 미분가능한 점들의 집합이라고 할 때, 집합 D의 각 점 x에 그 점에서의 함수 f의 미분계수 $f'(x)$를 대응시키는 함수를 함수 f의 **도함수**(derivative)라 하고, 기호로 f'으로 나타낸다. 즉

$$f' : D \to \mathbb{R}, \quad x \mapsto f'(x)$$

참고 3.2.2 (1) 함수 f를 함수식 $y = f(x)$의 형태로 나타냈을 때는 f의 도함수를

$$y', \ f'(x), \ \frac{dy}{dx}, \ \frac{df}{dx}$$

등의 기호로도 나타낸다.

(2) 미분계수 $f'(a)$에 대한 식 (3.2)에서 특정한 점 a 대신 독립변수 x를 사용하여 함수 f의 도함수를 다음의 식으로 정의하기도 한다.

$$f'(x) = \lim_{h \to 0} \frac{f(x+h) - f(x)}{h} \tag{3.5}$$

몇 가지 함수들에 대하여 식 (3.5)를 이용하여 도함수를 구해 보도록 하자.

예제 3.2.3 함수 $f(x) = x^2$의 도함수를 구하여라.

풀이 도함수에 대한 식 (3.5)를 이용하면,

$$f'(x) = \lim_{h \to 0} \frac{(x+h)^2 - x^2}{h} = \lim_{h \to 0}(2x + h) = 2x$$

이다. 따라서 이차함수 $f(x) = x^2$의 도함수와 그 정의역은

$$f'(x) = 2x, \ \ \mathrm{Dom}(f') = \mathrm{Dom}(f) = \mathbb{R}$$

이다. ■

예제 3.2.4 함수 $y=\sqrt[3]{x}$ 의 도함수를 구하여라.

풀이 $x \neq 0$ 이면

$$\begin{aligned} y' &= \lim_{h\to 0}\frac{\sqrt[3]{x+h}-\sqrt[3]{x}}{h} \\ &= \lim_{h\to 0}\frac{(x+h)-x}{h\left\{\sqrt[3]{(x+h)^2}+\sqrt[3]{x+h}\,\sqrt[3]{x}+\sqrt[3]{x^2}\right\}} \\ &= \lim_{h\to 0}\frac{1}{\sqrt[3]{(x+h)^2}+\sqrt[3]{x+h}\,\sqrt[3]{x}+\sqrt[3]{x^2}} \\ &= \frac{1}{3\sqrt[3]{x^2}} \end{aligned}$$

이다. 그러나 함수 $y=\sqrt[3]{x}$ 는 $x=0$ 에서 미분불가능하다. 따라서

$$y' = \frac{1}{3\sqrt[3]{x^2}}, \quad \mathrm{Dom}(y') = \mathbb{R}-\{0\}$$

이다. ■

예제 3.2.5 함수 $f(x)=\begin{cases} x^3 & (x<1) \\ \sqrt{x} & (x \geq 1) \end{cases}$ 의 도함수를 구하여라.

풀이 $x<1$ 이면

$$f'(x) = \lim_{h\to 0}\frac{(x+h)^3-x^3}{h} = \lim_{h\to 0}(3x^2+3xh+h^2) = 3x^2$$

이고, $x>1$ 이면

$$f'(x) = \lim_{h\to 0}\frac{\sqrt{x+h}-\sqrt{x}}{h} = \lim_{h\to 0}\frac{1}{\sqrt{x+h}+\sqrt{x}} = \frac{1}{2\sqrt{x}}$$

이다. 그러나 $x=1$ 일 때는 $f'_{-}(1)=3 \neq \frac{1}{2}=f'_{+}(1)$ 이므로 함수 f 는 $x=1$ 에서 미분불가능하다. 따라서 f 의 도함수는

$$f'(x) = \begin{cases} 3x^2 & (x<1) \\ \dfrac{1}{2\sqrt{x}} & (x>1) \end{cases}$$

이다.

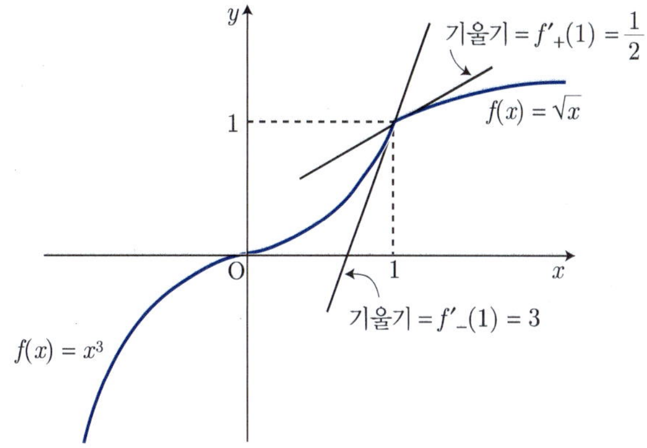

[그림 3-10]

어떤 함수 f 에 대하여 그의 도함수 f' 은 f 의 미분가능한 점들의 집합을 정의역으로 하는 또 하나의 함수이다. 그러므로 f' 의 도함수를 생각할 수 있다.

미분가능한 함수 f 에 대하여 f' 의 도함수를 f 의 **이계도함수**(second order derivative)라 하고 f'' 으로 나타내며, 함수 f 의 정의역의 한 점 a 에 대하여 $f''(a)$ 가 존재할 때 함수 f 가 $x=a$ 에서 **두 번 미분가능하다**고 말한다. 이와 같이 연속적으로 생각하여 함수 f 의 $(n-1)$ 계도함수의 도함수를 f 의 n **계도함수**(n th order derivative)라 하고 $f^{(n)}$ 으로 나타낸다.

또한, 함수 f 가 함수식 $y=f(x)$ 형태로 주어졌을 때는 f 의 (일계)도함수, 이계도함수, $\cdots$, n 계도함수를

$$y' = f'(x) = \frac{dy}{dx} = \frac{df}{dx}$$

$$y'' = f''(x) = \frac{d^2y}{dx^2} = \frac{d^2f}{dx^2}$$

$$y''' = f'''(x) = \frac{d^3y}{dx^3} = \frac{d^3f}{dx^3}$$

$$\vdots$$

$$y^{(n)} = f^{(n)}(x) = \frac{d^ny}{dx^n} = \frac{d^nf}{dx^n}$$

등으로 나타낸다.

예제 3.2.6 다음 함수 f 의 삼계도함수를 구하여라.

$$f(x)=\begin{cases}0 & (x<0)\\ x^3 & (x\geq 0)\end{cases}$$

풀이 $x<0$ 이면 $f'(x)=0$ 이고 $x>0$ 이면 $f'(x)=3x^2$ 이다.

또한 $x=0$ 에서는 $f'_+(0)=0=f'_-(0)$ 이므로 $f'(0)=0$ 이다.

따라서 f 의 도함수는

$$f'(x)=\begin{cases}0 & (x<0)\\ 3x^2 & (x\geq 0)\end{cases}$$

이다. 같은 이유로, f 의 이계도함수는

$$f''(x)=\begin{cases}0 & (x<0)\\ 6x & (x\geq 0)\end{cases}$$

이다. 삼계도함수를 구하기 위해서 살펴보면, $x<0$ 에서는 $f'''(x)=0$ 이고 $x>0$ 에서는 $f'''(x)=6$ 이다. 그렇지만 $x=0$ 에서는 $f'''_-(0)=0\neq 6=f'''_+(0)$ 이므로 $f'''(0)$ 이 존재하지 않는다. 따라서

$$f'''(x)=\begin{cases}0 & (x<0)\\ 6 & (x>0)\end{cases}$$

이다. 함수 f 는 $x=0$ 에서 두 번까지는 미분가능하지만 세 번은 미분가능하지 않은 함수이다. ■

연습문제 3.2

1. 함수 $f(x)=\sqrt{x+1}$ 에 대하여 도함수 $f'(x)$를 구하고, f와 f'의 정의역을 구하여라.

2. 다음 함수 f에 대하여 도함수 $f'(x)$를 구하여라.

(1) $f(x)=\dfrac{1}{3x+2}$ (2) $f(x)=2x^2+3x+1$

3. 함수 f가 실수 전체의 집합 $\mathbb{R}$ 에서 정의되고 아래의 조건들을 모두 만족한다고 하자.

(i) $f(0)=3,\ f'(0)=4$
(ii) 모든 실수 a, b에 대하여 $f(a+b)=\dfrac{1}{3}f(a)f(b)$

이때 임의의 실수 a에서의 함수 f의 미분가능성을 조사하고 $f'(a)$를 구하여라.

4. 함수 f가 실수 전체의 집합 $\mathbb{R}$ 에서 정의된 미분가능한 함수라 하고 아래의 조건들을 모두 만족한다고 하자.

(i) $f(x+y)=f(x)+f(y)+3xy-\dfrac{1}{2}\quad (x, y\in\mathbb{R})$
(ii) $\displaystyle\lim_{h\to 0}\frac{2f(h)-1}{h}=5$

이때 $f(0)$을 구하고, 임의의 $a\in\mathbb{R}$ 에 대하여 $f'(a)$를 구하여라.

5. 함수 f가 열린 구간 (a, b)에서 미분가능하고 모든 $x\in(a, b)$에 대하여 $f(x)>0$일 때, 함수 $y=\sqrt{f(x)}$ 의 도함수를 구하여라.

6. 함수 f가 아래와 같이 정의되어 있을 때 $f^{(3)}(x)$를 구하여라.

$$f(x)=\begin{cases} x^3 & (x<0) \\ x^2+3x & (x\geq 0)\end{cases}$$

3.3 미분법

함수 $f(x)$의 도함수 $f'(x)$를 구하는 것을 그 함수 f를 변수 x에 관하여 **미분한다**고 하며 그 방법을 **미분법**이라고 한다. 3.2절에서는 함수 f의 도함수 f'을 다음과 같은 극한

$$f'(x) = \lim_{h \to 0} \frac{f(x+h) - f(x)}{h}$$

를 이용하여 구했으나 모든 함수에 대하여 극한을 이용하여 도함수를 구하는 것은 상당히 복잡하고 어려운 일이다. 이 절에서는 몇 가지의 기본적인 공식과 기초적인 함수의 도함수를 이용하여 보다 일반적인 함수의 도함수를 구하는 방법에 대해서 알아보도록 하자.

> **정리 3.3.1** 두 함수 f와 g가 구간 I에서 미분가능하면, 다음의 미분공식이 구간 I에서 성립한다.
>
> (1) $(c_1 f + c_2 g)' = c_1 f' + c_2 g'$ (c_1, c_2는 임의의 상수)
>
> (2) $(fg)' = f'g + fg'$
>
> (3) $\left(\dfrac{f}{g}\right)' = \dfrac{f'g - fg'}{g^2}$ (단, $g(x) \neq 0$)

증명 (1)과 (2)의 증명은 쉬우므로 생략한다.

(3) 함수 g가 구간 I에서 0이 아니고 연속이므로, 임의의 $x \in I$에 대하여

$$\begin{aligned}\left(\frac{1}{g}\right)'(x) &= \lim_{h \to 0} \frac{1/g(x+h) - 1/g(x)}{h} \\ &= \lim_{h \to 0} \frac{g(x) - g(x+h)}{hg(x)g(x+h)} \\ &= \frac{-1}{g(x)} \lim_{h \to 0} \frac{g(x+h) - g(x)}{h} \cdot \lim_{h \to 0} \frac{1}{g(x+h)} \\ &= \frac{-g'(x)}{\{g(x)\}^2}\end{aligned}$$

이다. 따라서 (2)를 이용하면

$$\left(\frac{f}{g}\right)' = f'\left(\frac{1}{g}\right) + f\left(\frac{1}{g}\right)' = \frac{f'g - fg'}{g^2}$$

이다. ■

정리 3.3.1은 도함수를 구하는 데 있어서 기본이 되는 중요한 공식으로서 다음과 같은 두 가지의 기초적인 함수의 도함수의 공식과 함께 사용한다.

보기 3.3.2 상수함수 $f(x)=c$에 대하여

$$f'(x)=\lim_{h\to 0}\frac{f(x+h)-f(x)}{h}=\lim_{h\to 0}\frac{c-c}{h}=0$$

이므로 $f'(x)=0$이다. ■

보기 3.3.3 임의의 정수 n에 대하여 거듭제곱함수 $f(x)=x^n$의 도함수는 $f'(x)=nx^{n-1}$이다. 즉

$$\frac{d}{dx}(x^n)=nx^{n-1} \tag{3.6}$$

이다.

증명 $n=0$일 때는 보기 3.3.2에서 이미 증명하였다. n이 양의 정수이면, 보기 1.1.1에 의하여

$$\begin{aligned}f(x+h)-f(x)&=(x+h)^n-x^n\\&=h\{(x+h)^{n-1}+(x+h)^{n-2}x+\cdots+x^{n-1}\}\end{aligned}$$

이므로

$$\begin{aligned}f'(x)&=\lim_{h\to 0}\frac{f(x+h)-f(x)}{h}\\&=\lim_{h\to 0}\{(x+h)^{n-1}+(x+h)^{n-2}x+\cdots+x^{n-1}\}\\&=nx^{n-1}\end{aligned}$$

이다. n이 음의 정수일 때 $m=-n$이라고 하면 m은 양의 정수이고

$$f(x)=x^n=x^{-m}=\frac{1}{x^m}$$

이므로 정리 3.3.1(3)과 위의 $n>0$일 때의 결과에 의하여

$$f'(x)=\frac{-mx^{m-1}}{(x^m)^2}=\frac{-m}{x^{m+1}}=nx^{n-1}$$

이다. ■

거듭제곱함수 $f(x) = x^n$ 의 도함수에 대한 식 (3.6)은 실제로 임의의 실수 n 에 대하여 성립한다. n 이 정수가 아닌 유리수인 경우에는 이 절의 뒷부분에 나오는 음함수의 미분법을 이용하여 유도할 수 있다. 또한, n 이 무리수일 때는 다음 절의 지수함수와 로그함수의 미분공식을 이용하여 유도한다.

정리 3.3.1, 보기 3.3.2와 보기 3.3.3을 이용하면 다음 보기와 같이 임의의 다항함수의 도함수를 구할 수 있다.

보기 3.3.4 다항함수 $y = a_n x^n + a_{n-1}x^{n-1} + \cdots + a_1 x + a_0$ 의 도함수는 아래와 같다.

$$y' = na_n x^{n-1} + (n-1)a_{n-1}x^{n-2} + \cdots + a_1$$

■

예제 3.3.5 함수 $y = \dfrac{2x}{x^2+1}$ 의 도함수 $\dfrac{dy}{dx}$ 를 구하여라.

풀이 정리 3.3.1(3)과 보기 3.3.4에 의하여

$$\frac{dy}{dx} = \frac{(2x)'(x^2+1) - 2x(x^2+1)'}{(x^2+1)^2}$$

$$= \frac{2(x^2+1) - 2x(2x)}{(x^2+1)^2} = \frac{-2x^2+2}{(x^2+1)^2}$$

이다. ■

예제 3.3.6 도함수 $\dfrac{d}{dx}\left(\dfrac{1}{\sqrt{x}}\right)$ 을 구하여라.

풀이 정리 3.3.1과 예제 3.1.2에 의하여

$$\frac{d}{dx}\left(\frac{1}{\sqrt{x}}\right) = \frac{-1/(2\sqrt{x})}{(\sqrt{x})^2} = -\frac{1}{2\sqrt{x^3}}$$

이다. 한편, 보기 3.3.3의 결과가 n 이 유리수일 때도 성립한다는 것을 이용하여

$$\frac{d}{dx}\left(\frac{1}{\sqrt{x}}\right) = \frac{d}{dx}(x^{-1/2}) = -\frac{1}{2}x^{-3/2} = -\frac{1}{2\sqrt{x^3}}$$

을 얻을 수도 있다. ■

우리가 사용하는 대부분의 함수는 두 개 이상의 함수가 합성된 형태로 나타나게 된다. 이러한 합성함수를 미분하는 방법인 연쇄법칙에 대하여 알아보도록 하자.

정리 3.3.7 연쇄법칙(Chain Rule)

두 함수 $y=g(u)$와 $u=f(x)$에 대하여, f가 x에서 미분가능하고 g가 $u=f(x)$에서 미분가능할 때 합성함수 $g \circ f$는 x에서 미분가능하고 그 도함수는 다음과 같다.

$$(g \circ f)'(x)=g'(f(x))f'(x)$$

또는

$$\frac{dy}{dx}=\frac{dy}{du}\frac{du}{dx}$$

증명 다음과 같이 정의된 함수 h를 생각하자.

$$h(u)=\begin{cases} \dfrac{g(u)-g(f(x))}{u-f(x)} & (u \neq f(x)) \\ g'(f(x)) & (u=f(x)) \end{cases}$$

이 함수 h를 이용하면 x의 증분 Δx에 대한 합성함수 $g \circ f$의 증분을

$$\begin{aligned}(g \circ f)(x+\Delta x)-(g \circ f)(x) &= g(f(x+\Delta x))-g(f(x)) \\ &= h(f(x+\Delta x))\{f(x+\Delta x)-f(x)\} \\ &= (h \circ f)(x+\Delta x)\{f(x+\Delta x)-f(x)\}\end{aligned}$$

로 쓸 수 있다. 여기서, 함수 f가 x에서 미분가능하므로 x에서 연속이고, 함수 g가 $u=f(x)$에서 미분가능하므로 함수 h는 $u=f(x)$에서 연속이다. 따라서 따름정리 2.3.5에 의하여 합성함수 $h \circ f$는 x에서 연속이다. 이제, 정리 2.2.8에 의하여

$$\begin{aligned}(g \circ f)'(x) &= \lim_{\Delta x \to 0}\frac{(g \circ f)(x+\Delta x)-(g \circ f)(x)}{\Delta x} \\ &= \lim_{\Delta x \to 0}\left\{(h \circ f)(x+\Delta x)\cdot\frac{f(x+\Delta x)-f(x)}{\Delta x}\right\} \\ &= \lim_{\Delta x \to 0}(h \circ f)(x+\Delta x)\cdot\lim_{\Delta x \to 0}\frac{f(x+\Delta x)-f(x)}{\Delta x} \\ &= h(f(x))\cdot f'(x)=g'(f(x))\cdot f'(x)\end{aligned}$$

이다. ■

예제 3.3.8 함수 $y=(x^3+2x-1)^7$ 의 도함수를 구하여라.

풀이 $u=x^3+2x-1$ 이라고 하면, $y=u^7$ 이므로

$$\frac{dy}{du}=7u^6, \quad \frac{du}{dx}=3x^2+2$$

이다. 연쇄법칙에 의하여

$$\begin{aligned}\frac{dy}{dx} &= \frac{dy}{du}\frac{du}{dx} \\ &= 7u^6(3x^2+2)=7(x^3+2x-1)^6(3x^2+2)\end{aligned}$$

이다. ■

예제 3.3.9 함수 $s=(t^2+2)\sqrt{t^3+6t}$ 의 도함수를 구하여라.

풀이 곱의 미분법(정리 3.3.1(2)), 예제 3.1.2와 연쇄법칙에 의하여

$$\begin{aligned}\frac{ds}{dt} &= 2t\sqrt{t^3+6t}+\frac{(t^2+2)(3t^2+6)}{2\sqrt{t^3+6t}} \\ &= \frac{4t(t^3+6t)+(t^2+2)(3t^2+6)}{2\sqrt{t^3+6t}} \\ &= \frac{7t^4+36t^2+12}{2\sqrt{t^3+6t}}\end{aligned}$$

이다. ■

방정식 $F(x,y)=0$ 을 만족하는 x 와 y 에 대하여 x 와 y 의 적당한 구간에서 y 가 x 에 대한 함수 $y=f(x)$ 가 될 때, 함수 $y=f(x)$ 를 방정식 $F(x,y)=0$ 으로 정의된 (x 에 대한 y 의) **음함수**(implicit function)라고 한다. 방정식

$$F(x,y)=0 \tag{3.7}$$

으로 정의된 음함수 $y=f(x)$ 에서 연쇄법칙을 이용하면 $f(x)$ 를 구하지 않고도 도함수 $y'=f'(x)$ 를 구할 수 있다. 보다 자세히 말하면, 식 (3.7)에서 y 가 x 에 대한 함수라고 생각하면 식 (3.7)의 좌변은 x 만의 함수가 되므로 양변을 x 에 대하여 미분하면 연쇄법칙을 이용하여 도함수 $y'=\frac{dy}{dx}$ 를 구할 수 있다. 다음의 예제를 통해서 음함수의 미분법을 알아보자.

예제 3.3.10 $x^2+y^2=1$ 로 정의된 음함수에 대하여 $\frac{dy}{dx}$ 를 구하여라.

풀이 방정식 $x^2+y^2=1$ 이 미분가능한 음함수 $y=f(x)$ 를 정의한다고 가정하고 양변을 x 에 대하여 미분하면 연쇄법칙에 의하여

$$2x+2y\frac{dy}{dx}=0$$

이다. 따라서 $y\neq 0$ 일 때 도함수

$$\frac{dy}{dx}=-\frac{x}{y} \tag{3.8}$$

를 얻을 수 있다.

실제로 방정식 $x^2+y^2=1$ 은 두 개의 함수

$$y=\sqrt{1-x^2},$$

$$y=-\sqrt{1-x^2}$$

을 나타내는데, 두 함수 모두에 대하여 도함수가

$$\frac{dy}{dx}=\frac{d}{dx}\left(\sqrt{1-x^2}\right)=\frac{-x}{\sqrt{1-x^2}}=-\frac{x}{y},$$

$$\frac{dy}{dx}=\frac{d}{dx}\left(-\sqrt{1-x^2}\right)=\frac{x}{\sqrt{1-x^2}}=-\frac{x}{y}$$

로 식 (3.8)과 같다.

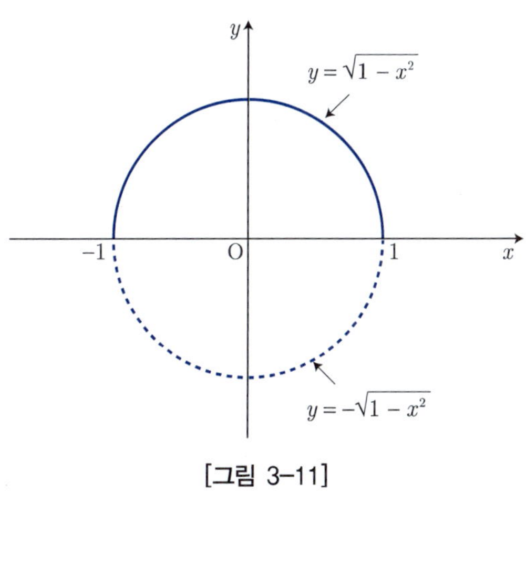

[그림 3-11] ■

참고 3.3.11 방정식 $F(x, y) = 0$을 만족하는 모든 순서쌍 (x, y)들의 집합은 평면에서 하나의 곡선을 이룬다. 만약 방정식 $F(x, y) = 0$이 음함수 $y = f(x)$를 정의한다면 이 곡선은 $y = f(x)$의 그래프가 된다. 따라서 곡선 위의 한 점 (a, b)에서의 미분계수

$$\left.\frac{dy}{dx}\right|_{(a,\, b)}$$

는 곡선 위의 점 (a, b)에서 접하는 접선의 기울기를 의미한다. 보다 자세한 설명은 다변수함수에 대한 연쇄법칙을 다루는 8.5절에 제시한다.

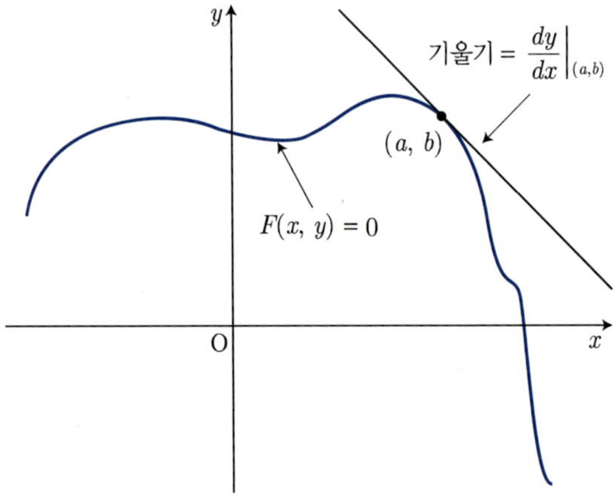

[그림 3-12]

예제 3.3.12 곡선 $x^3 + y^3 = 6xy$ 위의 점 $(3, 3)$에서 접하는 접선의 방정식을 구하여라.

풀이 $x^3 + y^3 = 6xy$의 양변을 x에 대하여 미분하면

$$3x^2 + 3y^2 y' = 6(y + xy')$$

이므로

$$y' = \frac{2y - x^2}{y^2 - 2x}$$

이고

$$\left.\frac{dy}{dx}\right|_{(3,3)} = \frac{2 \cdot 3 - 3^2}{3^2 - 2 \cdot 3} = -1$$

이다. 점 $(3,3)$에서 접하는 접선의 기울기가 -1이므로 구하는 접선의 방정식은 $y-3=-1(x-3)$, 즉 $y=-x+6$이다. ■

이 절의 마지막으로 보기 3.3.3에서 n이 유리수일 때도 공식 (3.6)이 성립함을 음함수의 미분법을 이용하여 보이도록 하자.

예제 3.3.13 임의의 유리수 n에 대해서

$$(x^n)' = nx^{n-1}$$

임을 보여라.

풀이 $n=\frac{q}{p}$이고 $p\neq 0$인 두 정수 p, q를 찾고, 방정식

$$y = x^n = x^{\frac{q}{p}}$$

의 양변을 p제곱하면

$$y^p = x^q$$

이다. 양변을 x에 대하여 미분하면,

$$py^{p-1}y' = qx^{q-1}$$

이므로

$$\begin{aligned} y' &= \frac{q}{p}x^{q-1}y^{-p+1} \\ &= \frac{q}{p}x^{q-1}\left(x^{\frac{q}{p}}\right)^{-p+1} \\ &= \frac{q}{p}x^{q-1}x^{-q+\frac{q}{p}} \\ &= \frac{q}{p}x^{\frac{q}{p}-1} = nx^{n-1} \end{aligned}$$

이다. ■

예제 3.3.14 함수 $s=\sqrt[3]{t^3+6t}$ 의 도함수를 구하여라.

풀이 예제 3.3.13과 연쇄법칙을 이용하여, 함수 $s=(t^3+6t)^{\frac{1}{3}}$ 을 미분하면

$$\begin{aligned}\frac{ds}{dt} &= \frac{1}{3}(t^3+6t)^{-\frac{2}{3}}(3t^2+6)\\ &= \frac{3t^2+6}{3\sqrt[3]{(t^3+6t)^2}}\end{aligned}$$

이다. ■

연습문제 3.3

1. 미분법을 이용하여 다음 함수의 도함수를 구하여라.

(1) $y=5x^6$

(2) $y=2x^9+5x^5+x^3+3$

(3) $y=\dfrac{1}{x^8}+\dfrac{9}{x^2}$

(4) $y=(x^2+x)(3x^4+x^2)$

(5) $y=\dfrac{x^3+5x+1}{x^2+7x}$

(6) $y=\left(\dfrac{1}{x}+\dfrac{1}{x^3}\right)(2x^3+x)(x+1)$

2. 미분법을 이용하여 주어진 함수 f에 대해서 f'을 구하여라.

(1) $f(x)=(x^5+x^3)^{10}$

(2) $f(x)=(3x^5-x^2)^7(5x+1)^3$

(3) $f(x)=(x^3-2)^{\frac{5}{3}}$

(4) $f(x)=x\sqrt{5-x^3}$

(5) $f(x)=\dfrac{x}{\sqrt{x-4x^5}}$

(6) $f(x)=\sqrt[3]{\dfrac{1+x^2}{1-x^2}}$

(7) $f(x)=\left(\dfrac{x^3+1}{x^3-3}\right)^5$

(8) $f(x)=\sqrt{2+\sqrt[3]{x+1}}$

3. 음함수의 미분법을 이용하여 y'을 구하여라.

(1) $x^2y-3xy+4x=0$

(2) $y^3-x^2+xy^2=0$

(3) $\sqrt{x}+\sqrt{xy}=1$

(4) $\dfrac{1}{xy}+\dfrac{1}{x}-1=0$

4. 음함수의 미분법을 이용하여 y'과 y''을 구하여라.

(1) $y^2=x^3$

(2) $x^2+xy=2$

5. 곡선 $y=\dfrac{1}{x^4+4}$ 위의 점 $\left(1, \dfrac{1}{5}\right)$에서의 접선의 방정식을 구하여라.

6. 함수 $y=x^3-x^2$의 그래프에서 접선이 수평이 되는 점들을 모두 구하여라.

7. 아래의 두 곡선이 점 $(1, 3)$에서 접한다고 할 때 상수 a, b, c를 구하여라.

$$y = 3x^2 + 2ax + b, \quad y = cx^2 - x$$

8. 아래의 두 곡선이 점 $(1, 3)$에서 수직일 때 n의 값을 구하여라.

$$y = \frac{3}{x^n}, \quad y = 3x^2$$

9. 함수 f와 g가 두 번 미분가능하면

$$(fg)''(x) = f''(x)g(x) + 2f'(x)g'(x) + f(x)g''(x)$$

임을 보여라. 또한, 함수 f와 g가 세 번 미분가능하면

$$(fg)'''(x) = f'''(x)g(x) + 3f''(x)g'(x) + 3f'(x)g''(x) + f(x)g'''(x)$$

임을 보여라.

10. 두 함수 f와 g가 세 번 미분가능할 때 합성함수 $h(x) = g(f(x))$의 이계도함수와 삼계도함수를 구하여라.

3.4 지수함수와 로그함수의 도함수

우리는 지금까지 대수적 함수의 도함수에 대하여 공부하였다. 이제 대수적 함수가 아닌 초월함수 중에서 가장 기초적이면서 중요한 함수인 지수함수와 로그함수의 도함수에 대해서 알아보도록 하자. 지수함수와 로그함수에 대한 몇 가지 기본적인 사항은 증명 없이 간단히 언급하기로 한다.

먼저 자연지수함수와 자연로그함수를 정의하기 위해 필요한 극한값으로 정의되는 어떤 무리수에 대해서 알아보도록 하자.

다음과 같은 극한

$$\lim_{x\to 0}(1+x)^{\frac{1}{x}}$$

이 존재하고, 그 극한값이 유리수가 아닌 무리수 $2.71828182\cdots$ 임이 알려져 있다. 이와 같은 무리수인 극한값 $2.71828182\cdots$ 를 알파벳 e를 사용해서 나타낸다. 또한 위의 극한에서 $\frac{1}{x}=t$ 로 치환하면, $x\to 0+$일 때 $t\to\infty$ 이므로 무리수 e는 극한

$$e=\lim_{t\to\infty}\left(1+\frac{1}{t}\right)^t$$

으로도 표현이 가능하다. 다시 말하면, $e=2.71828182\cdots$ 는 무리수로서 다음과 같은 극한값으로 정의된다.

$$e=\lim_{x\to 0}(1+x)^{\frac{1}{x}}=\lim_{x\to\infty}\left(1+\frac{1}{x}\right)^x \tag{3.9}$$

정의 3.4.1 (1) 무리수 e를 밑으로 하는 지수함수 $f:\mathbb{R}\to(0,\infty), f(x)=e^x$ 를 **자연지수함수**(natural exponential function)라 하고 $\exp x$ 로 나타내기도 한다.
(2) 무리수 e를 밑으로 하는 로그함수 $g:(0,\infty)\to\mathbb{R}, g(x)=\log_e x$ 를 **자연로그함수**(natural logarithmic function)라 하고 $\ln x$ 로 나타낸다.

참고 3.4.2 (1) 자연지수함수 $f:\mathbb{R}\to(0,\infty),\ f(x)=e^x$는 일대일 대응이고 증가하는 연속함수이다. 또한,

$$\lim_{x\to\infty} e^x=\infty,\quad \lim_{x\to-\infty} e^x=0$$

로서 그래프는 다음과 같다.

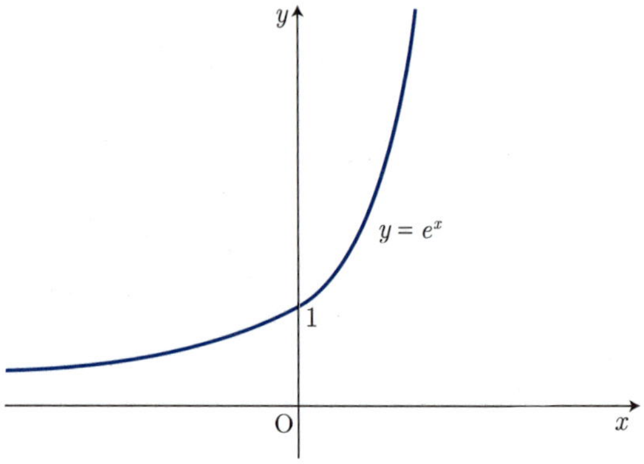

[그림 3-13]

(2) 자연로그함수 $g:(0,\infty)\to\mathbb{R},\ g(x)=\ln x$는 일대일 대응이고 증가하는 연속함수이다. 또한,

$$\lim_{x\to 0+}\ln x=-\infty,\quad \lim_{x\to\infty}\ln x=\infty$$

로서 그래프는 다음과 같다.

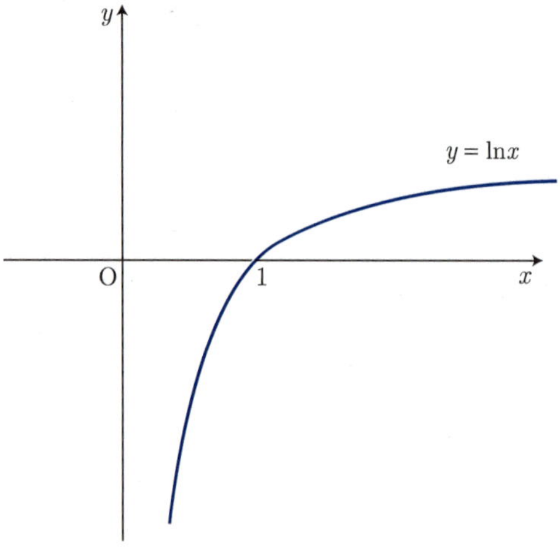

[그림 3-14]

이제, $a \neq 1$ 이고 $a > 0$ 인 실수 a 를 밑으로 하는 지수함수 a^x 와 로그함수 $\log_a x$ 의 도함수를 구해 보자. 우선 식 (3.9)와 지수, 로그의 기본적인 성질들을 이용하여 다음의 중요한 극한식이 성립함을 보이도록 하자.

$$\lim_{x \to 0} \frac{a^x - 1}{x} = \ln a \tag{3.10}$$

$a^x - 1 = t$ 라고 치환하면, $x = \log_a(1+t)$이며 $x \to 0$ 일 때 $t \to 0$ 이다. 따라서

$$\begin{aligned} \lim_{x \to 0} \frac{a^x - 1}{x} &= \lim_{t \to 0} \frac{t}{\log_a(1+t)} \\ &= \lim_{t \to 0} \frac{1}{\frac{1}{t}\log_a(1+t)} \\ &= \frac{1}{\lim_{t \to 0} \log_a(1+t)^{1/t}} \end{aligned}$$

이다. 여기서 $\lim_{t \to 0}(1+t)^{1/t} = e$ 이고 로그함수 $\log_a x$ 는 $x = e$ 에서 연속이므로

$$\lim_{x \to 0} \frac{a^x - 1}{x} = \frac{1}{\log_a e} = \ln a$$

이다. 따라서 극한식 (3.10)이 성립한다.

지수함수의 도함수

극한식 (3.10)을 이용하여 지수함수 a^x 의 도함수를 쉽게 구할 수 있다. 즉 도함수의 정의, 지수법칙과 극한식 (3.10)에 의하여

$$\begin{aligned} \frac{d}{dx}(a^x) &= \lim_{h \to 0} \frac{a^{x+h} - a^x}{h} \\ &= \lim_{h \to 0} \frac{a^x(a^h - 1)}{h} \\ &= a^x \lim_{h \to 0} \frac{a^h - 1}{h} \\ &= a^x \ln a \end{aligned}$$

이다. 따라서 지수함수 a^x 의 도함수는 자기 자신과 $\ln a$ 정도의 상수배 차이가 나는 함수이다. 즉

$$\frac{d}{dx}(a^x) = a^x \ln a \tag{3.11}$$

이다. 특히, $a = e$ 일 때는 $\ln e = 1$ 이므로

$$\frac{d}{dx}(e^x) = e^x \tag{3.12}$$

이다. 따라서 자연지수함수 e^x 의 도함수는 자기 자신과 같은 함수임을 알 수 있다. 도함수가 자기 자신과 같은 함수는 자연지수함수가 유일하다(4.2절 연습문제 7번 참고).

예제 3.4.3 다음 함수의 도함수를 구하여라.

(1) $y = 2^x$ (2) $y = 3^{1/x^2}$ (3) $y = xe^{-x^2}$

풀이 (1) 지수함수의 도함수 공식 (3.11)에 의하여

$$(2^x)' = 2^x \ln 2$$

이다.

(2) 지수함수의 도함수 공식 (3.11), 연쇄법칙과 보기 3.3.3의 공식 (3.6)을 이용하면

$$\begin{aligned}\frac{dy}{dx} &= \left(3^{1/x^2}\ln 3\right)\left(\frac{1}{x^2}\right)' \\ &= \left(3^{1/x^2}\ln 3\right)\left(-\frac{2}{x^3}\right) = -\frac{2\ln 3}{x^3}\,3^{1/x^2}\end{aligned}$$

이다.

(3) 자연지수함수의 도함수 공식 (3.12), 곱의 미분법과 연쇄법칙을 이용하면

$$\begin{aligned}\frac{d}{dx}\left(xe^{-x^2}\right) &= e^{-x^2} + x\left(e^{-x^2}\right)' \\ &= e^{-x^2} - 2x^2e^{-x^2} \\ &= (1-2x^2)\,e^{-x^2}\end{aligned}$$

이다. ■

로그함수의 도함수

극한식 (3.9)와 로그의 기본 성질들을 이용하여 로그함수 $\log_a x$ 의 도함수를 구할 수 있다. 즉 $x > 0$ 이면

$$\begin{aligned}\frac{d}{dx}(\log_a x) &= \lim_{h\to 0}\frac{\log_a(x+h)-\log_a x}{h}\\ &= \lim_{h\to 0}\frac{1}{h}\log_a\left(1+\frac{h}{x}\right)\\ &= \lim_{h\to 0}\log_a\left(1+\frac{h}{x}\right)^{\frac{1}{h}}\\ &= \lim_{h\to 0}\frac{1}{x}\log_a\left(1+\frac{h}{x}\right)^{\frac{x}{h}}\\ &= \frac{1}{x}\log_a e\\ &= \frac{1}{x\ln a}\end{aligned}$$

이다. 따라서 로그함수 $\log_a x$ 의 도함수는 함수 $\frac{1}{x}$ 과 $\frac{1}{\ln a}$ 정도의 상수배 차이가 나는 함수이다. 즉

$$\frac{d}{dx}(\log_a x) = \frac{1}{x\ln a} \tag{3.13}$$

이다. 특히, $a = e$ 일 때는 $\ln e = 1$ 이므로

$$\frac{d}{dx}(\ln x) = \frac{1}{x} \tag{3.14}$$

이다.

예제 3.4.4 다음 함수의 도함수를 구하여라.

(1) $y = \log_3 x$　　(2) $y = \log_4(x^2+3)$　　(3) $x\ln(x^2-1)$

풀이 (1) 로그함수의 도함수 공식 (3.13)에 의하여

$$(\log_3 x)' = \frac{1}{x\ln 3}$$

이다.

(2) 로그함수의 도함수 공식 (3.13)과 연쇄법칙을 이용하면

$$\frac{dy}{dx} = \frac{1}{(x^2+3)\ln 4}(x^2+3)' = \frac{2x}{(x^2+3)\ln 4}$$

이다.

(3) 자연로그함수의 도함수 공식 (3.14), 곱의 미분법과 연쇄법칙에 의하여

$$\begin{aligned}\frac{d}{dx}\{x\ln(x^2-1)\} &= \ln(x^2-1) + x\,\frac{1}{x^2-1}(x^2-1)' \\ &= \ln(x^2-1) + \frac{2x^2}{x^2-1}\end{aligned}$$

이다. ■

자연로그함수의 도함수 공식 (3.14)와 로그함수의 기본성질을 이용하면, 다음과 같은 형태의 함수들

$$y = f(x)^{g(x)}, \quad y = \frac{f_1(x)^{m_1} f_2(x)^{m_2} \cdots f_s(x)^{m_s}}{g_1(x)^{n_1} g_2(x)^{n_2} \cdots g_t(x)^{n_t}}$$

의 도함수를 구할 때 그대로 미분하는 것보다 함수의 양변에 자연로그를 취한 다음 미분하는 것이 편리할 때가 많다. 이러한 미분법을 **로그미분법**이라고 한다.

예제 3.4.5 다음 함수의 도함수를 구하여라.

$$y = x^{\sqrt{x}}$$

풀이 주어진 함수의 양변에 자연로그를 취하면 로그함수의 성질에 의하여

$$\ln y = \sqrt{x}\ln x$$

이다. 자연로그함수의 도함수 공식 (3.14)와 연쇄법칙을 이용하여 양변을 x에 대하여 미분하면

$$\frac{y'}{y} = \frac{1}{2\sqrt{x}}\ln x + \sqrt{x}\,\frac{1}{x}$$

이므로 양변에 y를 곱해 주고 식을 정리하면 다음과 같은 도함수

$$y' = x^{\sqrt{x}}\left(\frac{\ln x}{2\sqrt{x}} + \frac{1}{\sqrt{x}}\right)$$

을 얻을 수 있다. ■

예제 3.4.6 다음 함수의 도함수를 구하여라.

$$y = \frac{x\sqrt{x+1}}{(2x+1)^3}$$

풀이 주어진 함수의 양변에 자연로그를 취하면

$$\ln y = \ln x + \frac{1}{2}\ln(x+1) - 3\ln(2x+1)$$

이다. 예제 3.4.5와 마찬가지로 양변을 x에 대해서 미분하면

$$\frac{y'}{y} = \frac{1}{x} + \frac{1}{2}\left(\frac{1}{x+1}\right) - 3\left(\frac{2}{2x+1}\right)$$

이므로 식을 정리하여 도함수를 구하면

$$y' = \frac{x\sqrt{x+1}}{(2x+1)^3}\left\{\frac{-6x^2-5x+2}{2x(x+1)(2x+1)}\right\} = \frac{-6x^2-5x+2}{2\sqrt{x+1}\,(2x+1)^4}$$

이다. ■

마지막으로, 보기 3.3.3의 공식 (3.6)이 n이 임의의 무리수일 때도 성립함을 보인다.

예제 3.4.7 임의의 실수 n에 대하여 함수 $f(x) = x^n$의 도함수는

$$f'(x) = nx^{n-1}$$

임을 보여라.

풀이 $y = x^n$이라고 놓으면 $\ln y = n\ln x$이므로

$$\frac{y'}{y} = \frac{n}{x}$$

이다. 따라서

$$y' = \frac{ny}{x} = nx^{n-1}$$

이다. 또는, 지수함수와 로그함수의 성질에 의하여

$$y = x^n = e^{\ln(x^n)} = e^{n\ln x}$$

이므로 연쇄법칙을 이용하여

$$y' = e^{n\ln x}\left(\frac{n}{x}\right) = x^n\left(\frac{n}{x}\right) = nx^{n-1}$$

을 얻을 수도 있다. ■

연습문제 3.4

1. 다음 함수의 도함수를 구하여라.

(1) $y = \sqrt{x}\ln(x+1)$ (2) $y = \ln\left(\dfrac{3-x}{3+x^2}\right)$ (3) $y = \dfrac{2+\ln x}{5-\ln x}$

(4) $y = \ln|x^3 - x|$ (5) $y = xe^x$ (6) $y = \dfrac{e^{5x}}{3-e^{2x}}$

(7) $y = e^{x^3+x^2}$ (8) $y = \ln(\ln x)$ (9) $y = e^{\sqrt{x}}\ln(x^2+1)$

(10) $y = x^3 - 3^x$ (11) $y = 5^{x^2+x}$ (12) $y = \log_3(x^2+x+1)$

(13) $y = \log_5(7^x)$ (14) $y = \log_3(\log_5 x)$ (15) $y = 3^{x^2}\ln(x+1)$

2. 임의의 실수 a에 대하여

$$e^a = \lim_{x\to 0}(1+ax)^{\frac{1}{x}} = \lim_{x\to\infty}\left(1+\frac{a}{x}\right)^x$$

임을 보여라.

3. 함수 $f(x) = \ln|x|$의 도함수를 구하여라.

4. 곡선 $y = 10^x + \log_2(2x-1)$ 위의 점 $(1, 10)$에서의 접선의 방정식을 구하여라.

5. 곡선 $x^y = y^x$ 위의 점 $(2, 2)$에서의 접선의 방정식을 구하여라.

6. 로그미분법을 사용하여 다음 함수의 도함수를 구하여라.

(1) $y = \dfrac{(x+2)^5(x^2-5)}{(x-1)^7}$ (2) $y = \dfrac{2x+3}{\sqrt[3]{x+1}}$ (3) $y = \left(\dfrac{x+1}{x^2+x+1}\right)^{\frac{1}{5}}$

(4) $y = x^{x^2}$ (5) $y^3 = x(x^2-1)$

3.5 선형근사식

미분가능한 함수 f에 대하여 특정한 점 a 주변에 있는 점 x에서의 함숫값 $f(x)$에 대한 근삿값을 구하여 보자.

함수 f가 $x=a$에서 미분가능한 함수라고 하자. 그러면 3.1절의 내용에 의하여 함수 f의 그래프 $y=f(x)$ 위의 점 $(a, f(a))$에서 접하는 접선이 존재하며 이 접선의 방정식은

$$y=f(a)+f'(a)(x-a) \tag{3.15}$$

로 주어진다. 여기서, $L(x)=L_a(x)=f(a)+f'(a)(x-a)$라고 놓으면 $f(a)=L(a)$이며 일반적으로 a가 아닌 임의의 x에 대해서는 $f(x)\neq L(x)$이다.

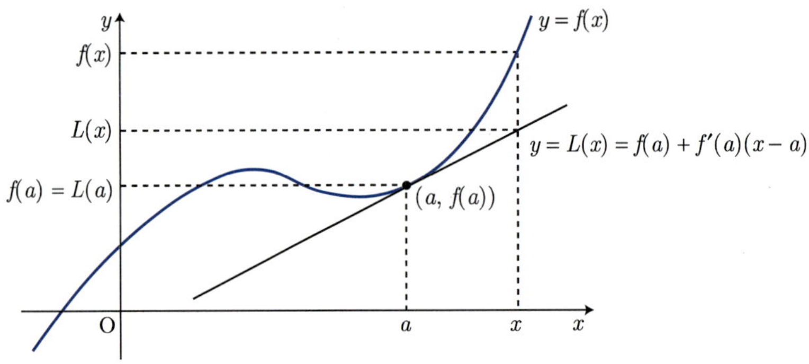

[그림 3-17]

그러나 직선 $y=L(x)$는 함수 $f(x)$의 그래프 위의 점 $(a, f(a))$에서의 접선이므로 a에 비교적 가까운 값 x에 대해서는 함숫값 $f(x)$와 $L(x)$의 값이 비교적 가까움을 알 수 있다. 즉 점 a 주변의 모든 점 x에 대하여

$$f(x)\approx L(x)=f(a)+f'(a)(x-a)$$

가 성립한다. 이런 이유로 접선의 방정식 (3.15)를 의미하는 일차식(또는 선형식)

$$L(x)=f(a)+f'(a)(x-a)$$

를 함수 f의 $x=a$에서의 **선형근사식**(linear approximation)이라고 한다. 선형근사식에 대한 보다 자세한 설명은 다변수함수에 대한 선형근사식을 다루는 8.4절에서 제시한다.

예제 3.5.1 제곱근함수 $f(x) = \sqrt{x}$ 의 $x = 4$ 에서의 선형근사식을 구하고, 이를 이용하여 $\sqrt{3.98}$ 과 $\sqrt{4.05}$ 의 근삿값을 구하여라.

풀이 $f'(x) = \dfrac{1}{2\sqrt{x}}$ 이므로 $f'(4) = \dfrac{1}{4}$ 이다. 따라서 함수 f 의 $x = 4$ 에서의 선형근사식은

$$L(x) = 2 + \frac{1}{4}(x-4) = \frac{1}{4}x + 1$$

이다. 즉 $x = 4$ 의 주변의 모든 값 x 에 대해서는

$$\sqrt{x} \approx \frac{1}{4}x + 1$$

이라고 말할 수 있다. 여기서 3.98 과 4.05 는 $x = 4$ 에 비교적 가까운 값들로 볼 수 있으므로

$$\sqrt{3.98} \approx 2 + \frac{1}{4}(3.98 - 4) = 2 + \frac{1}{4}(-0.02) = 1.995$$

이고

$$\sqrt{4.05} \approx 2 + \frac{1}{4}(4.05 - 4) = 2 + \frac{1}{4}(0.05) = 2.0125$$

이다. 아래의 그림에서 볼 수 있듯이 이들 각각의 근삿값은 실제의 함숫값 $\sqrt{3.98}$ 과 $\sqrt{4.05}$ 보다 약간 큰 값들임을 알 수 있다.

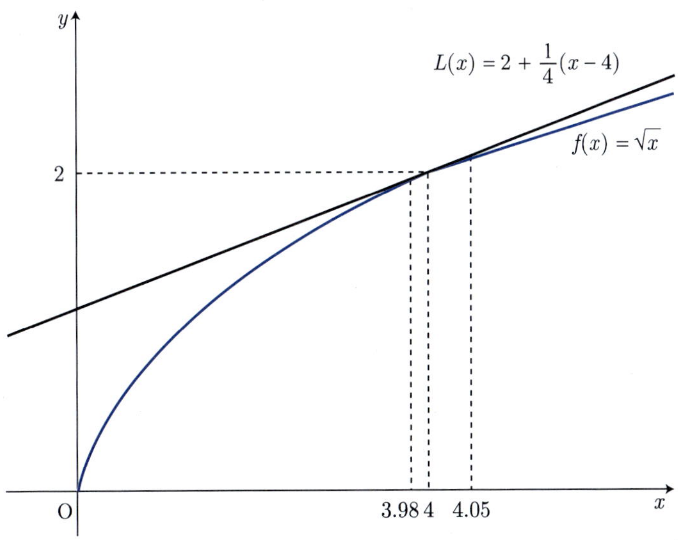

[그림 3-18]

■

연습문제 3.5

1. 함수 $y = \sqrt{x^2 + 16}$ 에서 x 가 3 에서 3.01 로 변하였을 때 y 의 증분 Δy 를 구하여라.

2. 구의 지름을 측정하여 8 을 얻었다. 측정오차가 최대 0.04 이면 구의 부피의 최대오차의 근삿값을 구하여라.

3. 선형근사식을 이용하여 주어진 값에 대한 근삿값을 구하여라.

(1) $\sqrt{9.01}$

(2) $(4.02)^7$

(3) $\sqrt[3]{27.1}$

(4) $(4.98)^3$

3장 연습문제

1. 함수 $f(x)=\begin{cases} k(x+1) & (x<0) \\ x^2-1 & (x \geq 0) \end{cases}$가 $x=0$에서 미분가능하도록 상수 k의 값을 결정할 수 있는지 조사하여라.

2. 곡선 $y=ax^2-bx$가 점 $(1, 5)$를 지나고 그 점에서의 접선의 기울기가 8일 때, 상수 a, b의 값을 구하여라.

3. 미분계수 $f'(a)$가 존재할 때, 극한

$$\lim_{h \to 0} \frac{f(a+h)-f(a-h)}{h}$$

를 구하여라.

4. 함수 f가 실수 전체의 집합에서 정의되고 다음의 3가지 조건을 만족한다고 하자.

(i) 모든 실수 a, b에 대하여 $f(a+b)=3f(a)f(b)$	
(ii) $f(0)=\frac{1}{3}$	(iii) $f'(0)$이 존재한다.

이때 함수 f는 모든 실수 x에서 미분가능하고 $f'(x)=3f'(0)f(x)$임을 보여라.

5. 함수 f가 실수 전체 집합에서 정의되고 미분가능하며 다음 두 조건을 만족한다.

(i) $f(x+y)=f(x)+f(y)+5xy \quad (x, y \in \mathbb{R})$

(ii) $\lim_{h \to 0} \frac{f(h)}{h}=3$

이때 함수 f의 도함수 f'을 구하여라.

6. 함수 $f(x)=\begin{cases} (x+1)^2 & (x \leq 0) \\ \sqrt{x+1} & (x>0) \end{cases}$에 대하여 $x=0$에서의 연속성과 미분가능성을 조사하여라.

7. 함수 $f(x)=(x^2+x+1)(ax+b)$가 다음 두 조건을 만족할 때, $f'(3)$의 값을 구하여라.

(i) $\lim_{x\to 1}\frac{f(x)-f(1)}{x-1}=3$	(ii) $\lim_{x\to 2}\frac{x^3-8}{f(x)-f(2)}=1$

8. 다음 함수의 도함수를 구하여라.

(1) $f(x)=x^2(1-2x)$

(2) $y=\frac{\sqrt{x}+x}{x^2}$

(3) $u=\sqrt[5]{t}+4\sqrt{t^5}$

(4) $s=\left(\frac{t+1}{t-1}\right)^3$

(5) $g(u)=\sqrt[3]{1+\sqrt{2u}}$

(6) $y=\ln\sqrt{x}$

(7) $v=3u^2\ln\sqrt{u+1}$

(8) $h(x)=xe^{2x}$

(9) $f(x)=3^x\ln x$

(10) $R(s)=\frac{e^s}{\log_7 s}$

9. 음함수의 미분법을 이용하여 $\frac{dy}{dx}$를 구하여라.

(1) $x^3+y^3=1$

(2) $2\sqrt{x}+\sqrt{y}=1$

(3) $\ln(xy)+e^x=0$

(4) $\frac{1}{x}+\frac{1}{y}=1$

(5) $xy^3=1$

(6) $\sqrt{x+y}=1+x^2y^2$

10. 로그미분법을 이용하여 다음 함수의 도함수를 구하여라.

(1) $y=\frac{x^{3/4}\sqrt{x^2+1}}{(3x+2)^5}$

(2) $y=(x^2-2x)^{\sqrt{x}}$

11. 곡선 $y=x^4-12x^2+16x$ 위의 서로 다른 두 점 P, Q에 동시에 접하는 직선의 방정식을 구하여라.

12. 곡선 $y=x^3+ax+b$가 두 직선 $y=x+4$와 $y=x$에 접하도록 상수 a, b를 결정하여라.

4장

미분의 활용

4.1 함수의 극값
4.2 평균값 정리
4.3 로피탈의 법칙
4.4 극값 판정법
4.5 함수의 볼록과 오목
4.6 함수의 최대, 최소
4장 연습문제

4.1 함수의 극값

도함수의 응용 중에서 가장 중요한 함수의 극댓값, 극솟값에 대하여 알아보도록 하자.

먼저 극댓값과 극솟값을 정의하기 위하여 수직선 위의 점인 실수 a의 근방의 개념을 소개할 필요가 있다.

실수 a의 **근방**(neighborhood)이란 점 a를 중심으로 하는 열린 구간

$$I = (a-r,\ a+r)$$

을 말한다. 여기서 r은 어떤 양의 실수이다.

정의 4.1.1 함수 $f: D \subset \mathbb{R} \to \mathbb{R}$에 대하여 a를 정의역 D의 한 점이라고 하자.

(1) a의 적당한 근방 I가 존재하여 $I \cap D$에 속하는 모든 점 x에 대하여

$$f(x) \le f(a)$$

를 만족할 때 함수 f는 점 a에서 **극댓값**(local maximum) $f(a)$를 갖는다고 한다.

(2) a의 적당한 근방 I가 존재하여 $I \cap D$에 속하는 모든 점 x에 대하여

$$f(x) \ge f(a)$$

를 만족할 때 함수 f는 점 a에서 **극솟값**(local minimum) $f(a)$를 갖는다고 한다.

(3) 함수 f의 극댓값과 극솟값을 통틀어 **극값**이라고 한다.

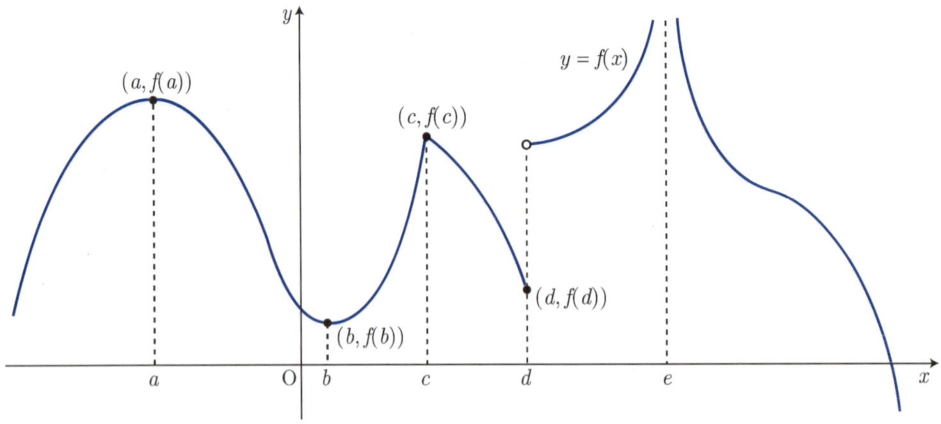

[그림 4-1]

그림 4-1의 함수 f는 $x=a$와 $x=c$에서 극댓값 $f(a)$와 $f(c)$를 가지며, $x=b$와 $x=d$에서 극솟값 $f(b)$와 $f(d)$를 갖는다.

참고 4.1.2 극값은 미분가능한 점에서만 발생하는 것이 아니다. 위의 그림 4-1의 함수의 경우에는 $x=c$에서는 연속이지만 미분가능하지 않고, $x=d$에서는 연속이 아니지만 주변의 값들과 비교해서 함숫값이 가장 크거나 작으므로 극값이라고 말할 수 있다.

참고 4.1.3 함수 f가 점 a에서 극댓값[극솟값]을 가지면 함수 $g=-f$는 점 a에서 극솟값[극댓값]을 가진다.

다음의 정리는 미분가능한 함수의 극값을 구할 때 매우 유용하다.

정리 4.1.4 페르마(Fermat)의 정리

함수 f가 한 점 a를 포함하는 열린 구간에서 정의되어 있다고 하자. 만약 f가 점 a에서 극값을 가지고 그 점에서 미분가능하면 $f'(a)=0$이다.

증명 참고 4.1.3에 의하여 $f(a)$가 극댓값인 경우만 살펴보면 된다. $f(a)$가 극댓값이라면 점 a의 적당한 근방 I에 속하는 모든 점 x에 대하여 $f(a) \geq f(x)$를 만족한다. 만약 $x \in I$이고 $x<a$이면 $f(x)-f(a) \leq 0$이므로

$$\frac{f(x)-f(a)}{x-a} \geq 0$$

이다. 따라서

$$f'(a)=f'_-(a)=\lim_{x \to a-}\frac{f(x)-f(a)}{x-a} \geq 0 \tag{4.1}$$

이 성립한다. 반면에 $x \in I$이고 $x>a$이면 $f(x)-f(a) \leq 0$이므로

$$\frac{f(x)-f(a)}{x-a} \leq 0$$

이다. 따라서

$$f'(a)=f'_+(a)=\lim_{x \to a+}\frac{f(x)-f(a)}{x-a} \leq 0 \tag{4.2}$$

이 성립한다. 식 (4.1)과 (4.2)에 의하여 $f'(a)=0$이 성립함을 알 수 있다. ■

위의 정리의 역은 성립하지 않는다. 즉 함수 f가 $x=a$에서 미분가능하고 미분계수가 $f'(a)=0$이라고 해서 $f(a)$가 반드시 극값인 것은 아니다. 예를 들면, 함수 $f(x)=x^3$의 도함수는 $f'(x)=3x^2$으로서 $f'(0)=0$이지만 $f(0)=0$은 극값이 아니다.

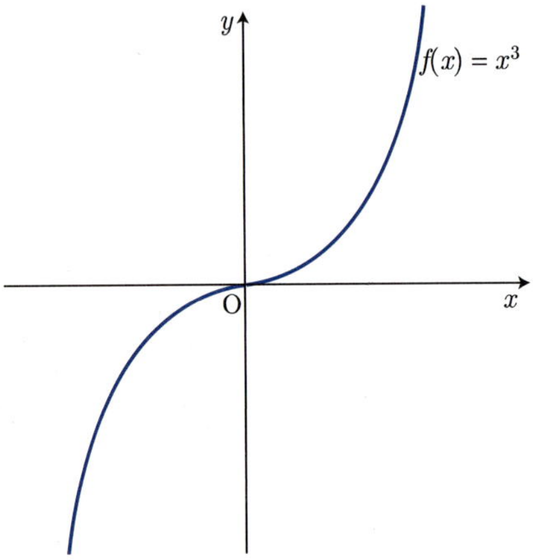

[그림 4-2]

정리 4.1.4에 의하여 다음의 따름정리를 얻을 수 있다.

> **따름정리 4.1.5** 한 점 a를 포함하는 열린 구간에서 정의된 함수 f가 a에서 극값을 가지면 $f'(a)=0$이거나 f는 a에서 미분가능하지 않다.

함수 f의 정의역에 속하는 점 a에 대하여 $f'(a)=0$이거나 f가 a에서 미분불가능할 때, 점 a를 함수 f의 **임계점**(critical point)이라고 한다. 따름정리 4.15에 의하여 함수는 반드시 임계점에서만 극값을 갖기 때문에 주어진 함수의 극값을 구할 때에는 임계점에서의 함숫값에 대해서만 조사하면 된다. 하지만 $x=0$이 $f(x)=x^3$의 임계점이지만 함수값 $f(0)$이 극값은 아닌 것처럼, 임계점에서의 함숫값이 반드시 극값인 것은 아니다.

예제 4.1.6 함수 $f(x)=x^2\ln x$의 임계점을 모두 구하여라.

풀이 우선, $\mathrm{Dom}(f)=(0,\ \infty)$이고

$$f'(x)=2x\ln x+x=x(2\ln x+1)$$

로서 함수 f는 모든 양의 실수에서 미분가능하다. 따라서 양의 실수 x 중에서 $f'(x)=0$

인 x의 값이 f의 임계점이다.

이제, $f'(x)=0$에서 $x=0$ 또는 $x=1/\sqrt{e}$을 얻는다. 그러나 $0 \notin \mathrm{Dom}(f)$이므로 $x=1/\sqrt{e}$이 함수 f의 유일한 임계점이다. ■

예제 4.1.7 함수 $f(x)=x^{2/3}$의 모든 임계점을 구하여라.

풀이 우선, $\mathrm{Dom}(f)=\mathbb{R}$이고

$$f'(x)=\frac{2}{3\sqrt[3]{x}}$$

로서 함수 f는 0을 제외한 모든 실수에서 미분가능하다. 그러나 0을 제외한 임의의 실수 x에 대해서 $f'(x) \neq 0$이므로 미분불가능한 점 $x=0$이 함수 f의 유일한 임계점이다.

■

연습문제 4.1

1. 어떤 함수의 그래프가 아래와 같을 때, 극댓값과 극솟값을 갖는 x를 찾아라.

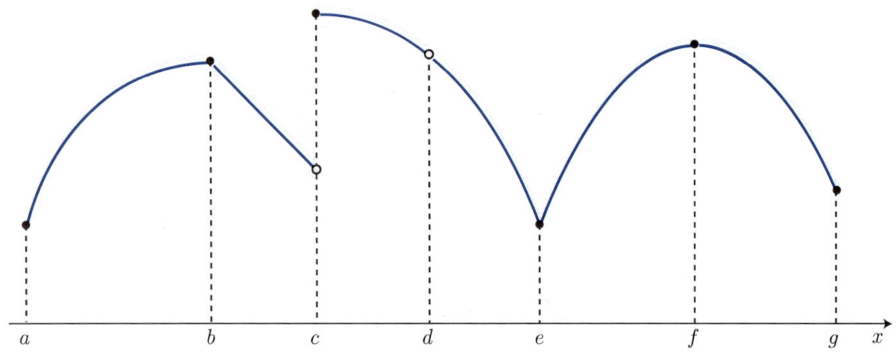

2. 다음 함수의 임계점을 구하여라.

(1) $f(x) = x^3 + 3x^2 - 24x + 7$ (2) $f(x) = x^5 - 5x^3$

(3) $f(x) = 2x - \dfrac{1}{x+1}$ (4) $f(x) = |x+1|$

3. 함수 $f(x) = x^3 - ax^2 + bx + 1$에서 $f(1) = 3$이고 $x = 1$이 임계점이 되도록 상수 a와 b를 결정하여라.

4. 열린 구간 (a, b)를 정의역으로 갖는 함수 f와 정의역의 한 점 c를 생각하자. 점 c가 함수 f의 임계점이라는 것과 함수 f가 $x = c$에서 극값을 갖는다는 것을 비교하여 설명하여라.

5. 함수 f가 닫힌 구간 $[a, b]$에서 미분가능하다고 하자.

(1) 함수 f가 $x = a$에서 극댓값을 가지면 $f'(a) \le 0$임을 보여라.

(2) $f'(a) < 0$이고 $x = a$에서 극댓값을 갖는 함수 f를 찾아라.

(3) $f'(a) = 0$이고 $x = a$에서 극댓값을 갖는 함수 f를 찾아라.

4.2 평균값 정리

미분과 관련된 정리 중 가장 중요한 정리인 평균값 정리를 공부하기 전에 평균값 정리의 특별한 경우인 롤(Rolle)의 정리를 먼저 살펴보자.

정리 4.2.1 롤(Rolle)의 정리
함수 f가 닫힌 구간 $[a, b]$에서 연속이고 열린 구간 (a, b)에서 미분가능할 때, $f(a)=f(b)$이면 $f'(c)=0$인 점 c가 열린 구간 (a, b)에 적어도 하나 존재한다.

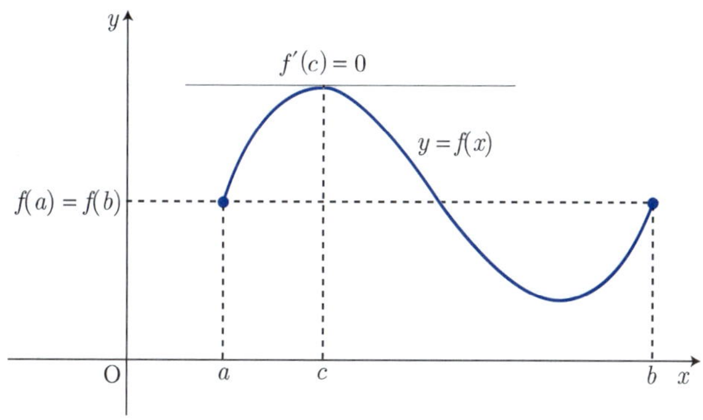

[그림 4-3]

증명 만약 함수 f가 구간 $[a, b]$에서 상수함수라면 모든 $x\in(a, b)$에 대하여 $f'(x)=0$이므로 주어진 정리가 당연히 성립한다.
이제 함수 f가 $[a, b]$에서 상수함수가 아니라고 가정하자. 함수 f는 닫힌 구간 $[a, b]$에서 연속이므로 최대·최소 정리에 의하여 f는 $[a, b]$에서 최댓값과 최솟값을 갖는다. 함수 f가 $[a, b]$에서 상수함수가 아니고 $f(a)=f(b)$이므로 f는 최댓값과 최솟값 중의 적어도 하나를 열린 구간 (a, b)의 한 점 c에서 갖는다. 따라서 함수 f는 열린 구간 (a, b)에 속하는 점 c에서 극값을 갖는다. 또한 f는 구간 (a, b)에서 미분가능하므로 정리 4.1.4에 의하여 $f'(c)=0$이다. ■

따름정리 4.2.2 함수 f가 닫힌 구간 $[a, b]$에서 연속이고 열린 구간 (a, b)에서 미분가능할 때, 모든 $x\in(a, b)$에 대하여 $f'(x)\neq 0$이면 $f(a)\neq f(b)$이다.

롤의 정리는 함수 f가 닫힌 구간 $[a, b]$에서 연속이고 열린 구간 (a, b)에서 미분가능하다는 가정 아래 $f(a)=f(b)$일 때만 성립하는 정리이다. 이제 롤의 정리를 일반화한 평균값 정리에 대하여 알아보자.

정리 4.2.3 평균값 정리(Mean Value Theorem)
함수 f가 닫힌 구간 $[a, b]$에서 연속이고 열린 구간 (a, b)에서 미분가능하면

$$\frac{f(b)-f(a)}{b-a}=f'(c)$$

를 만족하는 점 c가 열린 구간 (a, b)에 적어도 하나 존재한다.

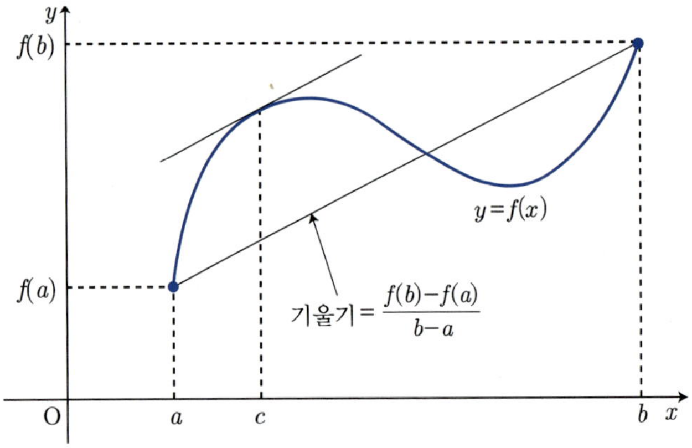

[그림 4-4]

증명 구간 $[a, b]$에서 새로운 함수 h를

$$h(x)=f(x)-f(a)-\frac{f(b)-f(a)}{b-a}(x-a)$$

로 정의하면, 함수 h는 닫힌 구간 $[a, b]$에서 연속이고 열린 구간 (a, b)에서 미분가능하다. 또한 $h(a)=h(b)=0$을 만족하므로 롤의 정리에 의하여

$$h'(c)=f'(c)-\frac{f(b)-f(a)}{b-a}=0$$

즉

$$\frac{f(b)-f(a)}{b-a}=f'(c)$$

를 만족하는 점 c가 열린 구간 (a, b)에 적어도 하나 존재한다. ■

예제 4.2.4 함수 $f(x) = \sqrt{x^2+1}$ 에 대하여 닫힌 구간 $[-2, 2]$ 에서 평균값 정리를 만족시키는 점 c의 값을 구하여라.

풀이 함수 f는 실수 전체의 집합 $\mathbb{R}$에서 미분가능하고 도함수는

$$f'(x) = \frac{x}{\sqrt{x^2+1}}$$

이다. 특히, 함수 f가 닫힌 구간 $[-2, 2]$에서 연속이고 열린 구간 $(-2, 2)$에서 미분가능하므로 평균값 정리에 의하여

$$\frac{f(2)-f(-2)}{2-(-2)} = f'(c) = \frac{c}{\sqrt{c^2+1}}$$

인 점 c가 열린 구간 $(-2, 2)$에 적어도 하나 존재한다. 그런데 $f(-2) = f(2)$이므로 $c = 0$이다. ■

평균값 정리를 이용하여 유용한 부등식을 유도할 수도 있다.

예제 4.2.5 모든 $x, y \geq 1$에 대하여

$$|\ln x - \ln y| \leq |x - y|$$

임을 보여라.

풀이 $x = y$일 때는 당연히 성립하므로 $1 \leq x < y$라고 가정할 수 있다. 그러면 자연로그함수 $f(t) = \ln t$는 닫힌 구간 $[x, y]$에서 미분가능하므로 평균값 정리에 의하여

$$\frac{f(y)-f(x)}{y-x} = f'(c)$$

인 점 c가 구간 (x, y)에 적어도 하나 존재한다. 그런데 $f(x) < f(y)$, $c > x \geq 1$이고 $f'(c) = \dfrac{1}{c} < 1$이므로

$$|\ln x - \ln y| = \ln y - \ln x = \frac{y-x}{c} < |x-y|$$

이다. ■

연습문제 4.2

1. 다음 함수와 주어진 구간에 대하여 롤의 정리를 만족시키는 점 c를 구하여라.

(1) $f(x) = 4x^3 - x^4$, $[0, 4]$

(2) $f(x) = \dfrac{x^2 - 1}{x - 2}$, $[-1, 1]$

2. 다음 함수와 주어진 구간에 대하여 평균값 정리를 만족하는 점 c를 구하여라. 만약 점 c가 존재하지 않는다면, 그 이유를 설명하여라.

(1) $f(x) = x + \dfrac{1}{x}$, $[3, 4]$

(2) $f(x) = x^{2/3}$, $[-1, 8]$

(3) $f(x) = \ln x$, $[0, 1]$

(4) $f(x) = \sqrt{x+1}$, $[0, 3]$

3. 임의의 양수 k와 두 음수 a, b에 대하여

$$|e^{ka} - e^{kb}| \le k|a - b|$$

임을 보여라.

4. 함수 f가 열린 구간 (a, b)에서 미분가능하다고 하자. 만약 모든 $x \in (a, b)$에 대하여 $f'(x) \ne 0$이면 함수 f가 구간 (a, b)에서 일대일함수임을 보여라. 또한 이 사실의 역이 성립하는지를 조사하여라.

5. (1) 함수 f가 닫힌 구간 $[a, b]$에서 연속이고 열린 구간 (a, b)의 모든 점 x에 대하여 $f'(x) = 0$이면, 함수 f는 구간 $[a, b]$에서 상수함수임을 보여라.

(2) 함수 f, g가 닫힌 구간 $[a, b]$에서 연속이고 열린 구간 (a, b)에서 미분가능하다고 하자. 모든 $x \in (a, b)$에 대하여 $f'(x) = g'(x)$이면, 모든 $x \in [a, b]$에 대하여

$$f(x) = g(x) + C$$

인 상수 C가 존재함을 보여라.

6. 함수 f, g가 열린 구간 (a, b)에서 미분가능하다고 하자.

(1) 모든 $x \in (a, b)$에 대하여 $f'(x)g(x)+f(x)g'(x)=0$이면, 적당한 상수 C가 존재하여 모든 $x \in (a, b)$에 대하여 $f(x)g(x)=C$가 성립함을 보여라.

(2) 모든 $x \in (a, b)$에 대하여 $g(x) \neq 0$이고 $f'(x)g(x)-f(x)g'(x)=0$이면, 적당한 상수 C가 존재하여 모든 $x \in (a, b)$에 대하여 $f(x)=Cg(x)$가 성립함을 보여라.

7. 실수 전체의 집합 $\mathbb{R}$에서 미분가능한 함수 f의 도함수가 자기 자신이면, 즉 모든 실수 x에 대하여 $f'(x)=f(x)$이면 모든 실수 x에 대하여

$$f(x)=f(0)e^x$$

임을 보여라.

4.3 로피탈의 법칙

이 절에서는 $\frac{0}{0}$ 또는 $\frac{\infty}{\infty}$ 형의 부정형의 극한을 계산하는 데 있어서 도함수를 이용하여 극한값을 구하는 방법을 알아보도록 하자.

우리는 2장에서 $\lim_{x \to a} f(x) = 0 = \lim_{x \to a} g(x)$ 인 두 함수 f와 g에 대하여 극한

$$\lim_{x \to a} \frac{f(x)}{g(x)}$$

를 $\frac{0}{0}$ 형의 부정형의 극한이라고 말하며, 인수분해를 통한 공통인수의 약분 또는 유리화를 통하여 극한값을 구하는 방법을 공부하였다. 그러나 이러한 방법은 두 함수 f와 g가 모두 대수적 함수일 때만 사용가능한 방법이므로 함수 f 또는 g가 지수함수이거나 로그함수와 같은 초월함수라면 이전의 방법으로는 극한값을 구할 수 없다. 예를 들어 다음의 극한

$$\lim_{x \to 0} \frac{e^x - 1}{x^2}$$

은 $\lim_{x \to 0} x^2 = 0 = \lim_{x \to 0}(e^x - 1)$ 이므로 전형적인 $\frac{0}{0}$ 형의 부정형의 극한이나 앞에서 공부한 부정형의 극한을 구하는 방법으로는 해결하기 어렵다. 이러한 경우를 포함하여 일반적인 경우에서의 부정형의 극한을 구할 때, 도함수의 극한을 활용하는 로피탈(L'Hôpital 또는 L'Hospital)의 법칙을 이용할 수 있다.

로피탈의 법칙을 증명하는 데 필요한 다음의 중요한 정리는 4.2절의 평균값 정리를 두 개의 함수에 대하여 확장한 것이다.

> **정리 4.3.1 코시의 평균값 정리**
> 두 함수 f와 g가 닫힌 구간 $[a, b]$에서 연속이고 열린 구간 (a, b)에서 미분가능하면
>
> $$g'(c)[f(b) - f(a)] = f'(c)[g(b) - g(a)]$$
>
> 를 만족하는 점 c가 열린 구간 (a, b)에 적어도 하나 존재한다.

증명 새로운 함수 h를

$$h(x) = [f(b) - f(a)]g(x) - [g(b) - g(a)]f(x)$$

라고 정의하면, 함수 h는 닫힌 구간 $[a, b]$에서 연속이고 열린 구간 (a, b)에서 미분가능하다. 또한,

$$h(a) = f(b)g(a) - f(a)g(b) = h(b)$$

임을 쉽게 확인할 수 있다. 따라서 롤의 정리에 의하여

$$h'(c) = [f(b) - f(a)]g'(c) - [g(b) - g(a)]f'(c) = 0$$

을 만족하는 점 c가 열린 구간 (a, b)에 적어도 하나 존재한다. ■

위의 코시의 평균값 정리에서, 열린 구간 (a, b)의 모든 점 x에 대하여 $g'(x) \neq 0$이라고 가정하면, 롤의 정리(따름정리 4.2.2)에 의하여 $g(b) - g(a) \neq 0$이다. 따라서 코시의 평균값 정리를 만족하는 점 c는 다음의 등식을 만족한다.

$$\frac{f(b) - f(a)}{g(b) - g(a)} = \frac{f'(c)}{g'(c)}$$

코시의 평균값 정리를 이용하여 $\frac{0}{0}$ 형의 부정형의 극한에 대한 아래의 로피탈의 법칙을 얻을 수 있다.

정리 4.3.2 로피탈의 법칙

두 함수 f와 g가 점 $x = a$의 근방에서 a를 제외한 모든 점 x에서 미분가능하고 $g'(x) \neq 0$이라고 할 때,

$$\lim_{x \to a} f(x) = 0 = \lim_{x \to a} g(x)$$

이고

$$\lim_{x \to a} \frac{f'(x)}{g'(x)} = L \quad (L\text{은 실수 또는 } \pm\infty)$$

이면

$$\lim_{x \to a} \frac{f(x)}{g(x)} = L$$

이다.

증명 새로운 함수 F와 G를

$$F(x)=\begin{cases} f(x) & (x\neq a) \\ 0 & (x=a) \end{cases}, \quad G(x)=\begin{cases} g(x) & (x\neq a) \\ 0 & (x=a) \end{cases}$$

로 정의하면 F와 G는 a의 근방에서 연속이고 a를 제외한 모든 점 x에서 미분가능하며 $G(x)\neq 0$이다. x를 a의 근방에 속한 a가 아닌 점이라고 하면, 코시의 평균값 정리에 의하여

$$\frac{F(x)-F(a)}{G(x)-G(a)}=\frac{F'(c_x)}{G'(c_x)} \tag{4.3}$$

를 만족하는 점 c_x가 x와 a 사이에 적어도 하나 존재한다. $x\neq a$이므로 두 함수 F와 G의 정의에 의해서 식 (4.3)은

$$\frac{f(x)}{g(x)}=\frac{f'(c_x)}{g'(c_x)}$$

가 된다. 그런데 c_x는 x와 a 사이의 점이므로 $x\to a$일 때 $c_x\to a$이다. 따라서

$$\lim_{x\to a}\frac{f(x)}{g(x)}=\lim_{x\to a}\frac{f'(c_x)}{g'(c_x)}=L$$

이다. ■

예제 4.3.3 극한 $\lim_{x\to 1}\frac{x\ln x}{x^2-1}$를 조사하여라.

풀이 $\lim_{x\to 1}x\ln x=0=\lim_{x\to 1}(x^2-1)$이므로 위 극한은 $\frac{0}{0}$형의 부정형의 극한이다. 로피탈의 법칙에 의하여

$$\lim_{x\to 1}\frac{x\ln x}{x^2-1}=\lim_{x\to 1}\frac{\ln x+1}{2x}=\frac{1}{2}$$

이다. ■

정리 4.3.2의 증명 방법을 똑같이 적용하면, 로피탈의 법칙이 $x\to a$일 때의 극한뿐만 아니라 $x\to a+$ 또는 $x\to a-$일 때의 우극한 또는 좌극한에 대해서도 성립하는 것을 알 수 있다.

예제 4.3.4 극한 $\lim_{x\to 0+}\frac{e^x-1}{x^2}$ 을 조사하여라.

풀이 $\lim_{x\to 0+}(e^x-1)=0=\lim_{x\to 0+}x^2$ 이므로 위 극한은 $\frac{0}{0}$ 형의 부정형의 극한이다. 로피탈의 법칙에 의하여

$$\lim_{x\to 0+}\frac{e^x-1}{x^2}=\lim_{x\to 0+}\frac{e^x}{2x}=\infty$$

이다. ■

다음의 로피탈의 제2법칙을 이용하면 $\frac{0}{0}$ 형만이 아니라 $\frac{\infty}{\infty}$ 형의 부정형의 극한도 구할 수 있다. 증명은 이 책의 수준을 넘어가므로 생략한다.

정리 4.3.5 로피탈의 제2법칙
두 함수 f와 g가 점 $x=a$의 근방에서 a를 제외한 모든 점 x에서 미분가능하고 $g'(x)\neq 0$이라고 할 때,

$$\lim_{x\to a}f(x)=\infty=\lim_{x\to a}g(x)$$

이고

$$\lim_{x\to a}\frac{f'(x)}{g'(x)}=L\ (L\text{은 실수 또는 }\pm\infty)$$

이면

$$\lim_{x\to a}\frac{f(x)}{g(x)}=L$$

이다.

참고 4.3.6 정리 4.3.2와 정리 4.3.5에서 로피탈의 법칙은 $x\to a$일 때의 $\frac{0}{0}$ 또는 $\frac{\infty}{\infty}$ 형의 부정형의 극한에 대하여 성립한다고 하였으나 실제로는 두 정리의 모든 극한식에서 $x\to a$ 대신에

$$x\to a+\ ,\ x\to a-\ ,\ x\to\infty\ \text{또는}\ x\to -\infty$$

로 바꾸어도 로피탈의 법칙은 성립한다.

예제 4.3.7 극한 $\lim_{x\to\infty}\frac{e^x}{x}$ 을 조사하여라.

풀이 $\lim_{x\to\infty}e^x = \infty = \lim_{x\to\infty}x$ 이므로

$$\lim_{x\to\infty}\frac{e^x}{x} = \lim_{x\to\infty}\frac{e^x}{1} = \infty$$

이다. ■

예제 4.3.8 $a>1$ 인 실수 a 와 $n\in\mathbb{N}$ 에 대하여, 극한 $\lim_{x\to\infty}\frac{a^x}{x^n}$ 을 조사하여라.

풀이 $\lim_{x\to\infty}a^x = \infty = \lim_{x\to\infty}x^n$ 이므로 로피탈의 제2법칙을 n 번 연속해서 사용하면,

$$\lim_{x\to\infty}\frac{a^x}{x^n} = \lim_{x\to\infty}\frac{a^x\ln a}{nx^{n-1}} = \lim_{x\to\infty}\frac{a^x(\ln a)^2}{n(n-1)x^{n-2}} = \cdots = \lim_{x\to\infty}\frac{a^x(\ln a)^n}{n!} = \infty$$

이다. ■

예제 4.3.8의 방법을 적용하면, $a>1$ 인 a 를 밑으로 가지는 지수함수 a^x 과 임의의 다항함수 $f(x)=a_nx^n+a_{n-1}x^{n-1}+\cdots+a_0$ (단, $a_n>0$)에 대하여

$$\lim_{x\to\infty}\frac{a^x}{f(x)} = \infty$$

임을 알 수 있다. 따라서 $x\to\infty$ 일 때 지수함수가 임의의 다항함수보다 빨리 증가한다.

예제 4.3.9 극한 $\lim_{x\to-\infty}xe^x$ 을 구하여라.

풀이 $\lim_{x\to-\infty}x=-\infty$ 이고 $\lim_{x\to-\infty}e^x=0$ 이므로 위의 극한은 $0\cdot(-\infty)$ 형태의 부정형의 극한이다. 그러나 $x=-t$ 로 치환하면 $\frac{\infty}{\infty}$ 형의 부정형의 극한으로 변환된다. 따라서 로피탈의 제2법칙을 이용하여 아래와 같이 극한값을 구할 수 있다.

$$\lim_{x\to-\infty}xe^x = \lim_{t\to\infty}\frac{-t}{e^t} = \lim_{t\to\infty}\frac{-1}{e^t} = 0$$ ■

연습문제 4.3

1. 다음 극한을 조사하여라.

(1) $\displaystyle\lim_{x\to1}\frac{x^3-x^2+x-1}{x^3-1}$

(2) $\displaystyle\lim_{x\to-2}\frac{x^2-4}{x^4+x^3+2x-4}$

(3) $\displaystyle\lim_{x\to\infty}\frac{5x^2-1}{3x^3+x^2+1}$

(4) $\displaystyle\lim_{x\to-\infty}\frac{2x^4+x^2}{x^3+2x+3}$

(5) $\displaystyle\lim_{x\to\infty}\frac{5^x}{e^{x^3}}$

(6) $\displaystyle\lim_{x\to\infty}\frac{3^x}{x^4}$

(7) $\displaystyle\lim_{x\to0+}\frac{x+\ln x(1+x)}{e^{1/x}}$

(8) $\displaystyle\lim_{x\to0}\frac{\ln(1+2x)}{3x}$

(9) $\displaystyle\lim_{x\to0}\frac{e^x-e^{-x}}{\ln(x+1)}$

(10) $\displaystyle\lim_{x\to3+}\frac{|x-3|}{\sqrt{x}-\sqrt{3}}$

(11) $\displaystyle\lim_{x\to\infty}\frac{x\ln x}{x+\ln x}$

(12) $\displaystyle\lim_{x\to\infty}\frac{\ln x}{\ln(\ln x)}$

2. 임의의 자연수 n에 대하여 다음의 극한을 조사하여라.

(1) $\displaystyle\lim_{x\to-\infty}x^ne^x$

(2) $\displaystyle\lim_{x\to a}\frac{x-a}{x^n-a^n}$ (단, $a\neq0$)

(3) $\displaystyle\lim_{x\to\infty}\frac{x^n+a_{n-1}x^{n-1}+\cdots+a_0}{e^x}$ (단, $a_{n-1},\cdots,a_0$은 실수)

3. 함수

$$f(x)=\begin{cases}e^{-1/x^2} & (x>0)\\ 0 & (x\le0)\end{cases}$$

에 대하여, 함수 f의 도함수, 이계도함수, 삼계도함수를 구하여라.

4. 임의의 양의 실수 a에 대하여 다음의 극한을 조사하여라.

$$\lim_{x\to0+}x^a\ln x$$

5. 함수 f가 열린 구간 (a, b)에서 미분가능하고 구간 (a, b)의 한 점 c에서 $f''(c)$가 존재할 때 다음의 극한식이 성립함을 보여라.

$$\lim_{h \to 0} \frac{f(c+h) - f(c) - f'(c)h - \frac{1}{2}f''(c)h^2}{h^2} = 0$$

6. 다음의 극한을 조사하여라.

(1) $\displaystyle\lim_{x \to 0} \frac{e^x - 1 - x}{x^2}$

(2) $\displaystyle\lim_{x \to 0} \frac{e^x - 1 - x - \frac{1}{2}x^2}{x^3}$

(3) $\displaystyle\lim_{x \to 0} \frac{e^x - 1 - x - \frac{1}{2}x^2 - \frac{1}{6}x^3}{x^4}$

4.4 극값 판정법

4.1절에서 함수가 어떤 점에서 극값을 가지면 그 점이 함수의 임계점이 된다는 것을 알았다(따름정리 4.1.5). 그러나 함수의 임계점에서의 함숫값이 반드시 극값이 되는 것은 아니다. 이 절에서는 임계점에서의 함숫값이 극값이 될지의 여부를 판정하는 방법에 대하여 알아보도록 하자.

먼저 1.2절에서 학습한 증가함수와 감소함수의 정의(정의 1.2.9)를 복습하면, 구간 I에서 정의된 함수 f가 그 구간에서 증가함수[감소함수]라는 것은 임의의 $x_1, x_2 \in I$에 대하여

$$x_1 < x_2 \text{ 이면 } f(x_1) < f(x_2) \quad [f(x_1) > f(x_2)]$$

가 성립하는 것을 말하는 것이다.

증가함수와 감소함수에 대한 다음의 정리는 평균값 정리의 가장 중요한 응용 중의 하나이다.

정리 4.4.1 함수 f가 닫힌 구간 $[a, b]$에서 연속이고 열린 구간 (a, b)에서 미분가능할 때,
(1) 모든 $x \in (a, b)$에 대하여 $f'(x) > 0$이면 f는 $[a, b]$에서 증가함수이다.
(2) 모든 $x \in (a, b)$에 대하여 $f'(x) < 0$이면 f는 $[a, b]$에서 감소함수이다.

증명 (1) 임의의 $x_1, x_2 \in [a, b]$에 대하여 $x_1 < x_2$라고 가정하자. 함수 f는 닫힌 구간 $[x_1, x_2]$에서 연속이고 열린 구간 (x_1, x_2)에서 미분가능하므로 평균값 정리(정리 4.2.3)에 의하여

$$\frac{f(x_2) - f(x_1)}{x_2 - x_1} = f'(c)$$

를 만족하는 점 c가 구간 (x_1, x_2)에 존재하게 된다. 가정에 의하여 $f'(c) > 0$이다. 그런데 $x_1 < x_2$이므로 $f(x_2) - f(x_1) > 0$, 즉 $f(x_1) < f(x_2)$이다. 따라서 f는 증가함수이다.

(2) (1)과 같은 방법으로 증명할 수 있다. ■

정리 4.4.1을 이용하면 임계점에서의 함숫값이 극값인지의 여부를 판정하는 다음의 정리를 쉽게 얻을 수 있다.

정리 4.4.2 일계도함수에 의한 극값 판정법

함수 f가 점 c의 근방에서 연속이고 이 점 c가 함수 f의 임계점이라고 하자. 또한, 함수 f가 점 c를 제외한 c의 근방에 있는 모든 점에서 미분가능하다고 하자.

(1) 함수 f의 임계점 c의 근방에서 도함수 $f'(x)$의 부호가 양(+)에서 음(−)으로 바뀌면 $f(c)$는 f의 극댓값이다.

(2) 함수 f의 임계점 c의 근방에서 도함수 $f'(x)$의 부호가 음(−)에서 양(+)으로 바뀌면 $f(c)$는 f의 극솟값이다.

예제 4.4.3 함수 $f(x)=x^4-4x^3+1$의 모든 극값을 구하여라.

풀이 함수 f는 다항함수이므로 실수 전체 집합에서 미분가능하고 도함수는

$$f'(x)=4x^3-12x^2$$

이다. 따라서 함수 f의 임계점을 모두 찾으면,

$$f'(x)=4x^3-12x^2=4x^2(x-3)=0$$

으로부터 $x=0$ 또는 $x=3$이다. 또한, 도함수 $f'(x)$의 부호와 이에 따른 함수 $f(x)$의 증가 또는 감소를 정리하면 아래 표(**증감표**라고 한다)와 같다.

x	$\cdots$	0	$\cdots$	3	$\cdots$
$f'(x)$	−	0	−	0	+
$f(x)$	↘	1	↘	−26	↗

$x=0$은 임계점이지만 $x=0$의 근방에서 f'의 부호가 바뀌지 않으므로 $f(0)=1$은 극값이 아니다. $x=3$의 근방에서는 f'의 부호가 (−)에서 (+)로 바뀌므로 정리 4.4.2에 의하여 $f(3)=-26$은 극솟값이다. ■

예제 4.4.4 함수 $f(x)=x^{2/3}$의 모든 극값을 구하여라.

풀이 함수 f는 대수적 함수로서 자신의 정의역인 모든 실수의 집합에서 연속인 함수이다. 또한 도함수는 $f'(x)=\dfrac{2}{3\sqrt[3]{x}}$로서 함수 f는 $x=0$을 제외한 모든 실수에서 미분가능한 함수이나 $f'(x)=0$을 만족하는 실수 x는 존재하지 않는다. 따라서 $x=0$만이 미분불가능한 점으로서 함수 f의 유일한 임계점이다. 다음의 증감표에서 보는 바와 같이 $x=0$의 근방

에서 f' 의 부호가 (−)에서 (+)로 바뀐다.

x	$\cdots$	0	$\cdots$
$f'(x)$	$-$		$+$
$f(x)$	↘	0	↗

따라서 정리 4.4.2에 의하여 $f(0)=0$ 은 함수 f 의 극솟값이다. ■

함수 f 가 $x=c$ 에서 두 번 미분가능하고 $f'(c)=0$ 이 되어 점 c 가 f 의 임계점일 때는 다음과 같이 이계도함수를 이용해서도 극값 여부를 판정할 수 있다.

정리 4.4.5 이계도함수에 의한 극값 판정법

함수 f 가 $x=c$ 에서 두 번 미분가능하고 $f'(c)=0$ 일 때,

(1) $f''(c)<0$ 이면 $f(c)$ 는 극댓값이다.

(2) $f''(c)>0$ 이면 $f(c)$ 는 극솟값이다.

증명 (1) 가정에 의하여

$$f''(c)=\lim_{x\to c}\frac{f'(x)-f'(c)}{x-c}=\lim_{x\to c}\frac{f'(x)}{x-c}<0$$

이므로 점 c 를 포함하는 충분히 작은 열린 구간 (a, b) 가 존재하여 c 가 아닌 임의의 $x\in(a, b)$ 에 대하여

$$\frac{f'(x)}{x-c}<0$$

이다. 먼저 $x\in(a, c)$ 이면 $x-c<0$ 이므로 $f'(x)>0$ 이고, $x\in(c, b)$ 이면 $x-c>0$ 이므로 $f'(x)<0$ 임을 알 수 있다. 도함수 f' 의 부호가 $x=c$ 의 근방에서 (+)에서 (−)로 변하므로 정리 4.4.2에 의하여 $f(c)$ 는 극댓값이다.

(2)의 증명도 같은 방법으로 할 수 있다. ■

예제 4.4.6 함수 $f(x)=x^4-4x^3$ 의 모든 극값을 구하여라.

풀이 다항함수 f 의 도함수를 구하면,

$$f'(x)=4x^3-12x^2=4x^2(x-3)$$

이므로 함수 f 의 모든 임계점은 $x=0$ 과 $x=3$ 이다. 그리고 f 의 이계도함수는

$$f''(x)=12x^2-24x$$

이다.

먼저 $f''(0)=0$ 이므로 정리 4.4.5의 이계도함수 판정법에 의해서는 $x=0$ 에서의 극대, 극소 여부를 판별할 수 없다. 그러나 $x=0$ 의 근방에서 f' 의 부호가 바뀌지 않으므로 $x=0$ 에서는 극값을 발생시키지 않는다.

한편 $f''(3)=36>0$ 이므로 이계도함수 판정법에 의하여 $f(3)=-27$ 은 극솟값이다. ■

예제 4.4.7 함수 $f(x)=xe^x$ 의 모든 극값을 구하여라.

풀이 함수 f 의 도함수를 구하면

$$f'(x)=e^x+xe^x=(x+1)e^x$$

이므로 $x=-1$ 이 함수 f 의 유일한 임계점이다. 또한 f 의 이계도함수는

$$f''(x)=e^x+(x+1)e^x=(x+2)e^x$$

이므로 $f''(-1)=e^{-1}>0$ 이다. 따라서 정리 4.4.5의 이계도함수 판정법에 의하여 $f(-1)=-e^{-1}$ 이 함수 f 의 극솟값이다. ■

연습문제 4.4

1. 다음 함수가 증가하는 구간과 감소하는 구간을 모두 구하여라.

(1) $f(x) = (1-x)e^{-x}$ (2) $f(x) = \dfrac{e^x}{x^2}$

2. 다음 함수에 일계도함수 판정법, 이계도함수 판정법을 각각 사용하여 극값을 구하여라.

(1) $f(x) = x^5 - 5x^2 + 3$ (2) $f(x) = \dfrac{x^2}{x-1}$

(3) $f(x) = \sqrt{x} - \sqrt[4]{x}$

3. 다음 함수의 모든 극값을 구하여라.

(1) $f(x) = 2x^3 - 3x^2 - 12x$ (2) $g(x) = x + \dfrac{1}{x}$

(3) $h(x) = x\sqrt{6-x}$ (4) $y = x^{1/3}(x+4)$

(5) $f(x) = \dfrac{e^{x-1}}{x+1}$ (6) $s = \ln(t^3 - 3t)$

4. $f'(x) = (x-1)^2(x-2)^2(x-3)(x-4)$ 일 때 함수 f 의 극값을 모두 구하여라.

5. 정리 4.4.1의 역이 성립하는가? 증명하거나 반례를 찾아 이유를 설명하여라.

6. 함수 f 가 열린 구간 (a, b) 에서 미분가능한 일대일함수라고 하자. 구간 (a, b) 의 모든 점 x 에 대하여 $f'(x) \geq 0$ 이 성립하는 것이 함수 f 가 구간 (a, b) 에서 증가함수일 필요충분조건임을 보여라.

7. 임의의 $x > 1$ 에 대하여 다음 부등식이 성립함을 보여라.

$$2\sqrt{x} > 3 - \frac{1}{x}$$

8. 임의의 양수 x에 대하여 다음 부등식이 성립함을 보여라.

$$e^x > 1 + x + \frac{x^2}{2}$$

9. 1이 아닌 임의의 양수 x에 대하여 다음 부등식이 성립함을 보여라.

$$1 - \frac{1}{x} < \ln x < x - 1$$

10. α가 1보다 큰 실수일 때, 임의의 양수 x에 대하여 다음 부등식이 성립함을 보여라.

$$(1+x)^{\alpha} > 1 + \alpha x$$

11. α가 1보다 큰 실수라고 하자.

(1) 1이 아닌 임의의 양수 x에 대하여 다음 부등식이 성립함을 보여라.

$$\left(\frac{1+x}{2}\right)^{\alpha} < \frac{1+x^{\alpha}}{2}$$

(2) 서로 다른 임의의 양수 x, y에 대하여 다음 부등식이 성립함을 보여라.

$$\left(\frac{x+y}{2}\right)^{\alpha} < \frac{x^{\alpha}+y^{\alpha}}{2}$$

4.5 함수의 볼록과 오목

도함수를 이용하여 함수의 그래프를 보다 자세히 그리는 방법에 대하여 알아보자.

정리 4.4.1에 의하여 함수 f가 열린 구간 (a, b)의 모든 점 x에 대하여 $f'(x) > 0$ $[f'(x) < 0]$이면 f는 구간 (a, b)에서 증가함수[감소함수]이다. 따라서 함수 f의 일계도함수 f'을 이용하여 함수 f가 어떤 구간에서 증가 또는 감소하는지를 알 수 있다. 이제 함수 f의 이계도함수 f''을 이용하여 함수 f의 볼록과 오목을 조사하는 방법을 알아보자.

먼저 미분가능한 함수 f의 볼록과 오목을 정의하자. 함수 f가 열린 구간 (a, b)에서 미분가능하다고 하자. 구간 (a, b)의 임의의 점 c에 대하여 점 $(c, f(c))$에서 함수 f의 그래프에 접하는 직선의 방정식을 $y = L_c(x)$라고 할 때, c가 아닌 모든 $x \in (a, b)$에 대하여 $f(x) > L_c(x)$이면 함수 f는 구간 (a, b)에서 **아래로 볼록**(convex downward) 또는 **위로 오목**(concave upward)하다고 한다.

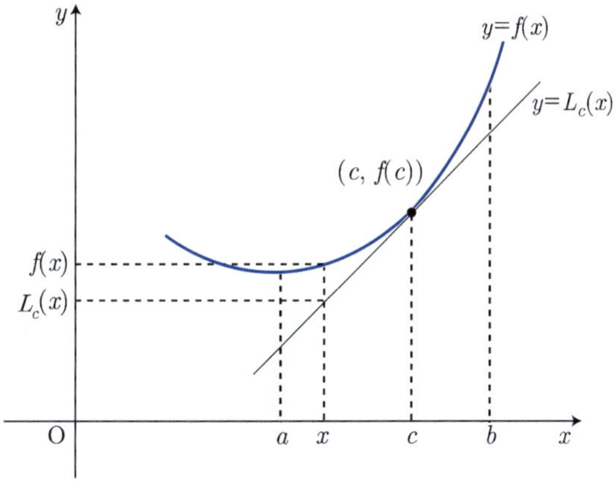

[그림 4-5]

또한, 구간 (a, b)의 각 점 c에 대하여 $L_c(x) = f(c) + f'(c)(x - c)$이므로 함수 f가 구간 (a, b)에서 아래로 볼록 또는 위로 오목하다는 것은 구간 (a, b)의 임의의 서로 다른 두 점 c와 x에 대하여 다음의 부등식이 성립한다는 것을 말한다.

$$f(x) > f(c) + f'(c)(x - c)$$

마찬가지로, 구간 (a, b)의 임의의 서로 다른 두 점 c와 x에 대하여

$$f(x) < f(c) + f'(c)(x - c)$$

이면 함수 f는 구간 (a, b)에서 **위로 볼록** 또는 **아래로 오목**하다고 한다.

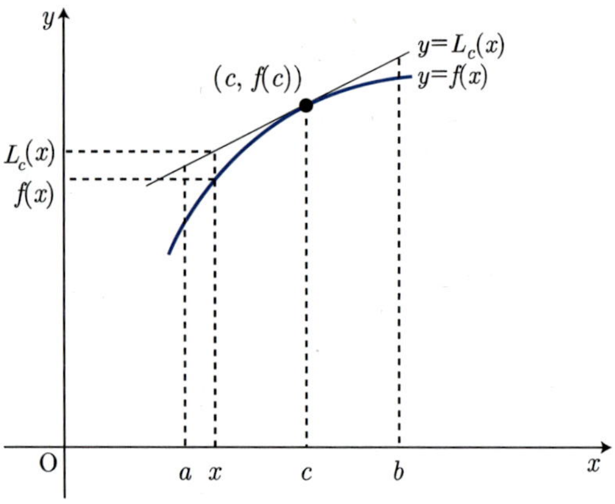

[그림 4-6]

곡선 $y = f(x)$ 위의 점 $(c, f(c))$에 대하여 $x = c$의 좌우에서 함수 f가 아래로 볼록에서 위로 볼록으로 바뀌거나 위로 볼록에서 아래로 볼록으로 바뀔 때, 점 $(c, f(c))$를 곡선 $y = f(x)$의 **변곡점**(inflection point)이라고 한다.

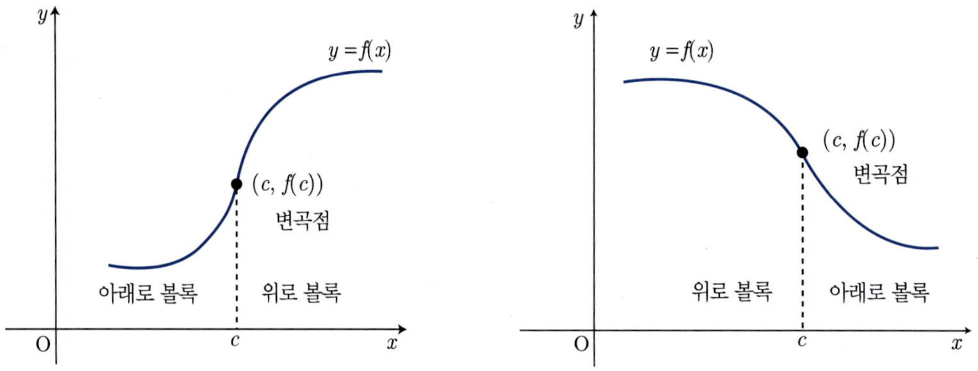

[그림 4-7]

함수 f의 볼록과 오목은 f의 일계도함수 f'의 증감 또는 이계도함수 f''의 부호를 이용하여 판정할 수 있다.

> **정리 4.5.1** 함수 f가 열린 구간 (a, b)에서 미분가능하다고 가정하자.
>
> (1) 함수 f가 구간 (a, b)에서 아래로 볼록할 필요충분조건은 도함수 f'이 구간 (a, b)에서 증가함수인 것이다.
>
> (2) 함수 f가 구간 (a, b)에서 위로 볼록할 필요충분조건은 도함수 f'이 구간 (a, b)에서 감소함수인 것이다.

증명 (1) 도함수 f' 이 구간 (a, b) 에서 증가함수라고 가정하자. 함수 f가 구간 (a, b) 에서 아래로 볼록임을 보이기 위해서 구간 (a, b) 의 서로 다른 임의의 두 점 c, x 에 대하여 부등식

$$f(x) > f(c) + f'(c)(x-c) \tag{4.4}$$

가 성립하는 것을 보이면 된다. 구간 (a, b) 의 서로 다른 임의의 두 점 c, x 를 잡자. 그러면 f가 구간 (a, b) 에서 미분가능하므로 평균값의 정리에 의하여

$$\frac{f(x)-f(c)}{x-c} = f'(z)$$

를 만족하는 점 z가 x와 c 사이에 존재하고, 이때

$$\begin{aligned} f(x) - \{f(c) + f'(c)(x-c)\} &= (x-c)f'(z) - f'(c)(x-c) \\ &= (x-c)\{f'(z) - f'(c)\} \end{aligned}$$

이다. 여기서 $c < x$ 이면 $c < z < x$ 이고 도함수 f' 이 (a, b) 에서 증가함수이므로 $f'(z) > f'(c)$ 이다. 또한 $x < c$ 이면 $x < z < c$ 이고 $f'(z) < f'(c)$ 이다. 따라서 어느 경우라도 부등식 (4.4)가 성립함을 알 수 있다. 따라서 함수 f 는 구간 (a, b) 에서 아래로 볼록이다.

역으로 함수 f가 구간 (a, b) 에서 아래로 볼록이라고 가정하자. 그러면 구간 (a, b) 에 있는 $x < y$ 인 임의의 두 점 x, y 에 대하여

$$f(x) > f(y) + f'(y)(x-y),$$
$$f(y) > f(x) + f'(x)(y-x)$$

가 성립한다. 두 부등식을 더하면

$$0 > \{f'(y) - f'(x)\}(x-y)$$

이고 $x < y$ 이므로 $f'(x) < f'(y)$ 이다. 따라서 f' 은 구간 (a, b) 에서 증가한다.

(2) $-f$ 에 (1)을 적용하면 (2)를 얻는다. ■

정리 4.4.1과 정리 4.5.1에 의하여 다음 정리를 얻는다.

정리 4.5.2 함수 f가 열린 구간 (a, b) 에서 이계도함수 f'' 를 가진다고 가정하자.
(1) 모든 $x \in (a, b)$ 에 대하여 $f''(x) > 0$ 이면 f 는 구간 (a, b) 에서 아래로 볼록하다.
(2) 모든 $x \in (a, b)$ 에 대하여 $f''(x) < 0$ 이면 f 는 구간 (a, b) 에서 위로 볼록하다.

함수 f의 볼록과 오목을 도함수 f'의 증감을 이용하여 판정할 수 있다는 정리 4.5.1과 도함수 f'이 $x=c$에서 극값을 가지면 $f''(c)=0$이라는 정리 4.1.4로부터 다음의 따름정리를 얻을 수 있다.

> **따름정리 4.5.3** 함수 f가 열린 구간 (a, b)에서 이계도함수 f''를 가진다고 가정하자. 구간 (a, b)의 어떤 점 c에 대하여, 점 $(c, f(c))$가 곡선 $y=f(x)$의 변곡점이면 $f''(c)=0$이다.

참고 4.5.4 따름정리 4.5.3의 역은 성립하지 않는다. 즉, $f''(c)=0$이라고 해도 점 $(c, f(c))$가 곡선 $y=f(x)$의 변곡점이라고는 말할 수 없다. 예를 들면 함수 $f(x)=x^4$은 $f''(x)=12x^2$으로서 $f''(0)=0$이지만 곡선 $y=f(x)$ 위의 점 $(0,0)$ 좌우에서 항상 아래로 볼록하기 때문에 점 $(0,0)$은 곡선 $y=f(x)$의 변곡점이 아니다. 일반적으로, $f''(c)=0$이면서 $x=c$의 좌우에서 f''의 부호가 바뀌면 점 $(c, f(c))$가 곡선 $y=f(x)$의 변곡점이 된다.

함수 f의 일계도함수 f'과 이계도함수 f''의 부호가 아래의 표와 같다고 하자.

x	$\cdots$	a	$\cdots$	b	$\cdots$	c	$\cdots$
f'	$+$	0	$-$	$-$	$-$	0	$+$
f''	$-$	$-$	$-$	0	$+$	$+$	$+$
f	↗	$f(a)$	↘	$f(b)$	↘	$f(c)$	↗

그러면 함수 f는 $x=a$에서 극댓값 $f(a)$, $x=c$에서 극솟값 $f(c)$를 가지며 곡선 $y=f(x)$는 점 $(b, f(b))$를 변곡점으로 갖는다. 함수 f의 증가, 감소와 볼록성까지를 고려할 때, 함수 f의 그래프의 개형은 다음과 같다.

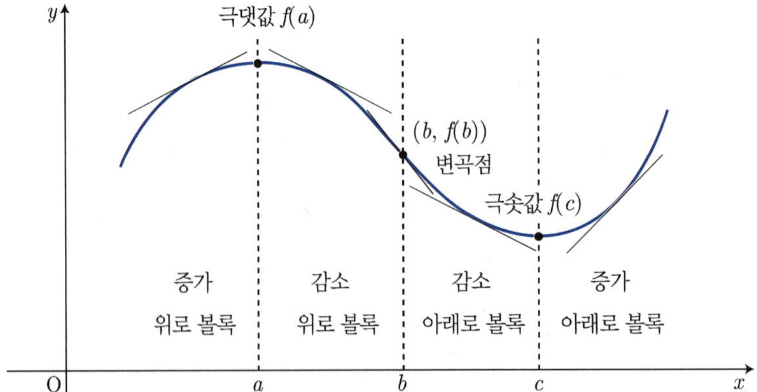

[그림 4-8]

예제 4.5.5 함수 $f(x)=\frac{1}{3}x^3-x^2+2$ 의 극값과 변곡점을 구하고, 그래프의 개형을 그려라.

풀이 다항함수 f 의 도함수와 이계도함수를 구하면

$$f'(x)=x^2-2x, \quad f''(x)=2x-2$$

이다. $f'(x)=x(x-2)=0$ 에서 모든 임계점은 $x=0$ 또는 $x=2$ 이다. 또한, 가능한 변곡점의 x 좌표는 $f''(x)=2x-2=0$ 에서 $x=1$ 이다. 따라서 함수 f 의 증가, 감소와 볼록성을 표로 나타내면 다음과 같다.

x	$\cdots$	0	$\cdots$	1	$\cdots$	2	$\cdots$
f'	+	0	−	−	−	0	+
f''	−	−	−	0	+	+	+
f	↗	2	↘	4/3	↘	2/3	↗

그러므로 함수 f 는 $x=0$ 에서 극댓값 $f(0)=2$, $x=2$ 에서 극솟값 $f(2)=\frac{2}{3}$ 를 가지며 곡선 $y=f(x)$ 는 점 $\left(1, \frac{4}{3}\right)$ 를 변곡점으로 가진다. 함수 f 의 그래프의 개형은 아래와 같다.

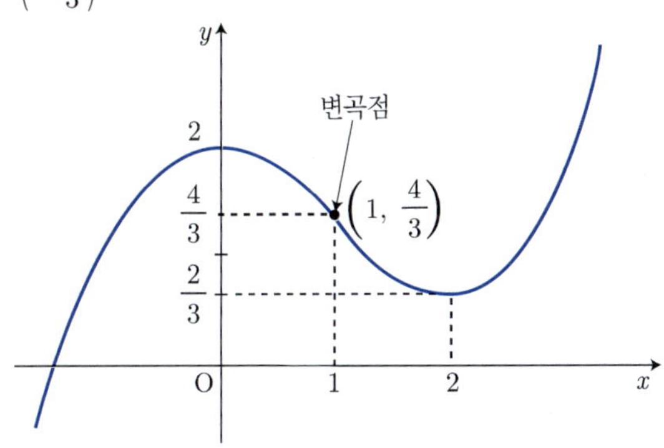

[그림 4-9] ■

예제 4.5.6 함수 $f(x)=x^4-4x^3$ 의 극값과 변곡점을 조사하고, 그래프의 개형을 그려라.

풀이 다항함수 f 의 도함수와 이계도함수를 구하면

$$f'(x)=4x^3-12x^2, \quad f''(x)=12x^2-24x$$

이다. $f'(x)=4x^2(x-3)=0$ 에서 모든 임계점은 $x=0$ 또는 $x=3$ 이고, 가능한 변곡점의 x 좌표는 $f''(x)=12x(x-2)=0$ 에서 $x=0$ 또는 $x=2$ 이다. 따라서 함수 f 의 증가, 감소와 볼록성을 표로 나타내면 다음과 같다.

x	$\cdots$	0	$\cdots$	2	$\cdots$	3	$\cdots$
f'	$-$	0	$-$	$-$	$-$	0	$+$
f''	$+$	0	$-$	0	$+$	$+$	$+$
f	↘	0	↘	-16	↘	-27	↗

그러므로 f는 $x=3$에서 극솟값 $f(3)=-27$을 가지며 점 $(0,0)$과 $(2,-16)$이 변곡점이다. 여기서 $x=0$은 함수 f의 임계점이지만 $x=0$의 좌우에서 f'의 부호가 바뀌지 않으므로 $f(0)$은 함수 f의 극값이 아니다. 함수 f의 그래프의 개형은 아래와 같다.

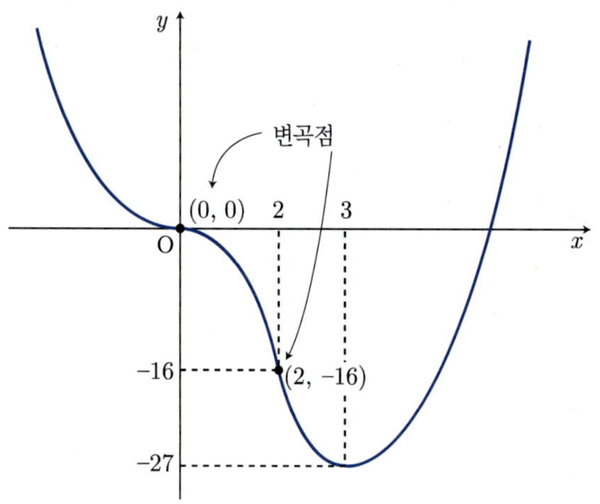

[그림 4-10] ■

예제 4.5.7 함수 $f(x)=\dfrac{2x^3}{x^2+1}$에 대하여 극값과 변곡점을 조사하여라.

풀이 함수 f는 모든 실수에 대하여 분모가 0이 아닌 유리함수이므로 실수 전체의 집합에서 아래와 같은 도함수와 이계도함수를 가진다.

$$f'(x)=\frac{2x^2(x^2+3)}{(x^2+1)^2},\quad f''(x)=\frac{-4x(x^2-3)}{(x^2+1)^3}$$

임계점은 $f'(x)=\dfrac{2x^2(x^2+3)}{(x^2+1)^2}=0$에서 $x=0$이고, 가능한 변곡점의 x좌표는 $f''(x)=\dfrac{-4x(x^2-3)}{(x^2+1)^3}=0$에서 $x=-\sqrt{3}, 0, \sqrt{3}$이다. 따라서 함수 f의 증가, 감소와 볼록성을 표로 나타내면 다음과 같다.

x	$\cdots$	$-\sqrt{3}$	$\cdots$	0	$\cdots$	$\sqrt{3}$	$\cdots$
f'	$+$	$+$	$+$	0	$+$	$+$	$+$
f''	$+$	0	$-$	0	$+$	0	$-$
f	⤴	$-3\sqrt{3}/2$	↱	0	⤴	$3\sqrt{3}/2$	↱

그러므로 함수 f의 극값은 존재하지 않고 곡선 $y=f(x)$는 세 개의 변곡점 $(-\sqrt{3}, -3\sqrt{3}/2)$, $(0,0)$과 $(\sqrt{3}, 3\sqrt{3}/2)$를 가진다. ■

예제 4.5.8 함수 $f(x)=xe^x$의 극값과 변곡점을 조사하고, 그래프를 그려라.

풀이 함수 f는 실수 전체의 집합에서 이계도함수를 갖는 함수로서 $f'(x)=(x+1)e^x=0$에서 $x=-1$이고 $f''(x)=(x+2)e^x=0$에서 $x=-2$를 얻는다. 또한, $x\to-\infty$에서의 극한을 살펴보면,

$$\lim_{x\to-\infty} xe^x = \lim_{t\to\infty}\frac{-t}{e^t} = \lim_{t\to\infty}\frac{-1}{e^t} = 0$$

이다. 따라서 함수 f의 증가, 감소와 볼록성을 표와 그래프로 나타내면 다음과 같다.

x	$\cdots$	-2	$\cdots$	-1	$\cdots$
f'	$-$	$-$	$-$	0	$+$
f''	$-$	0	$+$	$+$	$+$
f	⤵	$-2/e^2$	↳	$-1/e$	⤴

그러므로 함수 f는 $x=-1$에서 극솟값 $f(-1)=-\dfrac{1}{e}$을 가지며 극댓값은 존재하지 않고, 곡선 $y=f(x)$의 변곡점은 $\left(-2, -\dfrac{2}{e^2}\right)$이다. 함수 f의 그래프의 개형은 아래와 같다.

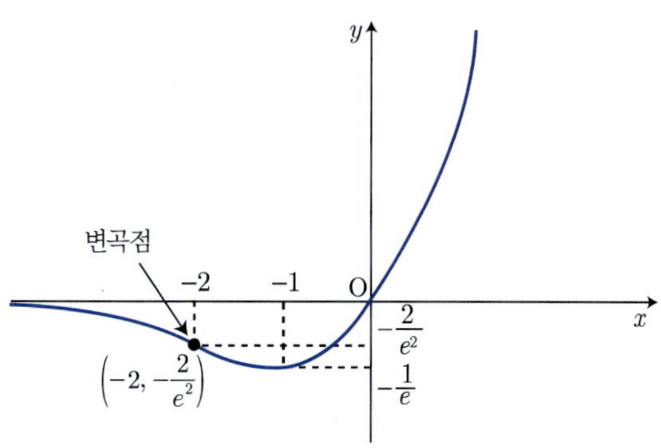

[그림 4-11] ■

연습문제 4.5

1. 곡선의 볼록성을 조사하여라. 또한 변곡점, 극값을 구하고 곡선의 개형을 그려라.

(1) $y=3x^3-4x^2-x$　　(2) $y=2x^2-4x+3$

(3) $y=x^4-14x^2-24x+1$

2. 아래의 조건을 모두 만족하는 함수 f의 그래프를 그려라.

(i) $f(1)=3,\ f(4)=-5,\ f(6)=0$
(ii) $x<1$일 때 $f'(x)>0$, $1<x<4$일 때 $f'(x)<0$, $x>4$일 때 $f'(x)>0$
(iii) $x<1$일 때 $f''(x)>0$, $1<x<6$일 때 $f''(x)>0$, $x>6$일 때 $f''(x)<0$

3. 아래의 조건을 모두 만족하는 함수 f의 그래프를 그려라.

(i) $f(0)=5,\ f(4)=0$
(ii) $\lim_{x\to-\infty} f(x)=1,\ \lim_{x\to3-} f(x)=-\infty,\ \lim_{x\to3+} f(x)=\infty$
(iii) $x<0$일 때 $f'(x)>0$, $0<x<3$일 때 $f'(x)<0$, $x>3$일 때 $f'(x)<0$
(iv) $x<-1$일 때 $f''(x)>0$, $-1<x<3$일 때 $f''(x)<0$, $x>3$일 때 $f''(x)>0$

4. 곡선의 볼록성, 변곡점, 극값 등을 조사하여 곡선의 개형을 그려라.

(1) $y=x^2+\dfrac{1}{x}$　　(2) $y=\dfrac{1}{3+x^2}$

(3) $y=(x+1)^{\frac{5}{3}}+2$　　(4) $y=\ln(\ln x)$

5. 함수 f가 열린 구간 (a, b)에서 이계도함수 f''을 가지고 아래로 볼록하면 모든 $x\in(a, b)$에 대하여 $f''(x)\geq 0$임을 보여라.

6. 정리 4.5.2의 역이 성립하는가? 증명하거나 또는 반례를 찾아 설명하여라.

7. 함수 f가 열린 구간 (a, b)에서 미분가능하고 아래로 볼록이면 구간 (a, b)의 임의의 서로 다른 두 점 x, y와 $0 < \theta < 1$인 임의의 실수 θ에 대하여

$$f((1-\theta)x + \theta y) < (1-\theta)f(x) + \theta f(y)$$

임을 보여라.

힌트 $z = (1-\theta)x + \theta y$라 놓고 점 z에서의 f의 선형근사식을 L_z라고 하면, 볼록함수의 정의에 의하여 $f(x) > L_z(x)$와 $f(y) > L_z(y)$가 성립한다.

8. α가 $\alpha > 1$인 실수라고 하자. 문제 7번의 결과를 이용하여, 임의의 서로 다른 양수 x, y와 $0 < \theta < 1$인 임의의 실수 θ에 대한 다음 부등식을 증명하여라.

$$\{(1-\theta)x + \theta y\}^{\alpha} < (1-\theta)x^{\alpha} + \theta y^{\alpha}$$

4.6 함수의 최대, 최소

미분을 이용하여 닫힌 구간 $[a, b]$ 에서 연속인 함수의 최댓값과 최솟값을 구해 보자.

함수 f가 닫힌 구간 $[a, b]$ 에서 연속이라고 하자. 그러면 최대 · 최소 정리(정리 2.3.9)에 의하여 함수 f가 구간 $[a, b]$ 에서 최댓값과 최솟값을 가진다. 함수 f 의 최댓값, 최솟값은 극값 또는 양 끝점에서의 함숫값 중의 하나이다. 따라서 열린 구간 (a, b) 에 속하는 f 의 임계점을 $c_1, c_2, \cdots, c_n$ 이라고 하면, 함수 f 의 구간 $[a, b]$ 에서의 최댓값은

$$\text{집합 } \{f(a), f(c_1), f(c_2), \cdots, f(c_n), f(b)\} \text{의 최댓값}$$

이고 함수 f 의 구간 $[a, b]$ 에서의 최솟값은

$$\text{집합 } \{f(a), f(c_1), f(c_2), \cdots, f(c_n), f(b)\} \text{의 최솟값}$$

이다.

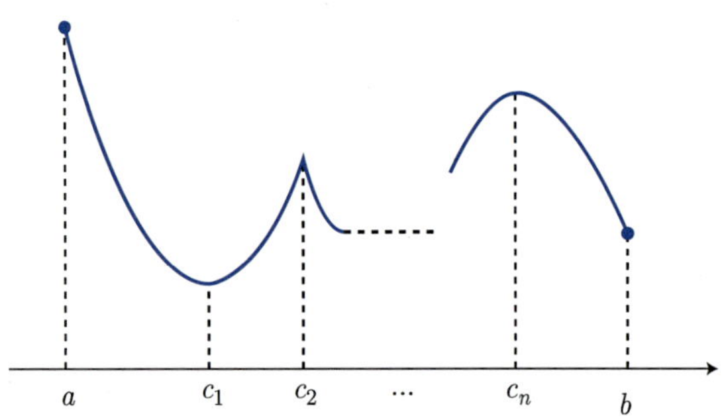

[그림 4-12]

예제 4.6.1 구간 $[0, 2]$ 에서 함수 $f(x) = \dfrac{x}{x^2+1}$ 의 최댓값과 최솟값을 구하여라.

풀이 함수 f는 실수 전체의 집합에서 미분가능하고 도함수는

$$f'(x) = \frac{1-x^2}{(x^2+1)^2}$$

이다. 함수 f 의 임계점은 $f'(x)=0$ 에서 $x=1$ 또는 $x=-1$ 이다. 따라서 양 끝점에서의 함숫값인 $f(0)=0, f(2)=2/5$, 그리고 구간 $[0, 2]$ 에 속하는 임계점에서의 함숫값인 $f(1)=1/2$ 중에서 가장 큰 값인 $f(1)=1/2$ 이 최댓값이고 가장 작은 값인 $f(0)=0$ 이 최솟값이다. ■

위에서 공부한 내용을 이용하면 일상생활에서 자주 발생하는 어떤 변화량의 최댓값 또는 최솟값을 결정하는 문제를 해결할 수 있다.

예제 4.6.2 밑면의 반지름의 길이가 r 이고 높이가 h 인 직원뿔에 내접하는 원기둥의 부피의 최댓값을 구하여라.

풀이 아래의 그림에서와 같이 직원뿔에 내접하는 원기둥의 밑면의 반지름의 길이를 x, 높이를 y, 부피를 V라고 하자.

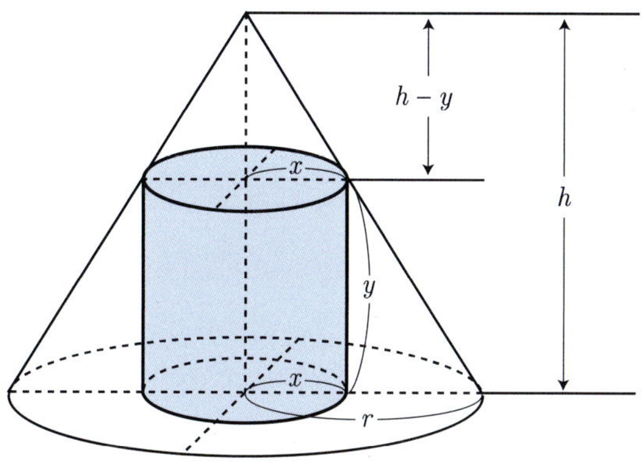

[그림 4-13]

위의 그림으로부터 비례식

$$x : h - y = r : h$$

가 성립하므로 원기둥의 높이는

$$y = \frac{h}{r}(r - x)$$

이다. 따라서 밑면의 반지름의 길이가 x 일 때의 원기둥의 부피 $V(x)$ 는

$$V(x) = \pi x^2 y = \frac{h\pi}{r}(rx^2 - x^3)$$

이다.

함수 $V(x)$ 의 닫힌 구간 $[0, r]$ 에서의 최댓값을 구해 보자. 먼저 함수 $V(x)$ 의 임계점을 구하면,

$$V'(x) = \frac{h\pi}{r}(2rx - 3x^2) = \frac{h\pi}{r}x(2r - 3x) = 0$$

에서 $x = 0$ 또는 $x = 2r/3$ 이다. 이 중 열린 구간 $(0, r)$ 에 속하는 것은 $x = 2r/3$ 이고 이

때 $V(x)$ 의 값은 $V(2r/3)=\dfrac{4h\pi r^2}{27}$ 이다. 그런데, 구간 $[0, r]$ 의 양 끝점에서의 $V(x)$ 의 값이 $V(0)=0=V(r)$ 이다. 그러므로 원기둥의 밑면의 반지름의 길이가 $2r/3$ 일 때, 최대의 부피 $4h\pi r^2/27$ 을 갖는다. ■

예제 4.6.2는 양수 x와 y가 제한조건 $hx+ry=hr$ 을 만족시킬 때 함수 $V=\pi x^2 y$ 의 최댓값을 구하는 문제로 생각할 수 있다. 일반적으로 두 변수에 대한 제한조건에서 한 변수가 다른 변수의 함수로 표현되면 예제 4.6.2의 풀이와 비슷한 방법으로 두 변수에 대한 함수의 최댓값 또는 최솟값을 구할 수 있다. 보다 일반적인 경우에는 8.7절에서 다루는 라그랑주 승수법이라는 방법을 사용한다.

예제 4.6.3 $\dfrac{x}{3}+\dfrac{2y}{3}=1$ 인 $x, y \geq 0$ 에 대하여 $x^{1/3}y^{2/3}$ 의 최댓값을 구하여라.

풀이 $y \geq 0$ 이고 $x=3-2y \geq 0$에서 $y \leq 3/2$ 이므로 닫힌 구간 $[0, 3/2]$ 에서 정의된 함수 $f(y)=(3-2y)^{1/3}y^{2/3}$ 의 최댓값을 구하는 문제와 같다. 함수 f 는 열린 구간 $(0, 3/2)$ 에서 미분가능하고 도함수는

$$\begin{aligned} f'(y) &= -\frac{2}{3}(3-2y)^{-2/3}y^{2/3}+\frac{2}{3}(3-2y)^{1/3}y^{-1/3} \\ &= 2(3-2y)^{-2/3}y^{-1/3}(1-y) \end{aligned}$$

이다. 구간 $(0, 3/2)$ 에 있는 함수 f 의 임계점은 $f'(y)=0$ 에서 $y=1$ 이다. 닫힌 구간 $[0, 3/2]$ 의 양 끝점에서의 함숫값이 $f(0)=f(3/2)=0$ 이므로 함수 f 는 $y=1$ 에서 최댓값 $f(1)=1$ 을 가진다. 따라서 $x^{1/3}y^{2/3}$ 는 $x=y=1$ 일 때 최댓값 1 을 가진다. ■

연습문제 4.6

1. 다음 함수 f에 대하여 주어진 구간에서의 최댓값과 최솟값을 구하여라.

(1) $f(x)=x^2-4x+5,\ [-3,\ 2]$

(2) $f(x)=x^3-9x+16,\ [-3,\ 3]$

(3) $f(x)=x\sqrt{4-x^2},\ [-1,\ 2]$

(4) $f(x)=\dfrac{x}{1+x^2},\ [-3,\ 7]$

2. 가로와 세로의 길이가 각각 20, 12인 판자의 모서리 부분을 정사각형으로 도려내어 뚜껑이 없는 직육면체의 상자를 만들려고 한다. 상자의 부피가 최대가 되는 높이를 구하고, 그 때의 부피를 구하여라.

3. $c\geq\dfrac{1}{2}$인 c에 대하여 곡선 $y=\sqrt{x}$의 점 중에서 점 $(c, 0)$으로부터 가장 가까운 점을 구하여라. $c<\dfrac{1}{2}$인 경우는 어떠한가?

4. 두 양의 정수의 합이 10이다. 이들 중 하나에 다른 것의 제곱을 곱하여 얻을 수 있는 최댓값을 구하여라.

5. 밑면의 반지름의 길이와 높이의 합이 3cm인 직원기둥 중에서 부피가 최대인 것의 반지름의 길이를 구하여라.

6. 반지름의 길이가 r인 구에 내접하는 직원뿔 중에서 부피가 최대인 것의 밑면의 반지름의 길이와 높이의 비를 구하여라.

7. $a+b=1$인 양수 a, b가 주어져 있다.

(1) $ax+by=1$인 $x, y\geq 0$에 대하여 $x^a y^b$의 최댓값을 구하여라.

(2) (1)의 결과를 이용하여, 임의의 양의 실수 x, y에 대한 다음의 부등식을 보여라.

$$x^a y^b \leq ax+by$$

8. 문제 7(2)의 부등식에서 등식이 성립하는 경우는 $x = y$ 일 때뿐임을 보여라.

9. 함수 $f(x) = -\ln x$ 가 구간 $(0, \infty)$ 에서 아래로 볼록함수임을 보이고, 이를 이용하여 문제 7(2)의 부등식을 유도하여라.

4장 연습문제

1. 함수 $f(x)=x^2+\dfrac{a}{x}$ 가 $x=2$ 에서 극솟값을 갖도록 하는 상수 a 의 값을 구하여라. 또한, 극솟값 $f(2)$ 이외에 함수 f 의 다른 극값이 존재하는가? 존재한다면 모두 구하여라.

2. 다음 함수의 극값을 모두 구하여라.

(1) $f(x)=2x^3+3x^2+6x+7$

(2) $f(x)=x\sqrt{1-x}\quad (x\le 1)$

(3) $f(x)=x^3\log_5 x$

(4) $f(x)=x^x\quad (x>0)$

3. 다음 함수가 주어진 구간에서 평균값 정리가 성립하는지 알아보아라. 평균값 정리가 성립한다면 정리를 만족하는 점을 찾고 성립하지 않는다면 그 이유를 설명하여라.

(1) $f(x)=x+\dfrac{1}{x},\ [-1,\ 1/2]$

(2) $f(x)=x^{2/5},\ [0,\ 8]$

4. 함수 $f(x)=-x^3+ax^2-12x-1$ 가 실수 전체의 집합 $\mathbb{R}$ 에서 감소함수가 되도록 하는 상수 a 의 값의 범위를 구하여라.

5. 함수 $f(x)=ax+\dfrac{1}{x^2+3}$ 이 실수 전체의 집합 $\mathbb{R}$ 에서 증가함수가 되도록 하는 상수 a 의 값의 범위를 구하여라.

6. 다음 함수의 볼록성, 변곡점, 극값 등을 조사하여 곡선의 개형을 그려라.

(1) $y=\sqrt[3]{x}$

(2) $y=(x-4)^{\frac{2}{3}}$

(3) $y=e^{-x^2}$

7. 임의의 양수 x 에 대하여 다음 부등식이 성립함을 보여라.

$$\log_{10}(1+x)<x$$

8. 아래의 조건을 모두 만족하는 함수 f의 그래프를 그려라.

(i) 함수 f는 $x \neq 0, 3$인 모든 실수 x에서 연속이다.
(ii) $f(-2)=0$, $f(0)=3$, $f(3)=0$
(iii) $\lim_{x\to 0-} f(x)=3$, $\lim_{x\to 0+} f(x)=1$, $\lim_{x\to 3-} f(x)=2$, $\lim_{x\to 3+} f(x)=-1$
(iv) $x<-2$일 때 $f'(x)<0$, $f'(-2)=0$, $-2<x<0$, $0<x<3$일 때 $f'(x)>0$, $x>3$일 때 $f'(x)<0$
(v) $x<0$, $0<x<3$일 때 $f''(x)>0$, $x>3$일 때 $f''(x)<0$

9. 함수 $f(x)$의 도함수 $f'(x)$의 그래프가 그림과 같을 때, 임계점, 극댓값, 극솟값을 갖는 x를 구하여라. 또한 $f(x)$가 증가하는 구간과 감소하는 구간을 모두 구하여라.

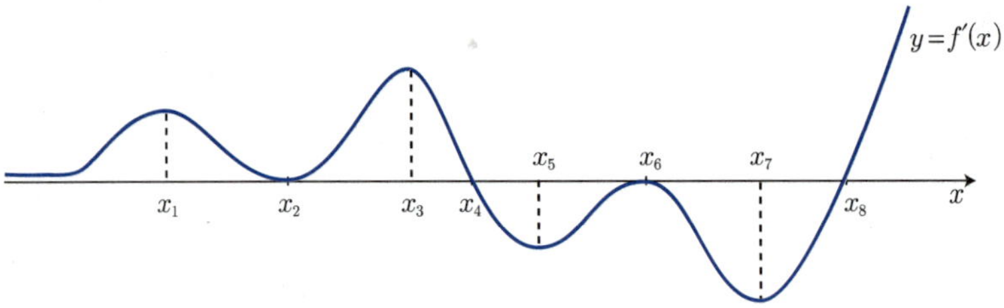

10. 다음 함수 f에 대하여 주어진 구간에서의 최댓값과 최솟값을 구하여라.

(1) $f(x)=x+\dfrac{3}{2}x^{2/3}$, $[-2\sqrt{2}, 2\sqrt{2}]$

(2) $f(x)=x\sqrt{1-x^2}$, $[-2, 2]$

(3) $f(x)=\dfrac{x}{1+x^2}$, $\mathbb{R}$

11. 모든 실수 x에 대하여 부등식 $x^4 - 4a^3x + 12 > 0$이 성립하도록 하는 상수 a의 값의 범위를 구하여라.

12. $f(x) = x^3 - 5x^2 + 3x + a$일 때, 모든 양의 실수 x에 대하여 $f(x) > 0$이 성립하도록 하는 상수 a의 값의 범위를 구하여라.

13. 다음의 극한을 조사하여라.

(1) $\lim_{x \to \infty} \frac{x^2}{e^{x+1}}$ (2) $\lim_{x \to 0} (1+x)^{\frac{1}{x}}$

(3) $\lim_{x \to \infty} \frac{\log_3 x}{2x}$ (4) $\lim_{x \to 0+} x \ln x$

(5) $\lim_{x \to \infty} \frac{\ln x}{\sqrt[3]{x}}$

14. 이계미분계수 $f''(a)$가 존재할 때 다음의 극한식이 성립함을 보여라.

$$\lim_{h \to 0} \frac{f(a+h) - 2f(a) + f(a-h)}{h^2} = f''(a)$$

15. 구간 $(-a, a)$에서 미분가능하고 $A(0) = 0$인 함수 A가 주어져 있다. 함수 f가 구간 $(-a, a)$에서 미분가능하고 모든 $x \in (-a, a)$에 대하여 $f'(x) + A'(x)f(x) = 0$을 만족시킨다고 하자. 이때 모든 $x \in (-a, a)$에 대하여 $f(x) = f(0)e^{-A(x)}$임을 보여라.

16. 함수 f가 열린 구간 (a, b)에서 미분가능하고 아래로 볼록이면 구간 (a, b)에 속하는 임의의 $n(n \geq 2)$개의 점 $x_1, x_2, \cdots, x_n$과 $\theta_1 + \theta_2 + \cdots + \theta_n = 1$인 임의의 양의 실수 $\theta_1, \theta_2, \cdots, \theta_n$에 대하여 다음의 부등식이 성립함을 보여라.

$$f(\theta_1 x_1 + \theta_2 x_2 + \cdots + \theta_n x_n) \leq \theta_1 f(x_1) + \theta_2 f(x_2) + \cdots + \theta_n f(x_n)$$

힌트 $n = 2$인 경우는 4.5절의 연습문제 7번을 참고하고, 일반적인 n에 대해서는 수학적 귀납법을 이용한다.

17. 함수 $f(x) = -\ln x$ 가 열린 구간 $(0, \infty)$ 에서 아래로 볼록인 것을 이용하여, 임의의 양의 실수 $x_1, x_2, \cdots, x_n$ 과 $\theta_1 + \theta_2 + \cdots + \theta_n = 1$ 인 임의의 양의 실수 $\theta_1, \theta_2, \cdots, \theta_n$ 에 대하여 다음의 부등식이 성립함을 보여라.

$$x_1^{\theta_1} x_2^{\theta_2} \cdots x_n^{\theta_n} \le \theta_1 x_1 + \theta_2 x_2 + \cdots + \theta_n x_n$$

참고 특별히, 이 부등식에서 $\theta_1 = \theta_2 = \cdots = \theta_n = 1/n$ 이라고 놓으면 아래의 산술기하평균 부등식을 얻는다.

$$\sqrt[n]{x_1 x_2 \cdots x_n} \le \frac{x_1 + x_2 + \cdots + x_n}{n}$$

5장

적분

5.1 부정적분
5.2 정적분
5.3 미적분의 기본 정리
5.4 적분법
5.5 넓이
5.6 부피
5.7 이상적분
5장 연습문제

5.1 부정적분

우리는 지금까지 함수 f의 도함수 f'을 구하는 방법과 도함수를 응용하여 알 수 있는 여러 가지 사실들을 공부하였다. 이제 함수 f를 도함수로 가지는 함수에 대하여 알아보자.

구간 I에서 함수 F의 도함수가 f일 때, 즉 모든 $x \in I$에 대하여 $F'(x) = f(x)$일 때, F를 I에서의 f의 **부정적분**(indefinite integral)이라고 한다.

보기 5.1.1 모든 실수 x에 대하여 $(x^2 + 2x)' = 2x + 2$이므로 함수 $F(x) = x^2 + 2x$는 함수 $f(x) = 2x + 2$의 $\mathbb{R}$에서의 부정적분이다. 또한, 함수 $G(x) = x^2 + 2x + 1$도 $f(x) = 2x + 2$의 $\mathbb{R}$에서의 부정적분이다. ■

두 함수 $F_1(x)$와 $F_2(x)$가 함수 $f(x)$의 구간 I에서의 부정적분이면 모든 $x \in I$에 대하여

$$\{F_1(x) - F_2(x)\}' = F_1'(x) - F_2'(x) = f(x) - f(x) = 0$$

이므로 적당한 상수 C에 대하여 $F_1(x) - F_2(x) = C$, 즉 $F_1(x) = F_2(x) + C$이다. 따라서 함수 f의 한 부정적분을 F라고 하면 f의 임의의 부정적분은

$$F(x) + C \ (C\text{는 상수})$$

로 나타낼 수 있다. 이때 상수 C를 **적분상수**라고 한다.

함수 F가 함수 f의 부정적분일 때,

$$\int f(x)\,dx = F(x) + C \ (C\text{는 적분상수})$$

로 나타낸다. 따라서

$$\frac{d}{dx}\left\{\int f(x)\,dx\right\} = f(x)$$

이다. 또한 미분가능한 함수 f에 대하여

$$\int f'(x)\,dx = f(x) + C$$

가 성립한다.

정리 3.3.1에서 공부한 도함수에 관한 성질을 이용하면 다음 정리를 얻을 수 있다.

정리 5.1.2 부정적분을 갖는 함수 f, g 와 실수 c_1, c_2 에 대하여 다음이 성립한다.

$$\int \{c_1 f(x) + c_2 g(x)\}\, dx = c_1 \int f(x)\, dx + c_2 \int g(x)\, dx$$

일반적으로 함수 f 의 부정적분을 구하는 것은 쉽지 않다. 그러나 부정적분의 정의와 정리 5.1.2를 이용하여 기본적인 함수들의 부정적분을 구할 수 있다. 이를 먼저 알아본 후 보다 다양한 함수들의 부정적분을 구하는 방법은 5.4절에서 공부한다.

보기 5.1.3 (1) 다항함수의 부정적분은

$$\begin{aligned}&\int \left(a_n x^n + a_{n-1}x^{n-1} + \cdots + a_0\right) dx \\ &= \frac{a_n}{n+1}x^{n+1} + \frac{a_{n-1}}{n}x^n + \cdots + a_0 x + C\end{aligned}$$

(2) $\alpha \neq -1$ 인 임의의 실수 α 에 대하여

$$\int x^\alpha\, dx = \frac{1}{\alpha+1}x^{\alpha+1} + C$$

(3) $x > 0$ 에서 $(\ln x)' = \dfrac{1}{x}$ 이고 $x < 0$ 에서 $\{\ln(-x)\}' = \dfrac{-1}{-x} = \dfrac{1}{x}$ 이므로

$$\int \frac{1}{x}\, dx = \ln|x| + C$$

(4) $(e^x)' = e^x$ 이므로

$$\int e^x\, dx = e^x + C$$

(5) $a \neq 1$ 인 양수 a 에 대하여, $(a^x)' = a^x \ln a$ 이므로

$$\int a^x\, dx = \frac{1}{\ln a}a^x + C$$

■

연습문제 5.1

1. 다음 부정적분을 구하여라.

(1) $\int (12x^3+9x^2-10)\,dx$ (2) $\int \frac{x^3+2x^2-1}{x^2}\,dx$

(3) $\int \left(\sqrt[3]{x}+\frac{2}{\sqrt{x}}\right)dx$ (4) $\int \left(3e^x-\frac{1}{x}\right)dx$

(5) $\int 2^{x-1}\,dx$

2. 아래의 부정적분을 구하여라.

$$\int \frac{x^4+x^2+1}{x^2+x+1}\,dx$$

3. $x>0$ 일 때 $f'(x)=x\sqrt{x}$ 이고 $f(4)=12$ 인 함수 $f(x)$를 구하여라.

4. 음이 아닌 정수 n 에 대하여 $f_n(x)=x^n\ln x$, $F_n{}'(x)=f_n(x)$, $F_n(1)=0$ 이라고 할 때, 임의의 자연수 n 에 대하여 $n^2F_{n-1}(x)=nf_n(x)+(1-x^n)$ 임을 보여라. 이 사실을 이용하여, 함수 $f_n(x)=x^n\ln x$ 의 부정적분을 구하여라.

5. 음이 아닌 정수 n 에 대하여 $f_n(x)=x^ne^{-x}$, $F_n{}'(x)=f_n(x)$, $F_n(0)=0$ 이라고 하자.

(1) 임의의 자연수 n 에 대하여 $F_n(x)=nF_{n-1}(x)-f_n(x)$ 가 성립함을 보여라.

(2) 함수 $F_0(x), F_1(x), F_2(x), F_3(x)$ 를 구하여라.

(3) $a_n=\lim_{x\to\infty}F_n(x)$ 라고 하면 $a_0=1$, $a_n=na_{n-1}$ $(n=1,2,\cdots)$ 임을 보이고, 이를 이용하여 극한 $\lim_{x\to\infty}F_n(x)$ 를 구하여라.

5.2 정적분

닫힌 구간 $[a, b]$에서 정의된 함수 f의 정적분을 정의하고 정적분의 기본적인 성질을 알아보자.

구간 $[a, b]$를 n등분하여 양 끝점과 각 분점을 차례로

$$a = x_0 < x_1 < x_2 < \cdots < x_k < \cdots < x_n = b$$

라고 하면, 구간 $[a, b]$는 n개의 소구간

$$[x_0, x_1],\ [x_1, x_2],\ \cdots,\ [x_{k-1}, x_k],\ \cdots,\ [x_{n-1}, x_n]$$

으로 나누어지며 각 소구간의 길이는

$$\Delta x = \frac{b-a}{n}$$

이다. 이때 각 소구간 $[x_{k-1}, x_k]$에서 임의의 점 t_k를 선택하여 다음과 같이 계산한 합

$$\sum_{k=1}^{n} f(t_k)\Delta x = f(t_1)\Delta x + f(t_2)\Delta x + \cdots + f(t_n)\Delta x$$

를 함수 f의 $[a, b]$에서의 **리만합**(Riemann sum)이라고 한다. 함수 f와 구간 $[a, b]$가 고정된 상태에서 계산한 리만합은 소구간의 개수인 n과 각 소구간에서 선택한 점 t_k에 따라 변하는 값임을 알 수 있다.

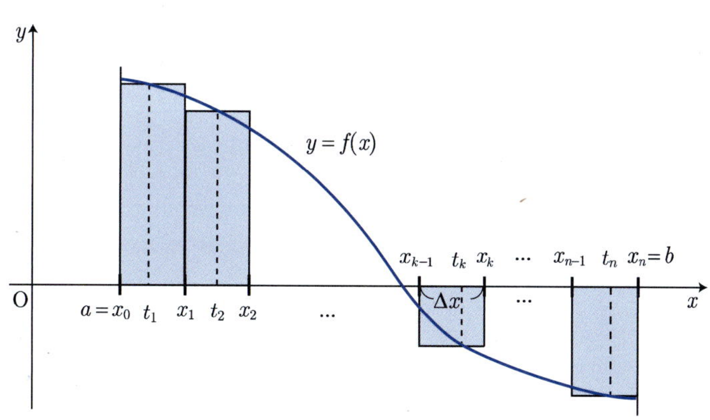

[그림 5-1]

이제 함수 f 의 정적분은 아래와 같이 $n \to \infty$ 일 때의 f 의 리만합의 극한으로 정의한다.

정의 5.2.1 닫힌 구간 $[a, b]$ 에서 정의된 함수 f 에 대하여 f 의 리만합의 극한값

$$\lim_{n \to \infty} \sum_{k=1}^{n} f(t_k) \Delta x$$

가 각 소구간 $[x_{k-1}, x_k]$ 에서 선택한 점 t_k 에 관계없이 일정하게 존재할 때, 함수 f 는 구간 $[a, b]$ 에서 **적분가능**(integrable)하다고 한다. 또한 이 극한값을 함수 f 의 $[a, b]$ 에서의 **정적분**(definite integral) 또는 a 에서 b 까지의 정적분이라 하고

$$\int_a^b f(x)\, dx$$

로 나타낸다.

보기 5.2.2 상수함수 $f(x) = c$ 의 구간 $[a, b]$ 에서의 리만합은 점 t_k 의 선택에 관계없이

$$\sum_{k=1}^{n} f(t_k) \Delta x = \sum_{k=1}^{n} c \Delta x = c(b-a)$$

로 상수 $c(b-a)$ 이므로, $n \to \infty$ 일 때 일정한 값 $c(b-a)$ 로 수렴한다. 따라서 상수함수 $f(x) = c$ 는 임의의 구간 $[a, b]$ 에서 적분가능하고

$$\int_a^b c\, dx = c(b-a)$$

이다. ■

정적분에 대하여 다음의 기본적인 결과들이 성립한다.

정리 5.2.3 두 함수 f 와 g 가 구간 $[a, b]$ 에서 적분가능한 함수이면 다음이 성립한다.

(1) 모든 $x \in [a, b]$ 에 대하여 $f(x) \geq 0$ 이면 $\int_a^b f(x) dx \geq 0$ 이다.

(2) 모든 $x \in [a, b]$ 에 대하여 $f(x) \geq g(x)$ 이면 $\int_a^b f(x) dx \geq \int_a^b g(x) dx$ 이다.

(3) 임의의 상수 c_1, c_2 에 대하여

$$\int_a^b \{c_1 f(x) + c_2 g(x)\}\,dx = c_1 \int_a^b f(x)\,dx + c_2 \int_a^b g(x)\,dx$$

이다.

정리 5.2.4 함수 f가 구간 $[a, b]$에서 적분가능하고 $a < c < b$이면

$$\int_a^b f(x)\,dx = \int_a^c f(x)\,dx + \int_c^b f(x)\,dx$$

이다.

정리 5.2.3은 정적분의 정의로부터 쉽게 알 수 있으므로 그 증명은 연습문제로 남긴다. 그러나 정리 5.2.4의 증명은 이 책의 범위를 벗어나므로 생략하기로 한다.

지금까지 $a < b$일 때만 정의했던 정적분 $\int_a^b f(x)\,dx$의 개념을 아래와 같이 확장하자.

(1) 함수 f가 $x = a$에서 정의된 함수일 때,

$$\int_a^a f(x)\,dx = 0$$

으로 정의한다.

(2) 함수 f가 구간 $[a, b]$에서 적분가능할 때,

$$\int_b^a f(x)\,dx = -\int_a^b f(x)\,dx$$

로 정의한다.

함수 f가 세 실수 a, b, c를 포함하는 닫힌 구간에서 적분가능할 때, 정리 5.2.4와 위의 정의에 의하여 다음이 성립함을 알 수 있다.

$$\int_a^b f(x)\,dx = \int_a^c f(x)\,dx + \int_c^b f(x)\,dx \tag{5.1}$$

함수가 닫힌 구간 $[a, b]$ 에서 정의되어 있다고 하더라도 반드시 적분가능한 것은 아님을 아래 예제를 통하여 알아보자.

예제 5.2.5 실수 전체의 집합에서 정의된 함수

$$f(x) = \begin{cases} 1 & (x \in \mathbb{Q}) \\ 0 & (x \in \mathbb{Q}^c) \end{cases}$$

는 임의의 닫힌 구간 $[a, b]$ 에서 적분가능하지 않은 함수임을 보여라.

풀이 구간 $[a, b]$ 를 n 등분하여 얻어진 각 소구간 $[x_{k-1}, x_k]$ 는 유리수와 무리수를 모두 포함한다. 먼저, 각 소구간에서 t_k 를 유리수로 선택하면 $f(t_k) = 1$ 이므로 이때의 리만합은

$$\sum_{k=1}^{n} f(t_k) \Delta x = \sum_{k=1}^{n} \frac{b-a}{n} = b-a$$

이다. 따라서 이 리만합의 $n \to \infty$ 일 때의 극한값은 $b-a$ 이다. 다음으로, t_k 를 무리수로 선택하면 $f(t_k) = 0$ 이므로 이때의 리만합은

$$\sum_{k=1}^{n} f(t_k) \Delta x = 0$$

이다. 따라서 이 리만합의 $n \to \infty$ 일 때의 극한값은 0 이다. 그러므로 t_k 를 어떻게 선택하느냐에 따라 f 의 리만합이 서로 다른 극한값을 가지므로 f 는 $[a, b]$ 에서 적분가능하지 않다. ■

예제 5.2.5에서 주어진 함수 f 는 구간 $[a, b]$ 의 모든 점에서 불연속이다(보기 2.2.5). 일반적으로 닫힌 구간에서 연속인 함수는 그 구간에서 적분가능한 것이 알려져 있다. 그러나 불연속함수도 적분가능할 수 있다.

예제 5.2.6 함수 $f(x) = \begin{cases} 1 & (0 \le x \le 1/2) \\ 0 & (1/2 < x \le 1) \end{cases}$ 가 구간 $[0, 1]$ 에서 적분가능함을 보이고, 이때 정적분 $\int_0^1 f(x)\,dx$ 의 값을 구하여라.

풀이 구간 $[0, 1]$ 을 n 등분하여 얻어진 각 소구간 $[x_{k-1}, x_k]$ 에서 임의의 점 t_k 를 선택하여 얻은 리만합은 부등식

$$\frac{1}{2}-\frac{1}{n} \leq \sum_{k=1}^{n} f(t_k)\Delta x \leq \frac{1}{2}+\frac{1}{n}$$

을 만족한다는 것을 쉽게 보일 수 있다. 그런데

$$\lim_{n\to\infty}\left(\frac{1}{2}-\frac{1}{n}\right)=\lim_{n\to\infty}\left(\frac{1}{2}+\frac{1}{n}\right)=\frac{1}{2}$$

이므로 압축정리에 의하여

$$\lim_{n\to\infty}\sum_{k=1}^{n} f(t_k)\Delta x = \frac{1}{2}$$

이 된다. 점 t_k의 선택에 관계없이 $n\to\infty$ 일 때 함수 f의 리만합이 일정한 값 1/2로 수렴하므로, 함수 f는 구간 $[0, 1]$에서 적분가능하고

$$\int_0^1 f(x)\, dx = \frac{1}{2}$$

이다. 한편, 함수 f는 $x=1/2$에서 연속이 아니다. ■

구간 I에서 정의된 함수 f가 구간 I의 모든 점 x에 대하여 $|f(x)| \leq M$인 양의 상수 M을 가질 때, 함수 f가 구간 I에서 **유계**(bounded)라고 한다.

보기 5.2.7 (1) 최대·최소 정리에 의하여 닫힌 구간 $[a, b]$에서 연속인 함수는 유계이다.

(2) 가우스 함수 $f(x)=[x]$ ($[x]$는 x보다 크지 않은 최대의 정수)는 임의의 닫힌 구간 $[a, b]$에서 유계이다.

(3) 함수 $f(x)=\begin{cases} \ln x & (x>0) \\ 0 & (x=0) \end{cases}$는 닫힌 구간 $[0, 1]$에서 유계가 아니다. ■

다음의 정리는 적분가능한 함수에 대한 부분적인 답을 제시해 준다. 정리에 대한 증명은 이 책의 범위를 벗어나므로 생략하기로 한다.

> **정리 5.2.8** 함수 f가 닫힌 구간 $[a, b]$에서 유계이고 유한개의 불연속점을 가지면 함수 f는 구간 $[a, b]$에서 적분가능하다.

함수 f가 구간 $[a, b]$에서 적분가능하다면, 정의 5.2.1에 의하여 각 소구간 $[x_{k-1}, x_k]$에서 선택한 t_k에 관계없이 f의 $[a, b]$에서의 리만합의 극한값은 f의 $[a, b]$에서의 정적분이다.

즉 점 t_k의 선택에 관계없이 다음의 극한식

$$\int_a^b f(x)\,dx = \lim_{n\to\infty}\sum_{k=1}^{n} f(t_k)\Delta x$$

가 성립한다. 특별히 점 t_k를 소구간 $[x_{k-1}, x_k]$의 오른쪽 끝점 x_k로 선택하면

$$x_k = a + k\Delta x = a + \frac{k(b-a)}{n}$$

이므로 함수 f의 $[a, b]$에서의 정적분은 다음과 같은 극한으로 나타내어진다.

$$\int_a^b f(x)dx = \lim_{n\to\infty}\sum_{k=1}^{n} f\left(a + \frac{k(b-a)}{n}\right)\frac{b-a}{n}$$

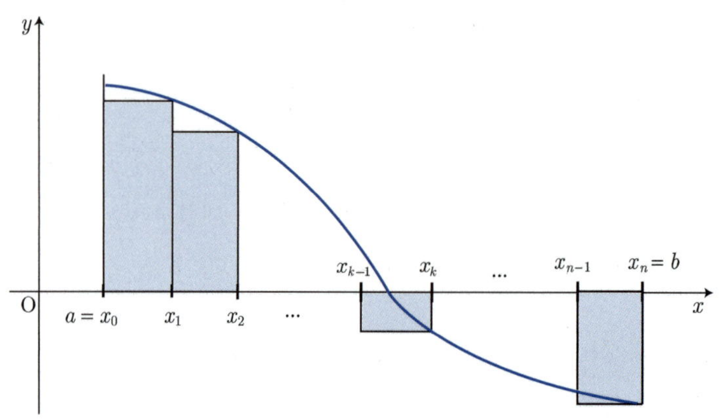

[그림 5-2]

예제 5.2.9 정적분의 정의를 이용하여 $\int_1^2 x^2\,dx$ 를 구하여라.

풀이 함수 $f(x)=x^2$ 은 닫힌 구간 $[1, 2]$ 에서 연속이므로 적분가능하다. 정적분의 정의에서 $t_k = 1+\dfrac{k}{n}$ 로 선택하면

$$\begin{aligned}\int_1^2 x^2\,dx &= \lim_{n\to\infty}\sum_{k=1}^{n}\left(1+\frac{k}{n}\right)^2\frac{1}{n}\\ &= \lim_{n\to\infty}\sum_{k=1}^{n}\left(\frac{1}{n}+\frac{2k}{n^2}+\frac{k^2}{n^3}\right)\\ &= \lim_{n\to\infty}\left(1+\frac{2}{n^2}\cdot\frac{n(n+1)}{2}+\frac{1}{n^3}\cdot\frac{n(n+1)(2n+1)}{6}\right)\\ &= \frac{7}{3}\end{aligned}$$

이다. ■

위의 예제에서 보듯이 함수 f 의 구간 $[a, b]$ 에서의 정적분을 구하기 위하여 리만합을 계산하고 그 합에 대한 $n\to\infty$ 일 때의 극한을 계산하는 것은 간단하지 않다. 우리는 다음 절에서 이러한 정적분을 좀 더 쉽게 계산할 수 있는 중요한 정리를 알아볼 것이다.

연습문제 5.2

1. 정리 5.2.3을 정적분의 정의를 사용하여 설명하여라.

2. 다음의 정적분을 정적분의 정의를 이용하여 구하여라.

(1) $\displaystyle\int_0^4 \left(\frac{x}{3}+x^2\right) dx$　　　(2) $\displaystyle\int_0^1 (x^3-1)\, dx$

(3) $\displaystyle\int_{-1}^1 \left(\frac{x^2}{2}+x^3\right) dx$　　　(4) $\displaystyle\int_{-1}^1 |x|\, dx$

3. 다음의 정적분을 정적분의 정의를 이용하여 구하여라.

$$\int_{-1}^1 \{x-[x]\}\, dx$$

4. 함수 f와 함수 $|f|$가 구간 $[a, b]$에서 적분가능할 때, 다음의 부등식이 성립함을 보여라.

$$\left|\int_a^b f(x)\, dx\right| \le \int_a^b |f(x)|\, dx$$

5. 함수 f가 구간 $[0, 1]$에서

$$f(x)=\begin{cases} 1 & (x\in \mathbb{Q}) \\ -1 & (x\in \mathbb{Q}^c) \end{cases}$$

으로 정의되었을 때 함수 f의 적분가능성을 조사하여라. 또한 함수 $|f(x)|$에 대해서도 조사하여라.

6. 임의의 다항함수 f에 대하여

$$\int_{-2}^0 f(x)\, dx - \int_1^0 f(x)\, dx + \int_1^a f(x)\, dx = 0$$

이 항상 성립하도록 하는 상수 a의 값을 구하여라.

5.3 미적분의 기본 정리

주어진 함수가 닫힌 구간에서 적분가능하다는 것을 알고 있다 하더라도 정적분의 정의만을 이용하여 그 값을 계산하는 것은 일반적으로 쉬운 일이 아니다. 이 절에서는 닫힌 구간에서 연속인 함수는 항상 부정적분을 가지며, 연속함수의 부정적분을 이용하면 그 함수의 정적분을 쉽게 계산할 수 있음을 알아보자.

정리 5.3.1 적분에 대한 평균값 정리(Mean Value Theorem for Integrals)
함수 f가 닫힌 구간 $[a, b]$에서 연속이면

$$\int_a^b f(x)\,dx = f(c)(b-a)$$

를 만족하는 점 c가 구간 $[a, b]$에 적어도 하나 존재한다.

증명 함수 f가 $[a, b]$에서 연속이므로 최대·최소 정리에 의하여 함수 f는 적당한 $x_1, x_2 \in [a, b]$에 대하여 최솟값 $f(x_1) = m$과 최댓값 $f(x_2) = M$을 가진다.
모든 $x \in [a, b]$에 대하여 $m \le f(x) \le M$이므로 정리 5.2.3과 보기 5.2.2에 의하여

$$m(b-a) = \int_a^b m\,dx \le \int_a^b f(x)\,dx \le \int_a^b M\,dx = M(b-a)$$

이다. 이 부등식을 양수 $b-a$로 나누면

$$f(x_1) = m \le \frac{1}{b-a}\int_a^b f(x)\,dx \le M = f(x_2)$$

가 성립한다. 정적분 $\frac{1}{b-a}\int_a^b f(x)\,dx$가 m인 경우에는 $c = x_1$으로 놓고 M인 경우에는 $c = x_2$라 놓으면 당연히 $c \in [a, b]$이다. 그 외의 경우에는, 사이값 정리에 의하여

$$f(c) = \frac{1}{b-a}\int_a^b f(x)\,dx$$

를 만족하는 점 c가 x_1과 x_2 사이에 적어도 하나 존재하며 이 점 c는 구간 $[a, b]$에 속한다. ■

함수 f가 닫힌 구간 $[a, b]$에서 연속인 함수일 때, 임의의 $x \in [a, b]$에 대하여 f는 구간 $[a, x]$에서 연속이므로 적분가능하다. 따라서 함수

$$F(x) = \int_a^x f(t)\,dt$$

는 구간 $[a, b]$에서 잘 정의된다. 이 함수 F가 f의 부정적분이 된다는 것은 미적분학의 가장 기본적인 사실 중의 하나이다.

정리 5.3.2 미적분의 기본 정리 I(Fundamental Theorem of Calculus I)
함수 f가 닫힌 구간 $[a, b]$에서 연속이면 함수

$$F(x) = \int_a^x f(t)\,dt \quad (a \le x \le b)$$

는 구간 $[a, b]$에서 미분가능한 함수이며 모든 $x \in [a, b]$에 대하여

$$F'(x) = f(x)$$

이다. 즉 F는 $[a, b]$에서의 f의 부정적분이다.

증명 먼저 $x < a$일 때 $f(x) = f(a)$, $x > b$일 때 $f(x) = f(b)$로 정의하면 함수 f는 실수 전체의 집합에서 연속인 함수이다. 구간 $[a, b]$에 속하는 임의의 점을 x라고 하자. 그러면 식 (3.5)와 (5.1)에 의하여

$$\begin{aligned}
F'(x) &= \lim_{h \to 0} \frac{F(x+h) - F(x)}{h} \\
&= \lim_{h \to 0} \frac{1}{h} \left\{ \int_a^{x+h} f(t)\,dt - \int_a^x f(t)\,dt \right\} \\
&= \lim_{h \to 0} \frac{1}{h} \int_x^{x+h} f(t)\,dt
\end{aligned}$$

이다. 이때 적분에 대한 평균값 정리에 의하여, 0이 아닌 임의의 실수 h에 대하여

$$\frac{1}{h} \int_x^{x+h} f(t)\,dt = f(c_h)$$

를 만족하는 점 c_h가 구간 $[x, x+h]$ 또는 $[x+h, x]$에 존재한다. 그런데, 함수 f가 x

에서 연속이고 $\lim_{h\to 0} c_h = x$ 이므로 $\lim_{h\to 0} f(c_h) = f(x)$ 이다. 그러므로

$$F'(x) = \lim_{h\to 0}\frac{1}{h}\int_x^{x+h} f(t)\,dt = f(x)$$

이다. 따라서 F는 구간 $[a, b]$의 모든 점 x에서 미분가능하고 $F'(x) = f(x)$이다. ■

미적분학의 기본 정리 I에 의하여, 닫힌 구간 $[a, b]$에서 연속인 함수 f는 항상 부정적분 F를 가진다는 것을 알 수 있다. 또한, 정적분을 계산할 때 특히 유용한 아래의 결과를 얻을 수 있다.

정리 5.3.3 미적분의 기본 정리 II(Fundamental Theorem of Calculus II)
함수 f가 닫힌 구간 $[a, b]$에서 연속이고 함수 F가 $[a, b]$에서의 f의 부정적분일 때,

$$\int_a^b f(x)\,dx = F(b) - F(a)$$

이다.

증명 가정에 의하여 F는 f의 부정적분이고 미적분의 기본 정리 I에 의하여 정적분으로 정의된 함수 $\int_a^x f(t)\,dt$도 f의 부정적분이다. 따라서 평균값 정리에 의하여

$$F(x) = \int_a^x f(t)\,dt + C \quad (a \le x \le b)$$

를 만족하는 상수 C가 존재한다. 정의에 의하여 $\int_a^a f(t)\,dt = 0$이므로 위의 등식에 $x = a$를 대입하면 $C = F(a)$이다. 따라서 모든 $x \in [a, b]$에 대하여

$$F(x) = \int_a^x f(t)\,dt + F(a)$$

가 성립한다. 이 등식에 $x = b$를 대입하고 식을 정리하면 등식

$$\int_a^b f(t)\,dt = F(b) - F(a)$$

를 얻는다. ■

참고 5.3.4 (1) 정리 5.3.3에서 정적분의 값 $F(b)-F(a)$를 기호 $[F(x)]_a^b$ 또는 $F(x)]_a^b$로 나타내기도 한다.

(2) 5.2절의 마지막에서 닫힌 구간 $[a, b]\,(a<b)$에서 적분가능한 함수 f에 대하여

$$\int_b^a f(x)\,dx \text{와} \int_a^a f(x)\,dx$$

를 각각 $-\int_a^b f(x)\,dx$ 와 0 으로 정의하였다. 따라서 함수 f가 구간 I에서 연속이고 함수 F가 I에서의 f 의 부정적분일 때, 구간 I에 속하는 모든 a, b에 대하여

$$\int_a^b f(x)\,dx = F(b)-F(a)$$

가 성립한다.

미적분의 기본 정리를 이용하여 다음 예제에 나오는 정적분을 구해 보자.

예제 5.3.5 정적분 $\int_1^2 (x^2-2)\,dx$ 를 구하여라.

풀이 함수 $F(x)=\frac{1}{3}x^3-2x$ 가 $f(x)=x^2-2$ 의 부정적분이다. 따라서

$$\int_1^2 (x^2-2)\,dx = \left[\frac{1}{3}x^3-2x\right]_1^2 = \left(\frac{8}{3}-4\right)-\left(\frac{1}{3}-2\right)=\frac{1}{3}$$

이다. ■

예제 5.3.6 정적분 $\int_0^1 2^x\,dx$ 를 구하여라.

풀이 $\int_0^1 2^x\,dx = \frac{2^x}{\ln 2}+C$ 이므로

$$\int_0^1 2^x\,dx = \left[\frac{2^x}{\ln 2}\right]_0^1 = \frac{1}{\ln 2}(2-1)=\frac{1}{\ln 2}$$

이다. ■

연습문제 5.3

1. 다음 정적분의 계산에서 잘못된 점을 말하여라.

$$\int_{-2}^{1} x^{-4}\,dx = \left[-\frac{1}{3}x^{-3}\right]_{-2}^{1} = -\frac{3}{8}$$

2. 다음 정적분을 구하여라.

(1) $\int_{0}^{1}(x^2+2x)\,dx$

(2) $\int_{-4}^{-1}\left(x-\frac{1}{x^2}\right)dx$

(3) $\int_{0}^{a}(\sqrt{a}-\sqrt{x})\,dx\ (a>0)$

(4) $\int_{-1}^{1}(|x|+2)\,dx$

3. 다음에 주어진 함수 F에 대하여 다음 두 가지 방법으로 도함수 F'을 구한 후 두 결과가 일치함을 확인하여라. 첫째, 미적분의 기본 정리 I을 이용하여 F'을 구하고 둘째, 미적분의 기본 정리 II를 이용해서 F를 구한 다음 F를 미분하여 F'를 구하여라.

(1) $F(x)=\int_{2}^{x}(3t^2+1)\,dt$

(2) $F(x)=\int_{1}^{x}\ln t\,dt\,(x>0)$

4. 다음의 극한값을 구하여라.

$$\lim_{x\to 1}\frac{1}{x-1}\int_{1}^{x}(2t-1)(t+3)^2\,dt$$

5. 이차함수 f가 임의의 실수 a, b에 대하여 $f'(a+b)=f'(a)+f'(b)$를 만족시킨다고 하자. $\int_{-1}^{1}f(x)dx=2$일 때, $\int_{0}^{1}f(x)\,dx$의 값을 구하여라.

5.4 적분법

우리는 5.3절에서 공부한 미적분의 기본 정리에 의하여 닫힌 구간 $[a, b]$에서 연속인 함수 f에 대하여 정적분

$$\int_a^b f(x)\,dx$$

를 구하기 위해서는 f의 부정적분만 찾으면 된다는 것을 알았다. 함수 f의 부정적분 또는 정적분을 구하는 것을 f를 **적분한다**고 하며 그 방법을 **적분법**이라고 한다. 적분법에는 5.1절에서 언급한 기본적인 함수의 적분법 외에도 좀 더 복잡한 함수에 대한 여러 가지 적분법이 있지만 여기서는 치환적분법과 부분적분법만 다루기로 한다.

치환적분법

먼저, 합성함수의 미분법을 이용하여 부정적분을 구하는 방법에 대하여 알아보자. 함수 F를 f의 부정적분이라 하고 함수 g가 미분가능하면, 합성함수의 미분법에 의하여

$$\{F(g(x))\}' = F'(g(x))\,g'(x) = f(g(x))g'(x)$$

이다. 따라서 부정적분의 정의에 의하여

$$\int f(g(x))\,g'(x)\,dx = F(g(x)) + C$$

이다. 여기서 $g(x) = t$로 놓으면

$$F(t) + C = \int f(t)\,dt$$

이므로

$$\int f(g(x))g'(x)\,dx = \int f(t)\,dt$$

이다. 이와 같이 적분하는 방법을 부정적분의 **치환적분법**이라고 한다.

예제 5.4.1 부정적분 $\int 2x(x^2+1)^{23}\,dx$ 를 구하여라.

풀이 $x^2+1=t$ 로 치환하면 $\dfrac{dt}{dx}=2x$ 이므로

$$\int 2x(x^2+1)^{23}dx=\int t^{23}dt=\frac{1}{24}t^{24}+C=\frac{1}{24}(x^2+1)^{24}+C$$

이다. ■

예제 5.4.2 부정적분 $\int \dfrac{1}{x\ln x}\,dx$ 를 구하여라.

풀이 $\ln x=t$ 로 치환하면 $\dfrac{dt}{dx}=\dfrac{1}{x}$ 이므로

$$\int \frac{1}{x\ln x}dx=\int \frac{1}{t}dt=\ln|t|+C=\ln|\ln x|+C$$

이다. ■

예제 5.4.3 부정적분 $\int \dfrac{x^3}{\sqrt{1+x^2}}\,dx$ 를 구하여라.

풀이 $1+x^2=t$ 로 치환하면 $\dfrac{dt}{dx}=2x$ 이고 $x^2=t-1$ 이므로

$$\begin{aligned}\int \frac{x^3}{\sqrt{1+x^2}}dx&=\int \frac{t-1}{2\sqrt{t}}dt=\frac{1}{2}\int\left(\sqrt{t}-\frac{1}{\sqrt{t}}\right)dt\\&=\frac{1}{3}t\sqrt{t}-\sqrt{t}+C\\&=\frac{1}{3}(1+x^2)\sqrt{1+x^2}-\sqrt{1+x^2}+C\end{aligned}$$

이다. ■

함수 g 의 도함수가 구간 $[a,\,b]$ 에서 연속이고 함수 f 가 g 의 치역을 포함하는 구간에서 연속이라고 하자. 함수 $F(x)$ 를 $f(x)$ 의 한 부정적분이라고 하면, 합성함수의 미분법에 의하여 합성함수 $F(g(x))$ 가 $f(g(x))g'(x)$ 의 부정적분이다. 따라서 미적분의 기본 정리 II에 의하여

$$\int_a^b f(g(x))f'(x)\,dx = [F(g(x))]_a^b = F(g(b)) - F(g(a))$$

를 얻는다. 그런데, 미적분의 기본 정리 II에 의하여

$$\int_{g(a)}^{g(b)} f(t)\,dt = [F(u)]_{g(a)}^{g(b)} = F(g(b)) - F(g(a))$$

이므로

$$\int_a^b f(g(x))f'(x)\,dx = \int_{g(a)}^{g(b)} f(t)\,dt$$

가 성립한다. 이와 같이 적분하는 방법을 정적분의 **치환적분법**이라고 한다.

예제 5.4.4 정적분 $\int_4^9 \frac{1}{x-\sqrt{x}}\,dx$를 구하여라.

풀이 $\sqrt{x}=t$로 치환하면 $x=t^2$이므로 $\frac{dx}{dt}=2t$이고 $x=4$일 때 $t=2$, $x=9$일 때 $t=3$이다.

따라서

$$\int_4^9 \frac{1}{x-\sqrt{x}}\,dx = \int_2^3 \frac{2}{t-1}\,dt = 2[\ln|t-1|]_2^3 = 2\ln 2$$

이다. ■

부분적분법

이제 함수의 곱의 미분법을 이용하여 부정적분을 구하는 방법에 대하여 알아보자. 적분가능한 도함수를 갖는 두 함수 $u(x)$와 $v(x)$에 대하여

$$\{u(x)v(x)\}' = u'(x)v(x) + u(x)v'(x) \tag{5.2}$$

이므로 양변을 적분하면

$$u(x)v(x) = \int u'(x)v(x)\,dx + \int u(x)v'(x)\,dx$$

를 얻는다. 따라서

$$\int u'(x)v(x)\,dx = u(x)v(x) - \int u(x)v'(x)\,dx \tag{5.3}$$

이다. 정적분의 경우, 등식 (5.2)의 양변을 $x=a$ 에서 $x=b$ 까지 적분하면

$$\int_a^b \{u(x)v(x)\}'dx = \int_a^b \{u'(x)v(x) + u(x)v'(x)\}\,dx$$

$$= \int_a^b u'(x)v(x)\,dx + \int_a^b u(x)v'(x)\,dx$$

이고 미적분의 기본 정리 II에 의하여 위의 식의 좌변은 $[u(x)v(x)]_a^b$ 이므로 정리하면 다음을 얻는다.

$$\int_a^b u'(x)v(x)\,dx = [u(x)v(x)]_a^b - \int_a^b u(x)v'(x)\,dx \tag{5.4}$$

적분공식 (5.3) 또는 (5.4)를 사용하여 두 함수의 곱으로 이루어진 함수의 부정적분 또는 정적분을 구하는 방법을 **부분적분법**(integration by parts)이라고 한다.

예제 5.4.5 자연로그함수 $\ln x$ 의 부정적분 $\int \ln x\,dx$ 를 구하여라.

풀이 $u'(x)=1,\ v(x)=\ln x$ 라고 하면 $u(x)=x,\ v'(x)=\dfrac{1}{x}$ 이므로

$$\int \ln x\,dx = x\ln x - \int 1\,dx = x\ln x - x + C$$

이다. ■

예제 5.4.6 부정적분 $\int x\ln x\,dx$ 를 구하여라.

풀이 $u'(x)=x,\ v(x)=\ln x$ 라고 하면 $u(x)=\dfrac{1}{2}x^2,\ v'(x)=\dfrac{1}{x}$ 이므로

$$\int x\ln x\,dx = \frac{1}{2}x^2\ln x - \frac{1}{2}\int x\,dx = \frac{1}{2}x^2\ln x - \frac{1}{4}x^2 + C$$

이다. ■

예제 5.4.7 부정적분 $\int xe^{3x}\,dx$를 구하여라.

풀이 $u'(x)=e^{3x}$, $v(x)=x$라고 하면 $u(x)=\frac{1}{3}e^{3x}$, $v'(x)=1$이다. 따라서

$$\int xe^{3x}\,dx=\frac{1}{3}xe^{3x}-\frac{1}{3}\int e^{3x}\,dx=\frac{1}{3}xe^{3x}-\frac{1}{9}e^{3x}+C$$

이다. ■

예제 5.4.8 정적분 $\int_1^e \frac{\ln x}{\sqrt{x}}\,dx$를 구하여라.

풀이 $u'(x)=\frac{1}{\sqrt{x}}$, $v(x)=\ln x$라고 하면 $u(x)=2\sqrt{x}$, $v'(x)=\frac{1}{x}$이다. 따라서

$$\int_1^e \frac{\ln x}{\sqrt{x}}\,dx=2\left[\sqrt{x}\ln x\right]_1^e-2\int_1^e \frac{1}{\sqrt{x}}\,dx$$

$$=2\sqrt{e}-4\left[\sqrt{x}\right]_1^e=-2\sqrt{e}+4$$

이다. ■

연습문제 5.4

1. 다음 부정적분을 구하여라.

(1) $\displaystyle\int \frac{x}{\sqrt{x^2+2}}\,dx$ (2) $\displaystyle\int \frac{e^{4x}}{1+e^{2x}}\,dx$

(3) $\displaystyle\int x\,e^{-x}\,dx$ (4) $\displaystyle\int x^2\ln(2x)\,dx$

2. 다음 정적분을 구하여라.

(1) $\displaystyle\int_1^3 x\,e^{-x^2}\,dx$ (2) $\displaystyle\int_1^e \frac{\ln x}{x^2}\,dx$

(3) $\displaystyle\int_2^5 \frac{x}{x^2-1}\,dx$ (4) $\displaystyle\int_0^1 \frac{e^z+1}{e^z+z}\,dz$

3. 임의의 자연수 n에 대하여 다음이 성립함을 보여라.

$$\int (\ln x)^n\,dx = x(\ln x)^n - n\int (\ln x)^{n-1}\,dx$$

4. 구간 $[a, b]$에서 미분가능한 함수 f가 연속인 역함수 f^{-1}를 가질 때, 다음을 보여라.

$$\int_a^b f(x)\,dx + \int_{f(a)}^{f(b)} f^{-1}(y)\,dy = bf(b) - af(a)$$

5. 구간 $[-a, a]$에서 연속인 함수 f에 대하여 다음을 증명하여라.

(1) f가 구간 $[-a, a]$에서 **우함수**, 즉 모든 $x\in[-a, a]$에 대하여 $f(-x)=f(x)$이면

$$\int_{-a}^a f(x)\,dx = 2\int_0^a f(x)\,dx$$

이다.

(2) f가 구간 $[-a, a]$에서 **기함수**, 즉 모든 $x\in[-a, a]$에 대하여 $f(-x)=-f(x)$이면

$$\int_{-a}^a f(x)\,dx = 0$$

이다.

5.5 넓이

함수 f가 닫힌 구간 $[a, b]$에서 연속이고 모든 $x \in [a, b]$에 대하여 $f(x) \ge 0$라고 하자. 이때 함수 f의 $[a, b]$에서의 정적분

$$\int_a^b f(x)\,dx$$

는 곡선 $y=f(x)$와 x축 및 두 직선 $x=a$, $x=b$로 둘러싸인 영역 R의 넓이를 나타낸다.

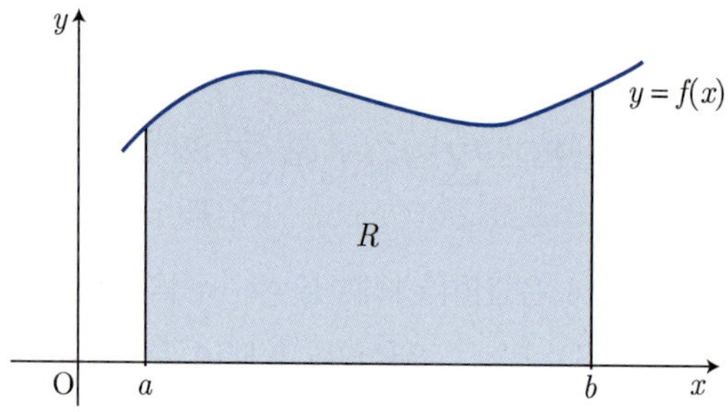

[그림 5-3]

함수 f가 닫힌 구간 $[a, b]$에서 연속이고 모든 $x \in [a, b]$에 대하여 $f(x) \le 0$라고 하자. 이때 곡선 $y=f(x)$와 x축 및 두 직선 $x=a$, $x=b$로 둘러싸인 영역의 넓이는

$$\int_a^b \{-f(x)\}\,dx = -\int_a^b f(x)\,dx$$

이다. 일반적으로 구간 $[a, b]$에서 연속인 함수 f에 대하여 곡선 $y=f(x)$와 x축 및 두 직선 $x=a$, $x=b$로 둘러싸인 영역의 넓이는

$$\int_a^b |f(x)|\,dx$$

이다.

예제 5.5.1 곡선 $y=x^3-3x^2+2x$와 x축 및 두 직선 $x=0$, $x=3$으로 둘러싸인 영역의 넓이를 구하여라.

풀이 $y=x^3-3x^2+2x=x(x-1)(x-2)$이므로 그림 5-4와 같이 곡선 $y=x^3-3x^2+2x$와 x

축 및 두 직선 $x=0,\ x=3$ 으로 둘러싸인 영역의 넓이는

$$\begin{aligned}&\int_0^3 |x^3-3x^2+2x|\,dx\\&=\int_0^1 (x^3-3x^2+2x)\,dx-\int_1^2 (x^3-3x^2+2x)\,dx+\int_2^3 (x^3-3x^2+2x)\,dx\\&=\left[\left(\frac{1}{4}x^4-x^3+x^2\right)\right]_0^1-\left[\left(\frac{1}{4}x^4-x^3+x^2\right)\right]_1^2+\left[\left(\frac{1}{4}x^4-x^3+x^2\right)\right]_2^3=\frac{11}{4}\end{aligned}$$

이다.

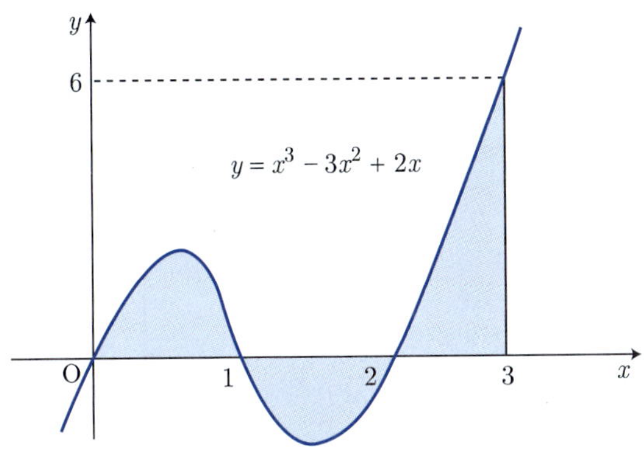

[그림 5-4] ■

다음으로 두 곡선으로 둘러싸인 영역의 넓이를 구하는 문제에 대하여 생각하자. 우선, 두 함수 f 와 g 가 구간 $[a,\ b]$ 에서 연속이고 모든 $x\in[a,\ b]$ 에 대하여 $f(x)\geq g(x)\geq 0$ 을 만족한다고 하자.

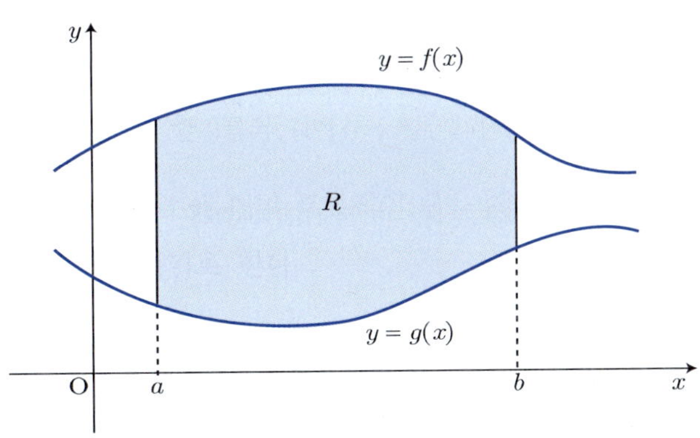

[그림 5-5]

이때 영역

$$R=\{(x,y)\mid a\le x\le b\,,\ g(x)\le y\le f(x)\}$$

의 넓이는

$$\int_a^b f(x)\,dx-\int_a^b g(x)\,dx=\int_a^b\{f(x)-g(x)\}\,dx$$

이다.

보다 일반적으로, 두 함수 f와 g가 구간 $[a,b]$에서 연속이고 모든 $x\in[a,b]$에 대하여 $f(x)\ge g(x)$를 만족한다고 하면, 모든 $x\in[a,b]$에 대하여 $f(x)+k\ge g(x)+k\ge 0$이 되도록 하는 적당한 실수 k가 존재한다. 또한 영역

$$R=\{(x,y)\mid a\le x\le b\,,\ g(x)\le y\le f(x)\}$$

의 넓이는 영역

$$R'=\{(x,y)\mid a\le x\le b\,,\ g(x)+k\le y\le f(x)+k\}$$

의 넓이와 같다. 따라서 영역 R의 넓이는

$$\int_a^b[\{f(x)+k\}-\{g(x)+k\}]\,dx=\int_a^b\{f(x)-g(x)\}\,dx$$

이다. 일반적으로 구간 $[a,b]$에서 연속인 두 함수 f와 g에 대하여 두 곡선 $y=f(x)$와 $y=g(x)$ 및 두 직선 $x=a,\ x=b$로 둘러싸인 영역의 넓이는

$$\int_a^b|f(x)-g(x)|\,dx$$

이다.

예제 5.5.2 곡선 $f(x)=e^x$와 직선 $g(x)=\dfrac{1}{2}x$ 및 두 직선 $x=1,\ x=3$으로 둘러싸인 영역 R의 넓이를 구하여라.

풀이 두 함수 $f(x)$와 $g(x)$는 구간 $[1,3]$에서 연속이고 모든 $x\in[1,3]$에 대하여 $g(x)\le f(x)$이다. 따라서 영역 R의 넓이는

$$\int_1^3\left(e^x-\frac{1}{2}x\right)dx=\left[e^x-\frac{1}{4}x^2\right]_1^3$$
$$=\left(e^3-\frac{9}{4}\right)-\left(e-\frac{1}{4}\right)=e^3-e-2$$

이다.

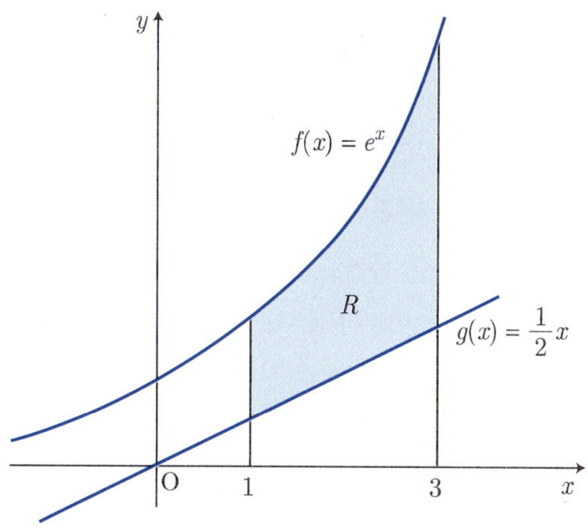

[그림 5-6]

■

예제 5.5.3 두 곡선 $f(x)=x^3-x^2$ 과 $g(x)=2x$ 로 둘러싸인 영역 R의 넓이를 구하여라.

풀이 먼저 두 곡선의 교점의 x 좌표를 구하기 위해서, $x^3-x^2=2x$ 라고 두면 $x(x-2)(x+1)=0$ 이므로 $x=0, 2, -1$ 이다. 또한, $x\in[-1, 0]$ 이면 $f(x)\geq g(x)$ 이고 $x\in[0, 2]$ 이면 $g(x)\geq f(x)$ 이다.

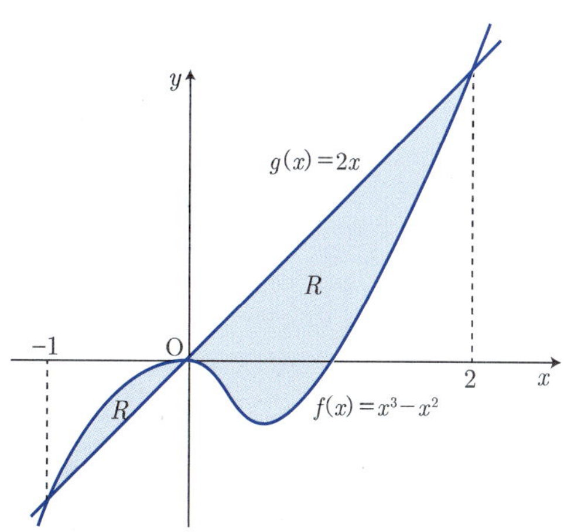

[그림 5-7]

따라서 영역 R의 넓이는

$$\int_{-1}^{0}(x^3-x^2-2x)\,dx+\int_{0}^{2}(-x^3+x^2+2x)\,dx$$

$$=\left[\left(\frac{1}{4}x^4-\frac{1}{3}x^3-x^2\right)\right]_{-1}^{0}-\left[\left(\frac{1}{4}x^4-\frac{1}{3}x^3-x^2\right)\right]_{0}^{2}=\frac{37}{12}$$

이다. ■

주어진 두 곡선으로 둘러싸인 영역의 넓이를 구할 때 지금까지는 x의 범위를 분할하여 접근하였다. 그러나 어떠한 문제에 대해서는 x의 범위보다는 y의 범위에 대한 분할을 생각하여 접근할 때 정적분의 계산이 쉬워지는 경우가 있다. 우선 다음 예제에서 x, y에 대한 각각의 분할을 생각하여 주어진 영역의 넓이를 구해 보자.

예제 5.5.4 직선 $y=\frac{1}{2}x$와 곡선 $y^2=x$로 둘러싸인 영역 R의 넓이를 구하여라.

풀이 ① x에 대한 분할: 두 곡선의 교점은 $(0,0)$과 $(4,2)$이고, 모든 $x\in[0,4]$에 대하여 $\sqrt{x}\geq\frac{1}{2}x$이다. 따라서 영역 R의 넓이는

$$\int_{0}^{4}\left(\sqrt{x}-\frac{1}{2}x\right)dx=\left[\frac{2}{3}x^{\frac{3}{2}}-\frac{1}{4}x^2\right]_{0}^{4}=\frac{16}{3}-\frac{16}{4}=\frac{4}{3}$$

이다.

② y에 대한 분할: 두 곡선의 교점은 $(0,0)$과 $(4,2)$이고, 모든 $y\in[0,2]$에 대하여 $2y\geq y^2$을 만족한다. 그러므로 영역 R의 넓이는

$$\int_{0}^{2}(2y-y^2)\,dy=\left[y^2-\frac{1}{3}y^3\right]_{0}^{2}=4-\frac{8}{3}=\frac{4}{3}$$

이다.

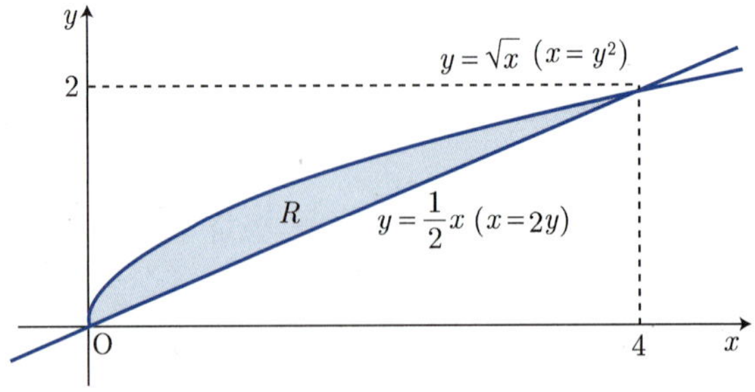

[그림 5-8] ■

예제 5.5.5 직선 $y=x$ 와 곡선 $(y-1)^2=x+1$ 로 둘러싸인 영역 R의 넓이를 구하여라.

풀이 두 곡선의 교점의 좌표는 $(0,0)$ 과 $(3,3)$ 이다. 구간 $[0, 3]$에서의 y에 대한 분할을 생각하면 $y \ge (y-1)^2-1$ 이므로 두 곡선이 이루는 영역 R의 넓이는

$$\int_0^3 \{y-(y-1)^2+1\}\,dy = \int_0^3 [3y-y^2]\,dy$$

$$= \left[\frac{3}{2}y^2-\frac{1}{3}y^3\right]_0^3 = \frac{27}{2}-\frac{27}{3}=\frac{9}{2}$$

이다. 만약 x에 대한 분할을 고려하여 두 곡선이 이루는 영역 R의 넓이를 구하면

$$\int_{-1}^0 \{\sqrt{x+1}+1-(-\sqrt{x+1}+1)\}\,dx + \int_0^3 (\sqrt{x+1}+1-x)\,dx$$

이다. 따라서 이 경우, y에 대한 분할을 이용하여 넓이를 구하는 것이 더 쉽다.

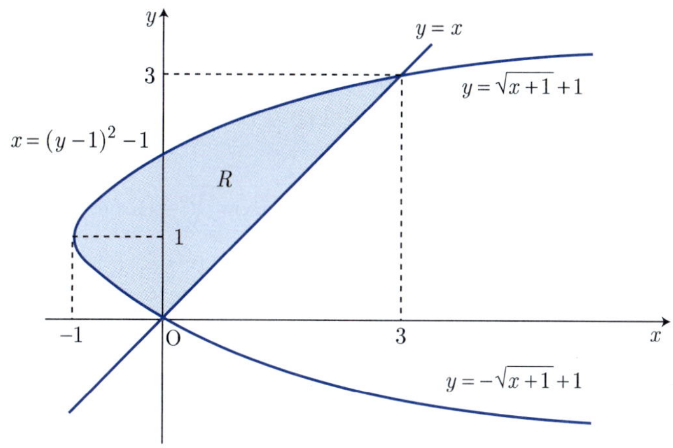

[그림 5-9]

■

연습문제 5.5

1. 다음 문제에서 주어진 곡선과 x축으로 둘러싸인 영역의 넓이를 구하여라.

(1) $y=6x-x^2$

(2) $y=x^2-9$

(3) $y=x^2-4x-5$

(4) $y=x\sqrt{1-x^2}$

2. 곡선 $y=e^x$와 x축 및 두 직선 $x=0$, $x=1$로 둘러싸인 영역의 넓이를 구하여라.

3. 곡선 $y=x^2-4x+3$과 직선 $y=x-1$로 둘러싸인 영역의 넓이를 구하여라.

4. 두 곡선 $y=x^2$과 $y^2=27x$로 둘러싸인 영역의 넓이를 구하여라.

5. 곡선 $\sqrt{x}+\sqrt{y}=1$과 x축 및 y축으로 둘러싸인 영역의 넓이를 구하여라.

5.6 부피

입체도형의 부피를 정적분을 이용하여 구해 보자.

아래 그림과 같이 어떤 입체도형이 주어졌을 때, 한 직선을 x축으로 정하여 x좌표가 a인 점을 지나고 x축에 수직인 평면과 x좌표가 b인 점을 지나고 x축에 수직인 평면 사이에 있는 부분의 부피 V를 구하는 방법을 알아보자.

구간 $[a, b]$의 점 x를 지나고 x축에 수직인 평면으로 자른 단면의 넓이를 $S(x)$라고 할 때, 함수 $S(x)$가 구간 $[a, b]$에서 연속이라고 하자.

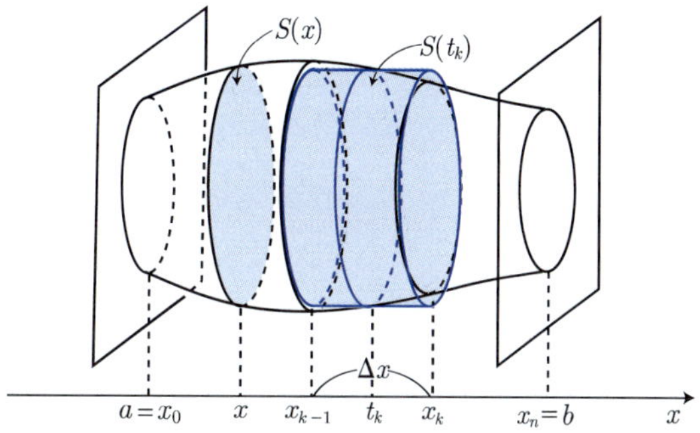

[그림 5-10]

구간 $[a, b]$를 n등분하여 양 끝점과 각 분점을 차례로

$$a = x_0 < x_1 < x_2 < \cdots < x_k < \cdots < x_n = b$$

라 하고 각 소구간의 길이를 Δx라 하자. 임의의 $t_k \in [x_{k-1}, x_k]$에 대하여 계산한 값

$$S(t_k)\Delta x$$

는 밑면의 넓이가 $S(t_k)$이고 높이가 Δx인 기둥의 부피이므로 이들 n개의 기둥의 부피의 합은 단면의 넓이를 나타내는 함수 $S(x)$에 대한 리만합

$$\sum_{k=1}^{n} S(t_k)\,\Delta x$$

이다. 따라서 정적분의 정의에 의하여 주어진 입체도형의 부피 V는 단면의 넓이 함수 $S(x)$의 a에서 b까지의 정적분이다. 즉

$$V = \int_a^b S(x)\,dx = \lim_{n \to \infty} \sum_{k=1}^{n} S(t_k)\,\Delta x$$

이다.

예제 5.6.1 밑면의 넓이가 S이고 높이가 h인 사각뿔의 부피 V를 구하여라.

풀이 사각뿔의 꼭짓점을 O라 하고 O에서 밑면에 내린 수선의 발을 H라고 하자. 아래 그림과 같이 점 O로부터의 거리가 x인 점에서 직선 OH에 수직인 평면으로 자른 단면의 넓이를 $S(x)$라고 하면

$$S(x) : S = x^2 : h^2$$

이므로

$$S(x) = \frac{x^2}{h^2} S$$

이다.

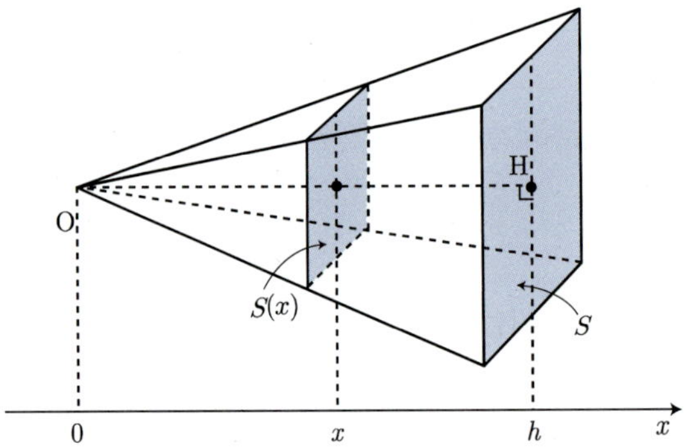

[그림 5-11]

따라서 부피 V는

$$V = \int_0^h S(x)\,dx = \int_0^h \frac{x^2}{h^2} S\,dx$$
$$= \left[\frac{S}{3h^2} x^3 \right]_0^h = \frac{Sh}{3}$$

이다. ■

이와 같이 입체도형의 단면의 넓이를 나타내는 함수 $S(x)$ 만 구할 수 있다면 그 입체도형의 부피는 함수 $S(x)$ 의 정적분을 이용하여 쉽게 구할 수 있다.

이제 한 직선을 중심으로 회전시켜 얻은 회전체의 부피에 대하여 생각해 보자.

함수 f 가 구간 $[a, b]$ 에서 연속이고 모든 $x \in [a, b]$ 에 대하여 $f(x) \geq 0$ 일 때, 영역

$$R = \{(x, y) \mid a \leq x \leq b,\ 0 \leq y \leq f(x)\}$$

를 x 축을 중심으로 회전시켜 얻은 회전체의 부피를 V 라고 하자. 그림 5-12에서와 같이 구간 $[a, b]$ 의 임의의 점 x 에서 x 축에 수직인 평면으로 자른 단면은 반지름의 길이가 $f(x)$ 인 원이 되므로 그 넓이는

$$S(x) = \pi\{f(x)\}^2$$

이다. 따라서 회전체의 부피 V 는

$$V = \int_a^b S(x)\,dx = \pi \int_a^b \{f(x)\}^2\,dx$$

이다.

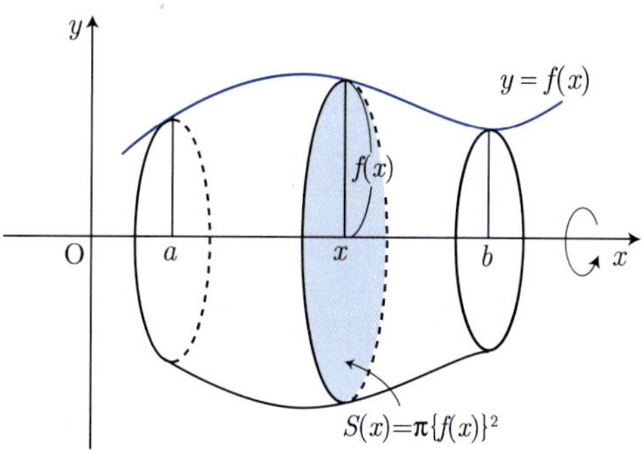

[그림 5-12]

예제 5.6.2 곡선 $y = \sqrt{x}$ 와 x 축 및 두 직선 $x = 1$, $x = 2$ 로 둘러싸인 영역을 x 축을 중심으로 회전시켜 얻은 입체도형의 부피를 구하여라.

풀이 임의의 $x \in [1, 2]$ 에 대한 단면의 넓이는

$$S(x) = \pi(\sqrt{x})^2 = \pi x$$

이므로 x축을 중심으로 회전시켜 얻은 입체도형의 부피는

$$V=\int_1^2 S(x)\,dx=\pi\int_1^2 x\,dx=\left[\frac{\pi}{2}x^2\right]_1^2=\frac{3\pi}{2}$$

이다. ■

보다 일반적으로, 두 함수 f와 g가 구간 $[a, b]$에서 연속이고 모든 $x\in[a, b]$에 대하여 $0\le g(x)\le f(x)$일 때 영역

$$R=\{(x, y)\,|\,a\le x\le b,\ g(x)\le y\le f(x)\}$$

를 x축을 중심으로 회전시켜 얻은 회전체의 부피 V를 구해 보자.

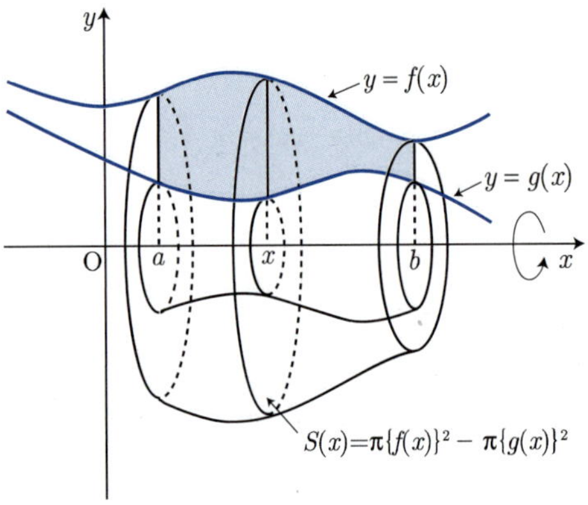

[그림 5-13]

그림 5-13과 같이, 임의의 $x\in[a, b]$에서의 회전체의 단면은 반지름의 길이가 $f(x)$인 원에서 반지름의 길이가 $g(x)$인 원을 제외한 부분이다. 따라서 단면의 넓이가

$$S(x)=\pi\{f(x)\}^2-\pi\{g(x)\}^2$$

이므로 회전체의 부피 V는

$$V=\pi\int_a^b\left[\{f(x)\}^2-\{g(x)\}^2\right]dx$$

이다.

예제 5.6.3 두 곡선 $y=\dfrac{x^2}{2}$과 $y=\sqrt{2x}$로 둘러싸인 영역을 x축을 중심으로 회전시켜 얻은 회전체의 부피를 구하여라.

풀이 두 곡선으로 둘러싸인 영역 R은

$$R=\left\{(x,\, y)\,|\,0 \le y \le 2,\ \frac{x^2}{2} \le y \le \sqrt{2x}\right\}$$

이므로 영역 R을 x축을 중심으로 회전시켜 얻은 회전체의 부피는

$$V=\pi\int_0^2\left\{(\sqrt{2x})^2-\left(\frac{x^2}{2}\right)^2\right\}dx$$

$$=\pi\int_0^2\left(2x-\frac{x^4}{4}\right)dx=\pi\left[\left(x^2-\frac{x^5}{20}\right)\right]_0^2=\frac{12\pi}{5}$$

이다.

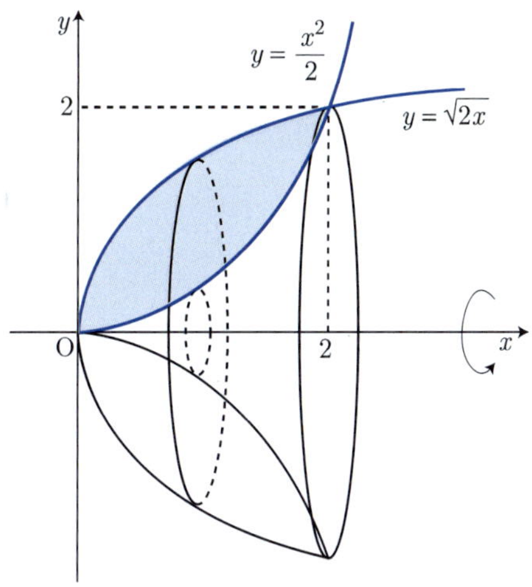

[그림 5-14]

■

다음으로 주어진 영역을 y축을 중심으로 회전시켜 얻은 회전체의 부피를 구해보자. 함수 $x=f(y)$와 $x=g(y)$가 구간 $[c,\, d]$에서 연속이고 모든 $y\in[c,\, d]$에 대하여 $0\le g(y)\le f(y)$를 만족할 때 영역

$$R=\{(x,\, y)\mid c\le y\le d,\ g(y)\le x\le f(y)\}$$

를 y축을 중심으로 회전하여 얻은 입체도형의 부피는

$$V = \pi\int_c^d [\{f(y)\}^2 - \{g(y)\}^2]\,dy$$

이다.

예제 5.6.4 곡선 $y = \sqrt{x}$와 직선 $x = 3$, 그리고 x축으로 둘러싸인 영역 R을 y축을 회전축으로 하여 회전시킬 때 생기는 회전체의 부피를 구하여라.

풀이 주어진 곡선과 두 직선으로 둘러싸인 영역 R은

$$R = \{(x, y) \mid 0 \le y \le \sqrt{3},\ y^2 \le x \le 3\}$$

이므로 영역 R을 y축을 회전축으로 하여 회전시킬 때의 회전체의 부피는

$$\begin{aligned} V &= \pi\int_0^{\sqrt{3}} \{3^2 - (y^2)^2\}\,dy \\ &= \pi\int_0^{\sqrt{3}} (9 - y^4)\,dy = \pi\left[\left(9y - \frac{1}{5}y^5\right)\right]_0^{\sqrt{3}} = \frac{36\sqrt{3}}{5}\pi \end{aligned}$$

이다.

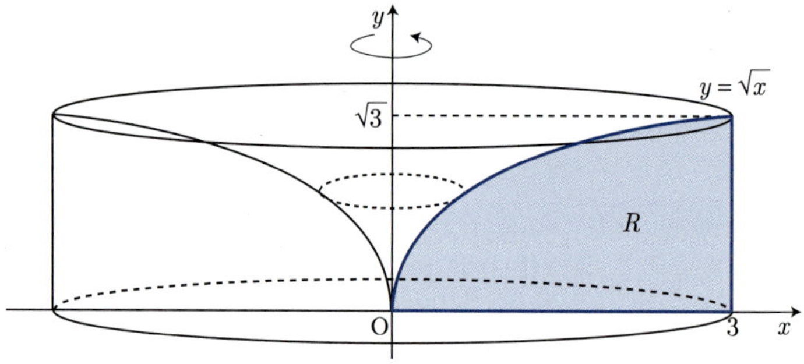

[그림 5-15] ■

예제 5.6.5 곡선 $y = x^3$, y축 그리고 직선 $y = 5$로 둘러싸인 영역 R을 y축을 회전축으로 하여 회전시킬 때 생기는 회전체의 부피를 구하여라.

풀이 영역 R은

$$R = \{(x, y) \mid 0 \le y \le 5,\ 0 \le x \le \sqrt[3]{y}\}$$

이므로, 영역 R을 y축을 회전축으로 하여 회전시킬 때 생기는 회전체의 부피는

$$V=\pi\int_0^5 y^{2/3}dy=\frac{3\pi}{5}\left[y^{5/3}\right]_0^5=3\pi\sqrt[3]{5^2}$$

이다.

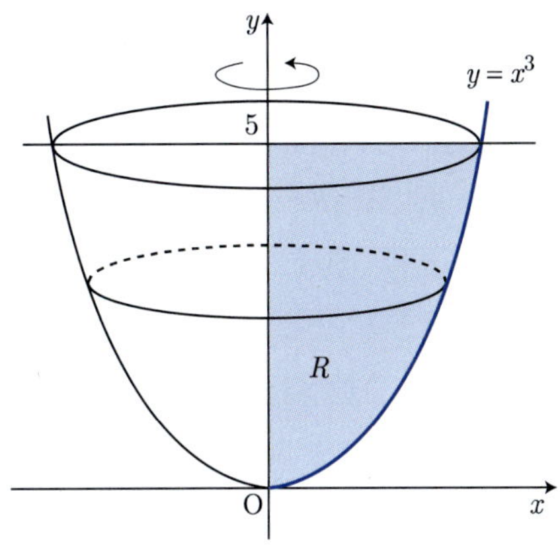

[그림 5–16]

■

연습문제 5.6

1. 곡선과 직선들로 둘러싸인 아래의 영역을 주어진 축을 회전축으로 하여 회전시켜 얻은 입체의 부피를 구하여라.

(1) $y=2-\frac{1}{2}x$, $y=0$, $x=1$, $x=2$: x축

(2) $y=\sqrt{25-x^2}$, $y=0$, $x=2$, $x=4$: x축

(3) $x=2\sqrt{y}$, $x=0$, $y=9$: y축

(4) $y=x^{2/3}$, $x=1$, $y=0$: y축

2. 다음에서 주어진 영역을 x축을 회전축으로 하여 회전시켜 얻은 입체의 부피를 구하여라.

(1) 원 $x^2+y^2=r^2$의 내부에서 제1 사분면에 놓인 영역

(2) 직선 $x+2y=1$과 두 좌표축으로 둘러싸인 영역

(3) 포물선 $y=x^2+1$과 직선 $y=x+3$으로 둘러싸인 영역

3. 다음에서 주어진 영역을 y축을 회전축으로 하여 회전시켜 얻은 입체의 부피를 구하여라.

(1) 곡선 $\sqrt{x}+\sqrt{y}=1$과 두 좌표축으로 둘러싸인 영역

(2) 포물선 $y=x^2$과 직선 $y=2x$로 둘러싸인 영역

(3) 타원 $\frac{x^2}{a^2}+\frac{y^2}{b^2}=1$의 내부에서 제1 사분면에 놓인 영역

5.7 이상적분

지금까지는 주어진 함수를 닫힌 구간에서 적분하는 방법을 공부하였다. 이제 적분 구간이 닫힌 구간이 아닌 경우에 대하여 살펴보자.

먼저 적분 구간이 $[a, \infty)$와 같은 경우, 주어진 함수 f가 임의의 $b \in (a, \infty)$에 대하여 닫힌 구간 $[a, b]$에서 적분가능하다고 하자. 이때 함수 f의 구간 $[a, \infty)$에서의 **이상적분**(improper integral)은 다음의 극한

$$\int_a^{\infty} f(x)\,dx = \lim_{b\to\infty}\int_a^b f(x)\,dx$$

로 정의하고 우변의 극한값이 존재하면 이상적분은 **수렴한다**고 한다. 이상적분이 수렴하지 않으면 **발산한다**고 한다.

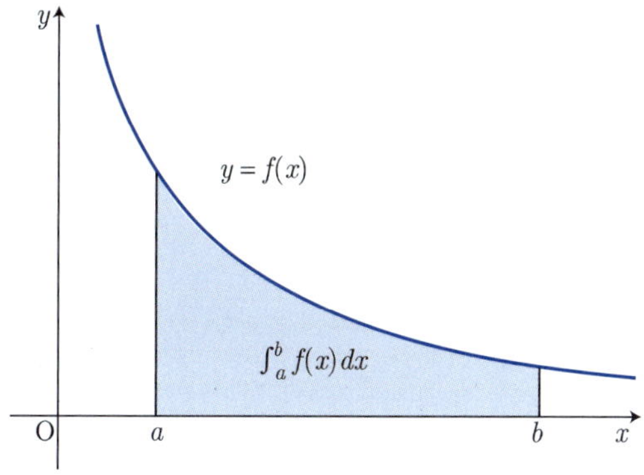

[그림 5-17]

보기 5.7.1 임의의 $b > 1$에 대하여

$$\int_1^b e^{-x}\,dx = \left[-e^{-x}\right]_1^b = e^{-1} - e^{-b}$$

이므로

$$\int_1^{\infty} e^{-x}\,dx = \lim_{b\to\infty}\left(e^{-1} - e^{-b}\right) = e^{-1}$$

이다. 따라서 이상적분 $\int_1^{\infty} e^{-x}\,dx$는 수렴한다. 또한,

$$\int_0^{\infty} e^{-x}\,dx = \int_0^{1} e^{-x}\,dx + \int_1^{\infty} e^{-x}\,dx$$

이므로 이상적분 $\int_0^{\infty} e^{-x}\,dx$ 도 수렴한다. ■

정리 5.7.2 양의 실수 a 에 대하여, $p>1$ 이면 이상적분 $\int_a^{\infty} \frac{1}{x^p}\,dx$ 는 수렴하고 $p \le 1$ 이면 발산한다.

증명 $p=1$ 이면

$$\lim_{b\to\infty}\int_a^b \frac{1}{x}\,dx = \lim_{b\to\infty}[\ln|x|]_a^b = \lim_{b\to\infty}(\ln b - \ln a) = \infty$$

이므로 이상적분 $\int_a^{\infty} \frac{1}{x}\,dx$ 가 발산한다.

$p \ne 1$ 인 경우에는

$$\int_a^{\infty} \frac{1}{x^p}\,dx = \lim_{b\to\infty}\int_a^b \frac{1}{x^p}\,dx$$

$$= \lim_{b\to\infty}\left[\frac{1}{-p+1}x^{-p+1}\right]_a^b = \lim_{b\to\infty}\frac{b^{-p+1}-a^{-p+1}}{-p+1}$$

이다.

$p<1$ 인 경우에는 $\lim_{b\to\infty} b^{-p+1} = \infty$ 이므로 주어진 이상적분은 발산하고 $p>1$ 인 경우에는 $\lim_{b\to\infty} b^{-p+1} = 0$ 이므로 주어진 이상적분은 $\frac{1}{p-1}a^{-p+1}$ 에 수렴한다. ■

예제 5.7.3 이상적분 $\int_1^{\infty} \ln x\,dx$ 의 수렴, 발산을 판정하여라.

풀이 임의의 $b>1$ 에 대하여

$$\int_1^b \ln x\,dx = [x\ln x - x]_1^b = \lim_{b\to\infty}(b\ln b - b)$$

이므로

$$\int_1^{\infty} \ln x\, dx = \lim_{b\to\infty}(b\ln b - b) = \infty$$

이다. 따라서 이상적분은 발산한다. ■

예제 5.7.4 이상적분 $\int_0^{\infty} xe^{-x^2}dx$ 의 수렴, 발산을 판정하여라.

풀이 함수 $f(x) = xe^{-x^2}$ 의 한 부정적분이 $F(x) = -\frac{1}{2}e^{-x^2}$ 이므로

$$\int_0^{\infty} xe^{-x^2}\, dx = \lim_{b\to\infty}\int_0^b xe^{-x^2}\, dx = \lim_{b\to\infty}\left[-\frac{1}{2}\left(e^{-b^2}-1\right)\right] = \frac{1}{2}$$

이므로 이 이상적분은 $\frac{1}{2}$에 수렴한다. ■

급수에 대한 비교판정법(정리 2.1.15)과 비슷한 결과가 이상적분에 대해서도 성립한다. 아래 정리의 증명은 이 책의 수준을 벗어나므로 생략한다.

정리 5.7.5 비교판정법(Comparison Test)
구간 $[a, \infty)$에서 정의된 두 함수 f, g가 모든 $x \ge a$에 대하여 $0 \le f(x) \le g(x)$라고 할 때, 이상적분 $\int_a^{\infty} g(x)\,dx$가 수렴하면 이상적분 $\int_a^{\infty} f(x)\,dx$도 수렴하며 다음이 성립한다.

$$\int_a^{\infty} f(x)\,dx \le \int_a^{\infty} g(x)\,dx$$

보기 5.7.6 보기 5.7.1에 의하여 이상적분 $\int_1^{\infty} e^{-x}dx$는 수렴하고 $x \ge 1$이면 $e^{-x^2} \le e^{-x}$ 이므로 비교판정법(정리 5.7.5)에 의하여 이상적분 $\int_1^{\infty} e^{-x^2}dx$도 수렴한다. 또한,

$$\int_0^{\infty} e^{-x^2}dx = \int_0^1 e^{-x^2}dx + \int_1^{\infty} e^{-x^2}dx$$

이므로 $\int_0^{\infty} e^{-x^2}dx$도 수렴한다. ■

구간 $(-\infty, b]$ 에서 정의된 함수 f가 임의의 $a \in (-\infty, b)$ 에 대하여 닫힌 구간 $[a, b]$ 에서 적분가능할 때, 함수 f의 구간 $(-\infty, b]$ 에서의 이상적분은

$$\int_{-\infty}^{b} f(x)\,dx = \lim_{a \to -\infty} \int_{a}^{b} f(x)\,dx$$

로 정의한다. 또한, 적당한 실수 c에 대하여 두 이상적분 $\int_{c}^{\infty} f(x)\,dx$ 와 $\int_{-\infty}^{c} f(x)\,dx$ 가 모두 수렴할 때 함수 f의 구간 $(-\infty, \infty)$ 에서의 이상적분은

$$\int_{-\infty}^{\infty} f(x)\,dx = \int_{-\infty}^{c} f(x)\,dx + \int_{c}^{\infty} f(x)\,dx$$

로 정의한다.

보기 5.7.7 이상적분 $\int_{0}^{\infty} e^{-x^2}\,dx$ 가 수렴하고 $\int_{-\infty}^{0} e^{-x^2}\,dx = \int_{0}^{\infty} e^{-x^2}\,dx$ 이므로 구간 $(-\infty, \infty)$ 에서의 이상적분 $\int_{-\infty}^{\infty} e^{-x^2}\,dx$ 도 수렴하고

$$\int_{-\infty}^{\infty} e^{-x^2}\,dx = 2\int_{0}^{\infty} e^{-x^2}\,dx$$

이다. 사실 이 이상적분은 순수 및 응용수학에서 가장 중요한 이상적분 중의 하나로서

$$\int_{-\infty}^{\infty} e^{-x^2}\,dx = \sqrt{\pi}$$

임이 잘 알려져 있다. ■

예제 5.7.8 이상적분 $\int_{-\infty}^{3} xe^{x}\,dx$ 의 수렴, 발산을 판정하여라.

풀이 부분적분법에 의하여

$$\int_{b}^{3} xe^{x}dx = [xe^{x}]_{b}^{3} - \int_{b}^{3} e^{x}\,dx = 2e^{3} - (b-1)e^{b}$$

이다. 따라서

$$\int_{-\infty}^{3} xe^{x}dx = \lim_{b\to-\infty}\int_{b}^{3} xe^{x}dx$$

$$= \lim_{b\to-\infty}\left[2e^{3}-(b-1)e^{b}\right]=2e^{3}$$

이다. ■

예제 5.7.9 이상적분 $\int_{-\infty}^{\infty} x^{2}e^{-x^{3}}dx$ 의 수렴, 발산을 판정하여라.

풀이 $f(x)=x^{2}e^{-x^{3}}$ 이라고 하면 함수 f 는 실수 전체의 집합에서 연속이다. 임의의 실수 c 에 대하여

$$\int_{c}^{\infty} x^{2}e^{-x^{3}}dx = \lim_{b\to\infty}\int_{c}^{b} x^{2}e^{-x^{3}}dx = \lim_{b\to\infty}\left[-\frac{1}{3}e^{-x^{3}}\right]_{c}^{b} = \frac{1}{3}e^{-c^{3}}$$

이다. 그러나

$$\int_{-\infty}^{c} x^{2}e^{-x^{3}}dx = \lim_{a\to-\infty}\int_{a}^{c} x^{2}e^{-x^{3}}dx = \lim_{a\to-\infty}\left[-\frac{1}{3}e^{-x^{3}}\right]_{a}^{c} = \infty$$

와 같이 발산하므로 이상적분 $\int_{-\infty}^{\infty} x^{2}e^{-x^{3}}dx$ 는 발산한다. ■

연습문제 5.7

1. 다음 이상적분의 수렴과 발산을 조사하고, 수렴하는 경우 수렴하는 값을 구하여라.

(1) $\displaystyle\int_1^\infty xe^{-x}\,dx$ (2) $\displaystyle\int_1^\infty \frac{1}{\sqrt{x}}\,dx$

(3) $\displaystyle\int_e^\infty \frac{1}{x(\ln x)^2}\,dx$ (4) $\displaystyle\int_1^\infty \frac{x}{(2+x^2)^{3/2}}\,dx$

2. 이상적분 $\displaystyle\int_{-\infty}^\infty \frac{1}{x^2+1}\,dx$가 수렴함을 보여라.

3. 이상적분 $\displaystyle\int_{-\infty}^\infty \frac{1}{x^2+1}\,dx$가 수렴함을 이용하여 이상적분 $\displaystyle\int_{-\infty}^\infty \frac{x^2}{x^4+x^2+1}\,dx$의 수렴성에 대하여 말하여라.

4. 이상적분 $\displaystyle\int_{-\infty}^\infty \frac{x}{x^2+1}\,dx$의 수렴과 발산을 조사하여라.

5. $\displaystyle\int_0^\infty xe^{-x^2}\,dx=\frac{1}{2}$임을 이용하여 이상적분 $\displaystyle\int_0^\infty e^{-x^2}\,dx$가 수렴함을 보여라.

6. 함수 f가 구간 $[1,\infty)$에서 감소하고 모든 $x\in[1,\infty)$에 대하여 $f(x)\ge 0$라고 하자.

(1) $n\ge 2$인 모든 자연수 n에 대하여 다음의 부등식을 증명하여라.

$$\sum_{k=2}^{n} f(k) \le \int_1^{n+1} f(x)\,dx$$

(2) 이상적분 $\displaystyle\int_1^\infty f(x)\,dx$가 수렴하면 급수 $\displaystyle\sum_{n=1}^\infty f(n)$도 수렴함을 보여라.

7. $p>1$일 때, 급수 $\displaystyle\sum_{n=1}^\infty \frac{1}{n^p}$이 수렴함을 보여라.

5장 연습문제

1. 함수 f가 구간 $[0, 2]$에서

$$f(x)=\begin{cases} x & (0 \le x < 1) \\ 2-x & (1 \le x \le 2) \end{cases}$$

로 정의되었을 때 정적분 $\int_0^2 f(x)\,dx$를 정적분의 정의를 이용하여 구하여라.

2. 다음 적분을 구하여라.

(1) $\int \dfrac{3x}{\sqrt{4x^2+5}}\,dx$

(2) $\int x\sqrt{1+2x^2}\,dx$

(3) $\int \dfrac{\ln x}{x^2}\,dx$

(4) $\int \ln(x+1)\,dx$

(5) $\int \dfrac{2}{x^2+3x-4}\,dx$

(6) $\int \dfrac{3x-1}{(3x^2-2x+1)^4}\,dx$

(7) $\int_1^2 x\sqrt{x-1}\,dx$

(8) $\int_0^2 e^x(1+e^x)^{10}\,dx$

(9) $\int_1^e (\ln x)^2\,dx$

(10) $\int_0^1 x\,5^x\,dx$

3. 미적분의 기본 정리를 이용하여 주어진 함수의 도함수를 구하여라.

(1) $f(x)=\int_0^{x^2}\sqrt{1+r^3}\,dr$

(2) $g(y)=\int_{1-3y}^{1}\dfrac{u^3}{1+u^2}\,du$

4. 함수 $f(x)=x^2-6x+1$의 부정적분 $F(x)$가 $f(x)$의 도함수 $f'(x)$를 인수로 가질 때, $F(0)$의 값을 구하여라.

5. 함수 f가 모든 실수 x에 대하여 $\int_0^x f(t)\,dt = -2x^3+4x$를 만족할 때,

$$\lim_{h\to 0}\frac{f(1+h)-f(1-h)}{h}$$

의 값을 구하여라.

6. 함수 $f(x)=2x^3+x$의 역함수를 g라고 할 때, 곡선 $x=g(y)$와 y축 및 두 직선 $y=0$, $y=3$으로 둘러싸인 영역의 넓이를 구하여라.

7. 다음의 곡선 또는 직선들로 둘러싸인 영역의 넓이를 구하여라.

(1) $y=x^2-2x-5$, $y=x-1$

(2) $y=x-2$, $y^2=2x-4$

(3) $x=1-y^2$, $x=y^2-1$

(4) $y=x^2+3$, $y=3x$, $x=0$, $x=5$

8. 다음의 곡선 또는 직선으로 둘러싸인 영역을 x축을 회전축으로 하여 회전시켰을 때 생기는 회전체의 부피를 구하여라.

(1) $x+y=1$, $x=0$, $y=0$

(2) $y=|x+3|$, $y=0$, $x=-3$, $x=0$

9. 다음의 곡선 또는 직선으로 둘러싸인 영역을 y축을 회전축으로 하여 회전시켰을 때 생기는 회전체의 부피를 구하여라.

(1) $y=x^2$, $y=4$, $x=0$, $x=2$

(2) $y=\sqrt{x}$, $x=0$, $y=2$

10. 곡선 $y=x^3$과 두 직선 $y=1$, $y=0$으로 둘러싸인 영역을 직선 $y=1$을 회전축으로 하여 회전했을 때 생기는 회전체의 부피를 구하여라.

11. 곡선 $y=x^{-\frac{3}{2}}$과 x축으로 둘러싸인 영역에서 $x=1$의 오른쪽 부분을 x축을 회전축으로 하여 회전시켰을 때 생기는 회전체의 부피를 구하여라.

12. 이상적분 $\displaystyle\int_e^{\infty}\frac{1}{x(\ln x)^p}dx$를 수렴하게 하는 p의 값을 결정하고 이때 이상적분이 수렴하는 값을 구하여라.

13. 아래의 이상적분의 수렴과 발산을 조사하고, 수렴하는 경우 수렴하는 값을 구하여라.

(1) $\displaystyle\int_0^{\infty}e^{-\sqrt{x}}\,dx$ (2) $\displaystyle\int_{-\infty}^{\infty}x^2e^{-|x|}\,dx$

14. 임의의 자연수 n에 대하여 다음의 극한을 구하여라.

$$L_n=\lim_{a\to 0+}\int_a^1(\ln x)^n\,dx$$

15. 구간 $(-L,\ L)$에서 연속인 함수 a, b가 주어져 있고 함수 A를 아래와 같이 정의하자.

$$A(x)=\int_0^x a(t)\,dt \quad (-L<x<L)$$

또한, 함수 f가 구간 $(-L,\ L)$에서 미분가능하고 모든 $x\in(-L,\ L)$에 대하여

$$f'(x)+a(x)f(x)=b(x)$$

를 만족한다고 하자. 이때 모든 $x\in(-L,\ L)$에 대하여

$$f(x)=e^{-A(x)}\left\{f(0)+\int_0^x e^{A(t)}b(t)\,dt\right\}$$

임을 보여라.

16. 모든 실수 x에 대하여 $f'(x)+(2x+1)f(x)=2xe^{-x}$을 만족하고 $f(0)=3$인 함수 f를 구하여라.

17. 모든 양수 x 에 대하여 $xf'(x) = \alpha f(x)$ (단, α 는 실수)이고 $f(1) = 1$ 인 함수 f 를 구하여라.

18. 구간 $[a, b]$ 에서 연속인 함수 f, g 에 대하여 다음의 적분에 대한 코시-슈바르츠 부등식 (보기 1.1.5 참고)을 증명하여라.

$$\left\{\int_a^b f(x)g(x)\,dx\right\}^2 \le \left[\int_a^b \{f(x)\}^2\,dx\right]\left[\int_a^b \{g(x)\}^2\,dx\right]$$

6장

벡터

6.1 벡터와 벡터공간
6.2 벡터의 내적
6.3 직선과 평면의 방정식
6.4 벡터함수
6장 연습문제

6.1 벡터와 벡터공간

공간의 한 점 O에서 서로 직교하는 세 직선을 x**축**, y**축**, z**축**이라고 하자. 이때 점 O를 **원점**이라 하고 세 직선을 **좌표축**이라고 한다. 또한 x축과 y축을 포함하는 평면을 xy **평면**, y축과 z축을 포함하는 평면을 yz **평면**, z축과 x축을 포함하는 평면을 zx **평면**이라고 한다.

그림 6-1에서와 같이 P를 공간의 한 점이라 하고 점 P를 지나면서 yz 평면에 평행한 평면이 x축과 만나는 점을 A라고 하자. 마찬가지로 점 P를 지나면서 zx 평면에 평행한 평면이 y축과 만나는 점을 B, 점 P를 지나면서 xy 평면에 평행한 평면이 z축과 만나는 점을 C라고 하자. x축 위의 점 A의 좌표를 a, y축 위의 점 B의 좌표를 b, z축 위의 점 C의 좌표를 c라고 하면, 점 P에 대하여 세 실수를 성분으로 가지는 하나의 순서쌍 (a, b, c)가 정해진다. 이때 점 P에 대응하는 순서쌍 (a, b, c)를 점 P의 **좌표**라고 하며, 기호로

$$\mathrm{P}(a, b, c)$$

와 같이 나타낸다. 또한 a, b, c를 각각 점 P의 x좌표, y좌표, z좌표라고 한다. 원점 O의 좌표는 $(0, 0, 0)$이다. 이와 같이 공간의 각 점에 좌표가 주어졌을 때, 이러한 공간을 **좌표공간**이라 하고 모든 좌표들의 집합을 $\mathbb{R}^3$로 나타낸다. 즉

$$\mathbb{R}^3 = \{(a, b, c) \mid a, b, c \in \mathbb{R}\}$$

이고 이는 좌표공간을 나타낸다.

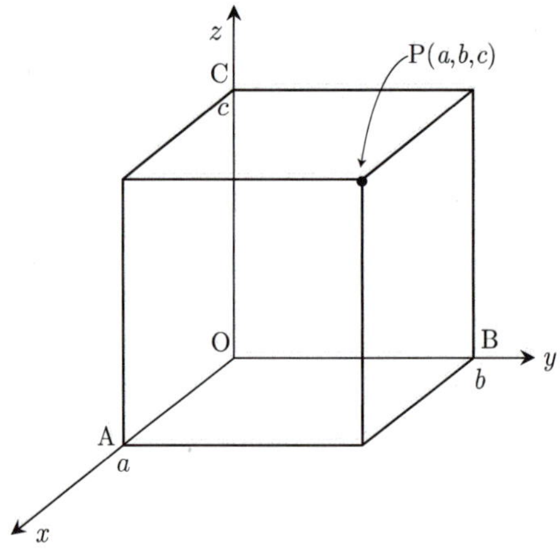

[그림 6-1]

보기 6.1.1 아래의 그림에서 네 점 P, Q, R, S 의 좌표는 P(2, 0, 4), Q(2, 6, 4), R(0, 6, 4), S(2, 6, 0) 이다.

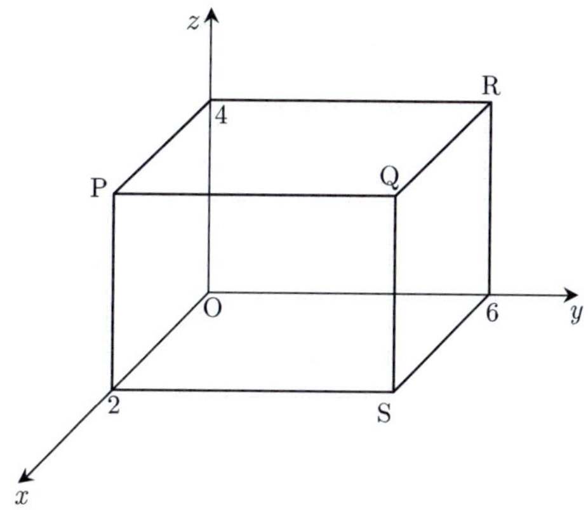

[그림 6-2] ■

좌표공간 $\mathbb{R}^3$ 의 두 점 A 와 B 에 대하여 점 A 에서 점 B 로의 방향이 주어진 선분 AB를 **공간벡터** 또는 간단히 **벡터**(vector) AB 라고 하며

$$\overrightarrow{AB}$$

로 나타낸다. 이때 점 A 와 B 를 각각 벡터 $\overrightarrow{AB}$ 의 **시점**과 **종점**이라고 한다. 벡터 $\overrightarrow{AB}$ 의 시점 A 에서 종점 B 로 향하는 방향을 벡터 $\overrightarrow{AB}$ 의 **방향**이라 하고, 선분 AB 의 길이를 벡터 $\overrightarrow{AB}$ 의 **크기**라고 하며

$$|\overrightarrow{AB}|$$

로 나타낸다. 특히, 크기가 1 인 벡터를 **단위벡터**(unit vector)라고 한다.

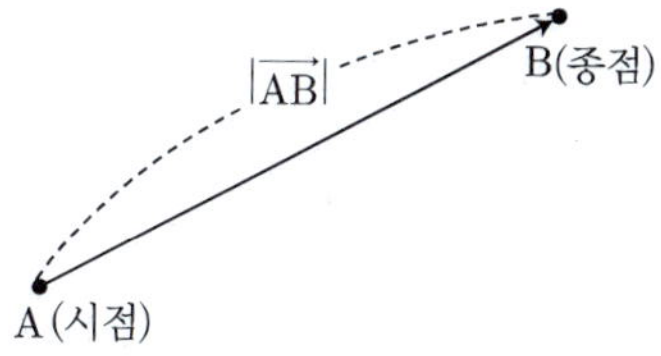

[그림 6-3]

두 벡터 $\overrightarrow{AB}$ 와 $\overrightarrow{CD}$ 에 대하여, 두 벡터의 시점과 종점이 달라도 방향이 같고 크기가 같으면 두 벡터는 **서로 같다**고 하고

$$\overrightarrow{\mathrm{AB}} = \overrightarrow{\mathrm{CD}}$$

로 나타낸다. 또한 벡터 $\overrightarrow{\mathrm{AB}}$ 와 크기는 같고 방향이 반대인 벡터를 $-\overrightarrow{\mathrm{AB}}$ 로 나타낸다. 즉

$$-\overrightarrow{\mathrm{AB}} = \overrightarrow{\mathrm{BA}}$$

이다.

좌표공간 $\mathbb{R}^3$ 의 임의의 벡터는 원점 $\mathrm{O}(0,0,0)$ 을 시점으로 하는 벡터로 나타낼 수 있다. 점 $\mathrm{A}(a_1, a_2, a_3)$ 를 시점으로 하고 점 $\mathrm{B}(b_1, b_2, b_3)$ 를 종점으로 하는 벡터 $\overrightarrow{\mathrm{AB}}$ 를 생각하자. 시점 A 가 원점 O 가 되도록 평행이동하였을 때 종점 B 가 점 B′ 으로 변했다면 점 B′ 의 좌표는 $(b_1 - a_1, b_2 - a_2, b_3 - a_3)$ 이다. 이때 벡터 $\overrightarrow{\mathrm{OB'}}$ 은 원점을 시점으로 하는 벡터이다. 또한 $\overrightarrow{\mathrm{AB}}$ 와 $\overrightarrow{\mathrm{OB'}}$ 은 같은 방향을 가지며 크기는

$$|\overrightarrow{\mathrm{AB}}| = |\overrightarrow{\mathrm{OB'}}| = \sqrt{(b_1 - a_1)^2 + (b_2 - a_2)^2 + (b_3 - a_3)^2}$$

로서 같다. 따라서 $\overrightarrow{\mathrm{AB}}$ 와 $\overrightarrow{\mathrm{OB'}}$ 은 같은 벡터이다. 벡터 $\overrightarrow{\mathrm{OB'}}$ 과 같이 원점을 시점으로 하는 벡터를 **위치벡터**(position vector)라고 부르며 한 문자를 이용하여

$$\vec{p} = (b_1 - a_1, b_2 - a_2, b_3 - a_3)$$

와 같이 나타낸다.

보기 6.1.2 아래의 그림에서 두 점 $\mathrm{A}(2, -3, 1)$ 과 $\mathrm{B}(1, -1, 4)$ 에 대하여

$$\overrightarrow{\mathrm{AB}} = \vec{p} = (-1, 2, 3)$$

이다.

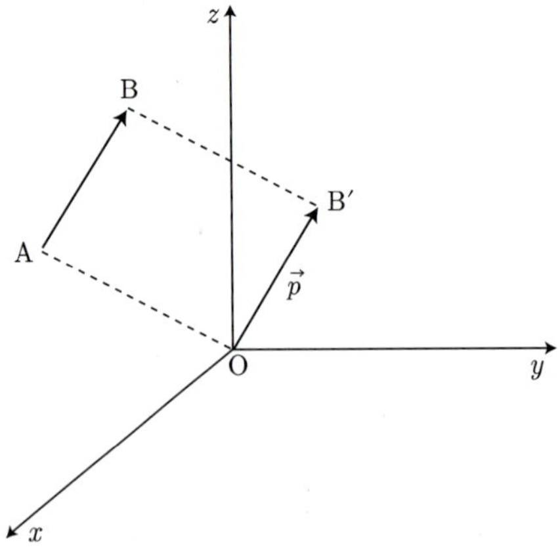

[그림 6-4]

■

좌표공간 $\mathbb{R}^3$의 원소 $A(a_1, a_2, a_3)$를 단지 점 A의 위치를 나타내는 공간좌표로 보는 것이 아니고 위치벡터 $\vec{a}=(a_1, a_2, a_3)$로 생각하면, 집합 $\mathbb{R}^3$는 모든 공간벡터들의 집합을 나타낸다. 이러한 의미에서 집합 $\mathbb{R}^3$를 (3차원) **벡터공간**이라고 한다. 특히 $(0, 0, 0)$을 **영벡터**라 하고 $\vec{0}$으로 나타낸다.

임의의 두 벡터 $\vec{a}=(a_1, a_2, a_3)$, $\vec{b}=(b_1, b_2, b_3)$와 임의의 실수 k에 대하여 $\vec{a}$와 $\vec{b}$를 더한 벡터 $\vec{a}+\vec{b}$와 $\vec{a}$를 실수배(k배)한 벡터 $k\vec{a}$를 다음과 같은 벡터로 정의한다.

$$\vec{a}+\vec{b}=(a_1+b_1, a_2+b_2, a_3+b_3)$$
$$k\vec{a}=(ka_1, ka_2, ka_3)$$

두 벡터 $\vec{a}, \vec{b}$에 대하여 합 벡터 $\vec{a}+\vec{b}$와 k배한 벡터 $k\vec{a}$는 다음의 그림 6-5에서와 같은 벡터를 나타낸다. 즉 $\vec{a}+\vec{b}$는 벡터 $\vec{a}$와 $\vec{b}$를 이웃한 양변으로 하는 평행사변형의 대각선의 벡터이고, $k\vec{a}$는 $k>0$일 때는 벡터 $\vec{a}$와 같은 방향으로 크기만 k배한 벡터를 나타내고 $k<0$일 때는 벡터 $\vec{a}$와 방향은 반대방향이고 크기는 $|k|$배한 벡터를 나타낸다.

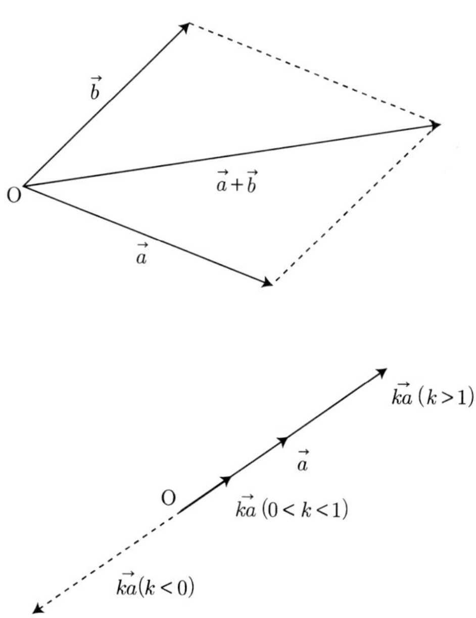

[그림 6-5]

보기 6.1.3 아래의 그림에서와 같이 $\overrightarrow{OA}=\vec{a}$, $\overrightarrow{OB}=\vec{b}$, $\overrightarrow{OC}=\vec{c}$ 라고 할 때, 벡터 $\overrightarrow{SP}$ 와 $\overrightarrow{AR}$ 을 $\vec{a}$, $\vec{b}$, $\vec{c}$ 로 나타내면

$$\overrightarrow{SP}=-\vec{b}+\vec{c},\quad \overrightarrow{AR}=-\vec{a}+\vec{b}+\vec{c}$$

이다.

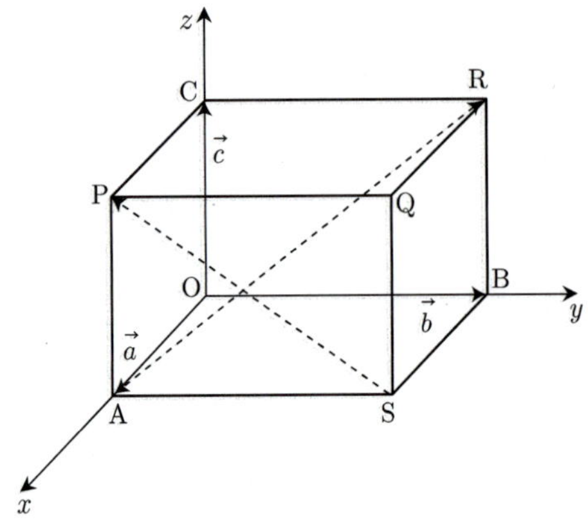

[그림 6–6] ■

또한, 두 벡터 $\vec{a}=(a_1, a_2, a_3)$ 와 $\vec{b}=(b_1, b_2, b_3)$ 에 대하여 벡터 $\vec{a}$ 와 벡터 $-\vec{b}$ 를 더한 벡터 $\vec{a}+(-\vec{b})$ 를 벡터 $\vec{a}$ 에서 벡터 $\vec{b}$ 를 뺀 벡터라 하고, 기호 $\vec{a}-\vec{b}$ 로 나타낸다. 즉

$$\vec{a}-\vec{b}=\vec{a}+(-\vec{b})=(a_1-b_1, a_2-b_2, a_3-b_3)$$

이다.

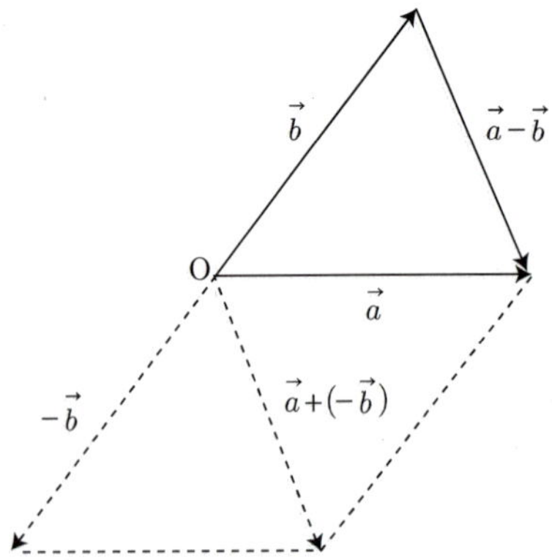

[그림 6–7]

위에서 정의한 벡터의 덧셈과 실수배에 대하여 다음의 기본 성질들이 성립한다.

정리 6.1.4 벡터 $\vec{a}$, $\vec{b}$, $\vec{c}$와 실수 k, l에 대하여 다음이 성립한다.

(1) $\vec{a}+\vec{b}=\vec{b}+\vec{a}$ (덧셈에 관한 교환법칙)

(2) $(\vec{a}+\vec{b})+\vec{c}=\vec{a}+(\vec{b}+\vec{c})$ (덧셈에 관한 결합법칙)

(3) $\vec{a}+\vec{0}=\vec{0}+\vec{a}=\vec{a}$

(4) $\vec{a}+(-\vec{a})=(-\vec{a})+\vec{a}=\vec{0}$

(5) $k(\vec{a}+\vec{b})=k\vec{a}+k\vec{b}$

(6) $(k+l)\vec{a}=k\vec{a}+l\vec{a}$

(7) $(kl)\vec{a}=k(l\vec{a})$

(8) $1\vec{a}=\vec{a}$

예제 6.1.5 $\vec{a}=(1,0,-2)$, $\vec{b}=(1,2,3)$, $\vec{c}=(-1,2,1)$일 때, 벡터

$$\vec{a}+2\vec{b}-(3\vec{a}-4\vec{c})$$

를 성분으로 나타내어라.

풀이 정리 6.1.4를 이용하면,

$$\begin{aligned}\vec{a}+2\vec{b}-(3\vec{a}-4\vec{c}) &= -2\vec{a}+2\vec{b}+4\vec{c} \\ &= -2(1,0,-2)+2(1,2,3)+4(-1,2,1) \\ &= (-4,12,14)\end{aligned}$$

이다. ■

지금까지는 좌표공간에서의 벡터, 즉 공간벡터에 대한 여러 가지 내용들을 공부해왔다. 공간벡터와 마찬가지로 좌표평면 $\mathbb{R}^2$의 두 점 A와 B에 대하여 A에서 B로의 방향이 주어진 선분 AB를 **평면벡터** 또는 간단히 벡터 AB라고 하며 $\overrightarrow{AB}$로 나타낸다. 지금까지 알아본 공간벡터에 대한 내용들은 평면벡터에 대해서도 모두 성립한다.

예제 6.1.6 좌표평면의 네 점 $A(1,2)$, $B(-3,5)$, $C(7,1)$, $D(0,6)$에 대하여 벡터 $\overrightarrow{AB}-\overrightarrow{CD}$를 구하여라.

풀이

$$\overrightarrow{AB}=\overrightarrow{OB}-\overrightarrow{OA}=(-3,5)-(1,2)=(-4,3)$$

$$\overrightarrow{CD}=\overrightarrow{OD}-\overrightarrow{OC}=(0,6)-(7,1)=(-7,5)$$

이므로

$$\overrightarrow{AB}-\overrightarrow{CD}=(-4,3)-(-7,5)=(3,-2)$$

이다. ■

좌표직선, 좌표평면 그리고 좌표공간의 개념을 일반적으로 확장하면 임의의 자연수 n에 대하여 n개의 실수 $x_1, x_2, \cdots, x_n$을 성분으로 가지는 모든 순서쌍 $(x_1, x_2, \cdots, x_n)$들을 원소로 하는 n차원 집합

$$\mathbb{R}^n = \{(x_1, x_2, \cdots, x_n) \mid x_1, x_2, \cdots, x_n \in \mathbb{R}\}$$

을 생각할 수 있다. 앞에서 공부한 공간벡터 또는 평면벡터의 개념과 연산을 n차원 벡터로 쉽게 확장할 수 있다.

연습문제 6.1

1. 다음의 위치벡터들을 좌표평면 또는 좌표공간에 나타내어라.

(1) $(2, 3)$, $(-4, 5)$, $(5, -4)$, $(0, e)$

(2) $(-1, 3, -1)$, $(\sqrt{3}, 2, 0)$, $(2, 0, -3)$

2. 문제 1의 각 벡터를 $\vec{a}$ 라고 할 때, $-\vec{a}$ 와 $2\vec{a}$ 를 구하여라. 또한 이들을 좌표평면 또는 좌표공간에 나타내어라.

3. 다음의 두 벡터 $\vec{a}$ 와 $\vec{b}$ 에 대하여 $\vec{a}+\vec{b}$ 와 $\vec{a}-\vec{b}$ 를 구해 보고, 이들을 좌표평면 또는 좌표공간에 나타내어라.

(1) $\vec{a}=(-3, 2)$, $\vec{b}=(5, 6)$

(2) $\vec{a}=(-1, 0, 2)$, $\vec{b}=(2, 3, 3)$

4. 좌표평면의 네 점 $\mathrm{A}(1, 1)$, $\mathrm{B}(2, 4)$, $\mathrm{C}(3, 1)$, $\mathrm{D}(5, 7)$ 에 대하여 다음 물음에 답하여라.

(1) 벡터 $\overrightarrow{\mathrm{AB}}$ 와 $\overrightarrow{\mathrm{CD}}$ 를 구하여라.

(2) 두 벡터 $\overrightarrow{\mathrm{AB}}$ 와 $\overrightarrow{\mathrm{CD}}$ 의 관계를 설명하여라.

5. 좌표공간의 원점 $\mathrm{O}(0, 0, 0)$ 과 두 점 $\mathrm{A}(1, 3, -3)$, $\mathrm{B}(2, 0, 4)$ 에 대하여 다음 물음에 답하여라.

(1) 두 벡터 $\overrightarrow{\mathrm{OA}}$ 와 $\overrightarrow{\mathrm{OB}}$ 를 구하여라.

(2) 두 벡터 $\overrightarrow{\mathrm{OA}}$ 와 $\overrightarrow{\mathrm{OB}}$ 의 크기를 구하여라.

(3) $\overrightarrow{\mathrm{OA}}+\overrightarrow{\mathrm{OB}}$ 를 구하여라.

(4) 벡터 $\overrightarrow{\mathrm{AB}}$ 를 구하여라.

6. 두 벡터 $\vec{u}=(3,4)$, $\vec{v}=(-2,5)$에 대하여 다음을 구하여라.

(1) $-\vec{u}$ (2) $\vec{u}-\vec{v}$ (3) $3\vec{u}+2\vec{v}$

(4) $2\vec{u}-5\vec{v}$ (5) $|\vec{u}+\vec{v}|$

7. $\vec{u}=(1,5,3)$, $\vec{v}=(-1,0,7)$일 때 다음을 구하여라.

(1) $-2\vec{v}$ (2) $\vec{u}+\vec{v}$ (3) $5\vec{u}+3\vec{v}$

(4) $-2\vec{u}-4\vec{v}$ (5) $|\vec{u}-2\vec{v}|$

8. 좌표공간의 두 점 A와 B의 위치벡터를 각각 $\vec{a}=\overrightarrow{OA}$와 $\vec{b}=\overrightarrow{OB}$로 나타낼 때, 선분 AB의 중점 M의 위치벡터 $\vec{m}$을 구하여라. 또한 선분 AB를 $2:1$로 내분하는 점 P의 위치벡터 $\vec{p}$를 구하여라.

9. 좌표공간에 있는 삼각형 ABC의 무게중심을 G라고 하자.

(1) 점 G의 위치벡터 $\vec{g}$를 세 꼭짓점 A, B, C의 위치벡터를 이용하여 표현하여라.

(2) $\overrightarrow{GA}+\overrightarrow{GB}+\overrightarrow{GC}=\vec{0}$을 증명하여라.

6.2 벡터의 내적

영벡터가 아닌 두 벡터 $\vec{a}=\overrightarrow{OA}$ 와 $\vec{b}=\overrightarrow{OB}$ 에 대하여

$$\angle AOB=\theta \quad (0^\circ \le \theta \le 180^\circ)$$

를 두 벡터 $\vec{a}$ 와 $\vec{b}$ 가 이루는 각의 크기라고 한다.

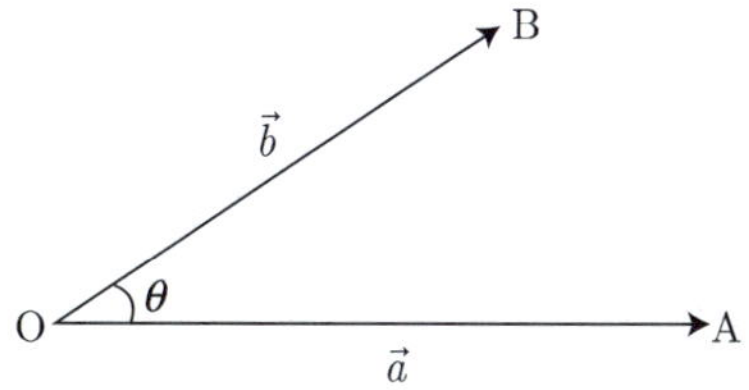

[그림 6-8]

> **정의 6.2.1** 영벡터가 아닌 두 벡터 $\vec{a}$ 와 $\vec{b}$ 가 이루는 각의 크기가 $\theta\,(0^\circ \le \theta \le 180^\circ)$일 때 다음의 값
>
> $$|\vec{a}||\vec{b}|\cos\theta$$
>
> 를 벡터 $\vec{a}$ 와 벡터 $\vec{b}$ 의 **내적**(inner product)이라 하고 $\vec{a}\cdot\vec{b}$ 로 나타낸다. 또한 $\vec{a}=\vec{0}$ 이거나 $\vec{b}=\vec{0}$ 일 때에는 $\vec{a}\cdot\vec{b}=0$ 으로 정의한다.

예제 6.2.2 아래 그림과 같이 한 모서리의 길이가 1 인 정육면체에서 내적 $\overrightarrow{AD}\cdot\overrightarrow{EG}$ 를 구하여라.

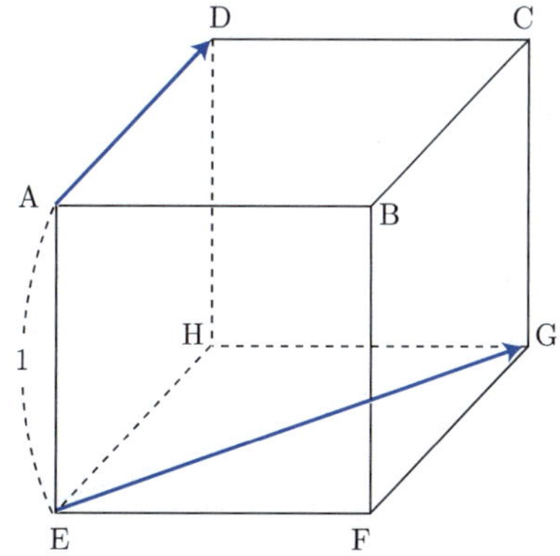

[그림 6-9]

풀이 $\overrightarrow{AD}=\overrightarrow{EH}$ 이므로 두 벡터 $\overrightarrow{AD}$ 와 $\overrightarrow{EG}$ 가 이루는 각의 크기가 $\theta=45°$ 이다. 또한

$$|\overrightarrow{AD}|=1,\ |\overrightarrow{EG}|=\sqrt{2},\ \cos 45° = \frac{1}{\sqrt{2}}$$

이므로

$$\overrightarrow{AD}\cdot\overrightarrow{EG}=1\cdot\sqrt{2}\cdot\frac{1}{\sqrt{2}}=1$$

이다. ■

영벡터가 아닌 두 벡터 $\vec{a}$ 와 $\vec{b}$ 가 $\vec{a}=(a_1, a_2, a_3)$, $\vec{b}=(b_1, b_2, b_3)$ 와 같이 성분으로 주어졌을 때에는 다음의 정리에 의하여 두 벡터의 내적 $\vec{a}\cdot\vec{b}$ 를 구할 수 있다.

정리 6.2.3 두 벡터 $\vec{a}=(a_1, a_2, a_3)$ 와 $\vec{b}=(b_1, b_2, b_3)$ 에 대하여

$$\vec{a}\cdot\vec{b}=a_1b_1+a_2b_2+a_3b_3$$

이다.

증명 먼저 $\vec{a}=\vec{0}$ 또는 $\vec{b}=\vec{0}$ 일 때에는 $\vec{a}\cdot\vec{b}=0=a_1b_1+a_2b_2+a_3b_3$ 가 당연히 성립한다.
영벡터가 아닌 두 벡터

$$\vec{a}=\overrightarrow{OA}=(a_1, a_2, a_3) \text{ 와 } \vec{b}=\overrightarrow{OB}=(b_1, b_2, b_3)$$

가 이루는 각의 크기를 θ 라 하고, $0° \le \theta \le 90°$ 인 경우에 대하여 알아보도록 하자. 점 B 에서 직선 OA 에 내린 수선의 발을 H 라고 하면

$$\overline{BH}=|\vec{b}|\sin\theta,\quad \overline{AH}=|\vec{a}|-\overline{OH}=|\vec{a}|-|\vec{b}|\cos\theta$$

이다.

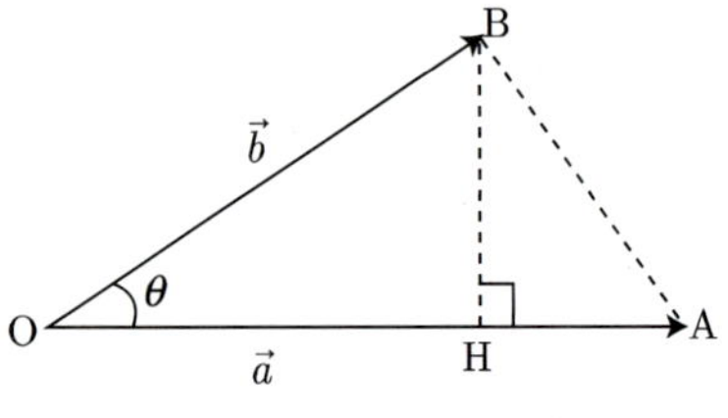

[그림 6-10]

삼각형 BHA는 직각삼각형이므로

$$\begin{aligned}\overline{AB}^2 &= \overline{BH}^2 + \overline{AH}^2 \\ &= |\vec{b}|^2\sin^2\theta + (|\vec{a}| - |\vec{b}|\cos\theta)^2 \\ &= |\vec{a}|^2 + |\vec{b}|^2 - 2|\vec{a}||\vec{b}|\cos\theta\end{aligned}$$

가 성립한다. 여기서 $\overline{AB}^2$, $|\vec{a}|^2$, $|\vec{b}|^2$을 벡터 $\vec{a}$와 $\vec{b}$의 성분으로 나타내고 내적의 정의를 이용하면, 위의 식은 다음과 같다.

$$(a_1-b_1)^2+(a_2-b_2)^2+(a_3-b_3)^2=(a_1^2+a_2^2+a_3^2)+(b_1^2+b_2^2+b_3^2)-2\vec{a}\cdot\vec{b}$$

이를 정리하면

$$\vec{a}\cdot\vec{b}=a_1b_1+a_2b_2+a_3b_3$$

이다. $90^\circ \le \theta \le 180^\circ$인 경우의 증명은 연습문제로 남긴다. ■

보기 6.2.4 두 벡터 $\vec{a}=(2,-1,3)$와 $\vec{b}=(3,3,1)$에 대하여 두 벡터의 내적은

$$\vec{a}\cdot\vec{b}=2\cdot3+(-1)\cdot3+3\cdot1=6$$

이다. ■

영벡터가 아닌 두 벡터 $\vec{a}=(a_1,a_2,a_3)$와 $\vec{b}=(b_1,b_2,b_3)$가 이루는 각을 θ라고 하면 정의 6.2.1과 정리 6.2.3에 의하여

$$\vec{a}\cdot\vec{b}=|\vec{a}||\vec{b}|\cos\theta=a_1b_1+a_2b_2+a_3b_3$$

이므로

$$\cos\theta=\frac{\vec{a}\cdot\vec{b}}{|\vec{a}||\vec{b}|}=\frac{a_1b_1+a_2b_2+a_3b_3}{|\vec{a}||\vec{b}|} \qquad (6.1)$$

이다. 이 식으로부터 두 벡터 $\vec{a}$와 $\vec{b}$가 이루는 각을 구할 수 있다. 또한, 모든 각 θ에 대하여 $|\cos\theta| \le 1$이므로 부등식

$$|\vec{a}\cdot\vec{b}| \le |\vec{a}||\vec{b}|$$

가 성립한다. 이 부등식은 벡터 $\vec{a}$ 또는 $\vec{b}$가 영벡터일 때도 여전히 성립한다. 한편, 위 부등

식의 양변을 제곱하고 벡터의 성분을 이용하면, 다음의 코시-슈바르츠 부등식

$$(a_1b_1+a_2b_2+a_3b_3)^2 \le \left(a_1^2+a_2^2+a_3^2\right)\left(b_1^2+b_2^2+b_3^2\right)$$

을 얻는다(보기 1.1.5).

예제 6.2.5 공간벡터 $\vec{a}=(2,1,3)$와 $\vec{b}=(-1,3,2)$가 이루는 각의 크기를 구하여라.

풀이 두 벡터 사이의 각을 $\theta\,(0^\circ \le \theta \le 180^\circ)$라고 하면 식 (6.1)에 의하여

$$\cos\theta=\frac{\vec{a}\cdot\vec{b}}{|\vec{a}||\vec{b}|}=\frac{2\cdot(-1)+1\cdot 3+3\cdot 2}{\sqrt{4+1+9}\;\sqrt{1+9+4}}=\frac{1}{2}$$

이므로 $\theta=60^\circ$이다. ■

영벡터가 아닌 두 벡터 $\vec{a}$와 $\vec{b}$가 이루는 각이 직각일 때, 즉 각의 크기가 90°일 때, 두 벡터 $\vec{a}$와 $\vec{b}$는 서로 **수직**이라 하고

$$\vec{a}\perp\vec{b}$$

로 나타낸다. 영벡터가 아닌 두 벡터 $\vec{a}$와 $\vec{b}$가 수직이라고 가정하면, 두 벡터가 이루는 각의 크기가 90°이므로 $\vec{a}\cdot\vec{b}=|\vec{a}||\vec{b}|\cos 90^\circ=0$이다. 역으로 $\vec{a}\cdot\vec{b}=0$이라고 가정하면, $\cos\theta=\dfrac{\vec{a}\cdot\vec{b}}{|\vec{a}||\vec{b}|}=0$이고 $0^\circ \le \theta \le 180^\circ$이므로 $\theta=90^\circ$, 즉 $\vec{a}\perp\vec{b}$이다. 따라서 영벡터가 아닌 두 벡터 $\vec{a}$와 $\vec{b}$에 대하여

$$\vec{a}\perp\vec{b} \iff \vec{a}\cdot\vec{b}=0$$

이다.

또한 영벡터가 아닌 두 벡터 $\vec{a}$와 $\vec{b}$가 이루는 각의 크기가 0° 또는 180°일 때, 즉 두 벡터 $\vec{a}$와 $\vec{b}$의 방향이 같거나 반대일 때, 두 벡터 $\vec{a}$와 $\vec{b}$는 **평행**하다고 하고

$$\vec{a}//\vec{b}$$

로 나타낸다.

예제 6.2.6 두 벡터 $\vec{a}=(-4, t-1, 1)$와 $\vec{b}=(1, 2, t)$가 수직일 때 t의 값을 구하여라.

풀이 $\vec{a}\perp\vec{b}$일 필요충분조건은 $\vec{a}\cdot\vec{b}=0$인 것이다. 따라서

$$\vec{a}\cdot\vec{b}=-4+2(t-1)+t=0$$

에서 $3t-6=0$, 즉 $t=2$이다. ■

예제 6.2.7 영벡터가 아닌 두 벡터 $\vec{a}$와 $\vec{b}$에 대하여 다음이 모두 필요충분조건임을 증명하여라.

(1) $\vec{a}//\vec{b}$

(2) $\vec{a}\cdot\vec{b}=\pm|\vec{a}||\vec{b}|$

(3) 0이 아닌 실수 k에 대하여 $\vec{a}=k\vec{b}$이다.

풀이 (1) ⇒ (2) $\vec{a}//\vec{b}$라고 가정하면 두 벡터 $\vec{a}$와 $\vec{b}$가 이루는 각의 크기가 $\theta=0^\circ$ 또는 $\theta=180^\circ$이다. $\theta=0^\circ$이면 $\cos\theta=1$이므로 $\vec{a}\cdot\vec{b}=|\vec{a}||\vec{b}|$이고, $\theta=180^\circ$이면 $\cos\theta=-1$이므로 $\vec{a}\cdot\vec{b}=-|\vec{a}||\vec{b}|$이다. 따라서 $\vec{a}\cdot\vec{b}=\pm|\vec{a}||\vec{b}|$이다.

(2) ⇒ (3) $\vec{a}=(a_1, a_2, a_3)$, $\vec{b}=(b_1, b_2, b_3)$로 쓰면, 등식 $\vec{a}\cdot\vec{b}=\pm|\vec{a}||\vec{b}|$은

$$a_1b_1+a_2b_2+a_3b_3=\pm\sqrt{a_1^2+a_2^2+a_3^2}\sqrt{b_1^2+b_2^2+b_3^2}$$

을 의미한다. 양변을 제곱하여 정리하면

$$(a_1b_2-a_2b_1)^2+(a_2b_3-a_3b_2)^2+(a_1b_3-a_3b_1)^2=0$$

이므로

$$\frac{a_1}{b_1}=\frac{a_2}{b_2}=\frac{a_3}{b_3}\ (\text{단, } b_i=0 \text{이면 } a_i=0)$$

이 성립한다. 따라서 0이 아닌 적당한 상수 k에 대하여

$$\vec{a}=(a_1, a_2, a_3)=k(b_1, b_2, b_3)=k\vec{b}$$

이다.

(3) $\Rightarrow$ (1) $\vec{a}$와 $\vec{b}$가 이루는 각의 크기를 θ라고 하자. $\vec{a}=k\vec{b}\,(k\neq 0)$이면

$$\cos\theta=\frac{\vec{a}\cdot\vec{b}}{|\vec{a}||\vec{b}|}=\frac{(k\vec{b})\cdot\vec{b}}{|k\vec{b}||\vec{b}|}=\frac{k|\vec{b}|^2}{|k||\vec{b}|^2}=\frac{k}{|k|}=\pm 1$$

이다. 따라서 $\theta=0^\circ$ 또는 $\theta=180^\circ$이므로 $\vec{a}/\!/\vec{b}$이다. ■

벡터의 합, 실수배, 내적 등의 벡터의 연산을 임의의 자연수 n에 대한 n차원 공간

$$\mathbb{R}^n=\{(x_1,x_2,\cdots,x_n)\mid x_1,x_2,\cdots,x_n\in\mathbb{R}\}$$

에서도 정의할 수 있다. $\mathbb{R}^n$의 임의의 두 벡터 $\vec{a}=(a_1,a_2,\cdots,a_n)$, $\vec{b}=(b_1,b_2,\cdots,b_n)$와 임의의 실수 k에 대하여 $\vec{a}$와 $\vec{b}$를 더한 벡터 $\vec{a}+\vec{b}$, 뺀 벡터 $\vec{a}-\vec{b}$와 $\vec{a}$를 k배한 벡터 $k\vec{a}$를 다음과 같은 벡터로 정의한다.

$$\vec{a}\pm\vec{b}=(a_1\pm b_1,a_2\pm b_2,\cdots,a_n\pm b_n)$$
$$k\vec{a}=(ka_1,ka_2,\cdots,ka_n)$$

그러면 벡터의 합과 실수배에 대한 정리 6.1.4가 n차원 공간 $\mathbb{R}^n$에서도 성립한다.

또한, 정리 6.2.3과 같이 두 벡터 $\vec{a}$와 $\vec{b}$의 내적 $\vec{a}\cdot\vec{b}$와 벡터 $\vec{a}$의 크기를 다음과 같이 정의한다.

$$\vec{a}\cdot\vec{b}=a_1b_1+a_2b_2+\cdots+a_nb_n$$
$$|\vec{a}|=\sqrt{\vec{a}\cdot\vec{a}}=\sqrt{a_1^2+a_2^2+\cdots+a_n^2}$$

벡터의 내적에 대하여 다음의 기본적인 성질들이 성립한다.

정리 6.2.8 $\mathbb{R}^n$의 임의의 벡터 $\vec{a}$, $\vec{b}$, $\vec{c}$와 실수 k에 대하여 다음이 성립한다.

(1) $\vec{a}\cdot\vec{a}=|\vec{a}|^2\geq 0$이고 $\vec{a}\cdot\vec{a}=0 \Leftrightarrow \vec{a}=\vec{0}$

(2) $\vec{a}\cdot\vec{b}=\vec{b}\cdot\vec{a}$

(3) $\vec{a}\cdot(\vec{b}+\vec{c})=\vec{a}\cdot\vec{b}+\vec{a}\cdot\vec{c}$, $(\vec{a}+\vec{b})\cdot\vec{c}=\vec{a}\cdot\vec{c}+\vec{b}\cdot\vec{c}$

(4) $(k\vec{a})\cdot\vec{b}=\vec{a}\cdot(k\vec{b})=k(\vec{a}\cdot\vec{b})$

증명 표기상의 편의를 위하여 $n=3$이라 가정하고 증명한다.

(1) $\vec{a}=(a_1, a_2, a_3)$ 라고 하면

$$\vec{a}\cdot\vec{a}=a_1^2+a_2^2+a_3^2=|\vec{a}|^2 \geq 0$$

이 성립한다. 또한 $\vec{a}\cdot\vec{a}=0$이라 하면 $|\vec{a}|^2=a_1^2+a_2^2+a_3^2=0$이고 따라서

$$a_1=a_2=a_3=0$$

이다. 그러므로 $\vec{a}=\vec{0}$이다. 역으로 $\vec{a}=\vec{0}=(0,0,0)$이라고 하면

$$|\vec{a}|^2=0^2+0^2+0^2=0$$

이다.

(2) $\vec{a}=(a_1, a_2, a_3)$, $\vec{b}=(b_1, b_2, b_3)$ 라고 하면

$$\begin{aligned}\vec{a}\cdot\vec{b}&=a_1b_1+a_2b_2+a_3b_3\\&=b_1a_1+b_2a_2+b_3a_3=\vec{b}\cdot\vec{a}\end{aligned}$$

이다.

(3), (4)의 증명은 연습문제로 남긴다. ■

예제 6.2.9 두 벡터 $\vec{a}, \vec{b}\in\mathbb{R}^n$에 대하여

$$|\vec{a}+\vec{b}|^2=|\vec{a}|^2+2\vec{a}\cdot\vec{b}+|\vec{b}|$$

이 성립함을 보여라.

풀이 정리 6.2.8에 의하여

$$\begin{aligned}|\vec{a}+\vec{b}|^2&=(\vec{a}+\vec{b})\cdot(\vec{a}+\vec{b})\\&=(\vec{a}\cdot\vec{a})+(\vec{a}\cdot\vec{b})+(\vec{b}\cdot\vec{a})+(\vec{b}\cdot\vec{b})\\&=|\vec{a}|^2+2\vec{a}\cdot\vec{b}+|\vec{b}|^2\end{aligned}$$

이다. ■

연습문제 6.2

1. 다음의 두 벡터 $\vec{a}$와 $\vec{b}$에 대하여 내적 $\vec{a}\cdot\vec{b}$를 구하여라. 또한 두 벡터가 이루는 각이 예각인지 둔각인지를 알아보아라.

(1) $\vec{a}=(6,1,4), \vec{b}=(2,0,3)$

(2) $\vec{a}=(0,0,-1), \vec{b}=(1,1,1)$

(3) $\vec{a}=(-6,0,4), \vec{b}=(3,1,6)$

(4) $\vec{a}=(2,4,-8), \vec{b}=(5,3,7)$

2. 두 벡터 $\vec{a}=(a,1,1)$과 $\vec{b}=(1,-1,1)$가 이루는 각의 크기가 60°가 되도록 a의 값을 결정하여라.

3. 세 벡터 $\vec{a}=(5,4)$, $\vec{b}=(-2,3)$, $\vec{c}=(3,7)$에 대하여 벡터 $\vec{a}+k\vec{c}$와 $\vec{b}-\vec{a}$가 평행할 때, 실수 k의 값을 구하여라.

4. 두 벡터 $\vec{a}=(2,-1,1)$과 $\vec{b}=(1,1,2)$가 이루는 각의 크기를 구하여라.

5. 두 벡터 $\vec{a}=(2,3,1)$, $\vec{b}=(1,3,5)$에 각각 수직이고 크기가 $\sqrt{13}$인 벡터 $\vec{n}$을 구하여라.

6. 두 벡터 $\vec{a}=(1,3,-2)$와 $\vec{b}=(2,-4,1)$에 동시에 수직인 모든 벡터를 구하여라.

7. $90^\circ \le \theta \le 180^\circ$인 경우에도 정리 6.2.3이 성립함을 증명하여라.

8. 영벡터가 아닌 두 벡터 $\vec{a}, \vec{b}$가 수직일 필요충분조건은

$$|\vec{a}+\vec{b}|^2=|\vec{a}|^2+|\vec{b}|^2$$

이 성립하는 것임을 보여라. 또한 이 사실을 기하학적으로 설명하여라.

9. 정리 6.2.8의 (3)과 (4)를 증명하여라.

10. 임의의 두 벡터 $\vec{a}, \vec{b} \in \mathbb{R}^n$에 대하여 다음의 등식이 성립함을 증명하여라.

$$|\vec{a}+\vec{b}|^2+|\vec{a}-\vec{b}|^2=2|\vec{a}|^2+2|\vec{b}|^2$$

11. 내적의 성질들(정리 6.2.8)을 이용하여, n차원 공간 $\mathbb{R}^n$에서의 코시-슈바르츠 부등식

$$|\vec{a} \cdot \vec{b}| \leq |\vec{a}||\vec{b}|$$

가 임의의 두 벡터 $\vec{a}, \vec{b} \in \mathbb{R}^n$에 대하여 성립함을 증명하여라.

12. 임의의 두 벡터 $\vec{a}, \vec{b} \in \mathbb{R}^n$에 대하여 삼각부등식

$$|\vec{a}+\vec{b}| \leq |\vec{a}|+|\vec{b}|, \quad ||\vec{a}|-|\vec{b}|| \leq |\vec{a}-\vec{b}|$$

이 성립함을 증명하여라.

6.3 직선과 평면의 방정식

좌표공간의 한 점 $P_0(x_0, y_0, z_0)$를 지나고 영벡터가 아닌 벡터 $\vec{d} = (a, b, c)$에 평행한 직선을 l이라고 할 때, 직선 l의 방정식을 구해 보자.

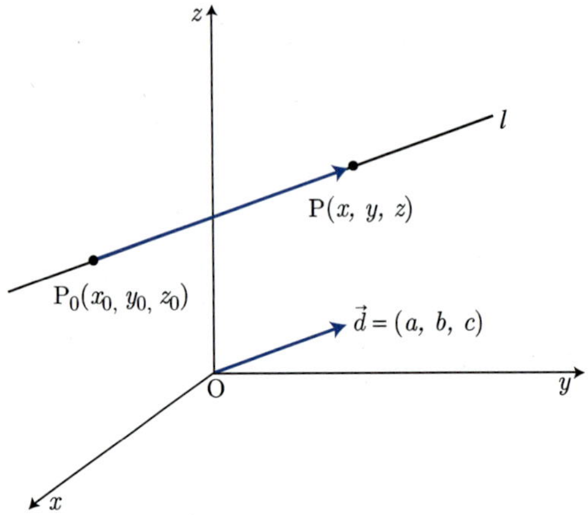

[그림 6-11]

직선 l 위의 임의의 점을 $P(x, y, z)$라고 하면 벡터 $\overrightarrow{P_0P} = (x - x_0, y - y_0, z - z_0)$는 벡터 $\vec{d} = (a, b, c)$에 평행하다. 따라서 적당한 실수 t에 대하여

$$\overrightarrow{P_0P} = t\vec{d}$$

가 성립한다. 점 P_0와 P의 위치벡터를 각각 $\vec{p_0} = (x_0, y_0, z_0)$와 $\vec{p} = (x, y, z)$로 나타내면, $\overrightarrow{P_0P} = \vec{p} - \vec{p_0}$이므로 위의 식은

$$\vec{p} = \vec{p_0} + t\vec{d} \quad (t\text{는 실수})$$

와 같다. 이를 직선 l의 **방정식**이라고 한다. 각 위치벡터의 성분을 이용하여 이 방정식을 다시 쓰면

$$(x, y, z) = (x_0, y_0, z_0) + t(a, b, c)$$

이므로

$$\begin{cases} x = x_0 + ta \\ y = y_0 + tb \\ z = z_0 + tc \end{cases} \quad (t\text{는 실수})$$

이다. $abc \neq 0$ 인 경우, 매개변수 t를 소거하면

$$\frac{x-x_0}{a}=\frac{y-y_0}{b}=\frac{z-z_0}{c}$$

이다.

예제 6.3.1 좌표공간의 두 점 $A(1,2,3)$과 $B(2,1,-3)$을 지나는 직선의 방정식을 구하여라.

풀이 두 점 A와 B를 지나는 직선은 벡터

$$\overrightarrow{AB}=(2,1,-3)-(1,2,3)=(1,-1,-6)$$

에 평행하고 점 A를 지나므로, 구하는 직선의 방정식은

$$\begin{cases} x=1+t \\ y=2-t \\ z=3-6t \end{cases} \quad (t\text{는 실수})$$

또는

$$x-1=\frac{y-2}{-1}=\frac{z-3}{-6}$$

이다. ■

예제 6.3.2 점 $(1,1,2)$를 지나고 벡터 $\vec{d}=(0,2,3)$에 평행한 직선의 방정식을 구하여라.

풀이 구하는 직선의 방정식은

$$\begin{cases} x=1 \\ y=1+2t \\ z=2+3t \end{cases} \quad (t\text{는 실수})$$

또는

$$x=1,\ \frac{y-1}{2}=\frac{z-2}{3}$$

이다. ■

예제 6.3.3 다음 두 직선이 이루는 각의 크기 $\theta\,(0^\circ \le \theta \le 90^\circ)$를 구하여라.

$$\begin{cases} x=-1+2t \\ y=2+t \\ z=t \end{cases}, \qquad x-1=\frac{y-2}{2}=\frac{z-3}{-1}$$

풀이 두 직선은 각각 벡터 $\vec{d_1}=(2,1,1)$과 $\vec{d_2}=(1,2,-1)$에 평행하므로, 두 직선이 이루는 각의 크기는 두 벡터 $\vec{d_1}$, $\vec{d_2}$ 또는 $\vec{d_1}$, $-\vec{d_2}$가 이루는 각 중에서 90° 보다 작거나 같은 것이다. 두 벡터 $\vec{d_1}$, $\vec{d_2}$가 이루는 각의 크기를 $\theta\,(0^\circ \le \theta \le 180^\circ)$라고 하면

$$\cos\theta = \frac{\vec{d_1}\cdot\vec{d_2}}{|\vec{d_1}||\vec{d_2}|} = \frac{3}{\sqrt{6}\sqrt{6}} = \frac{1}{2}$$

이므로 $\theta=60^\circ$ 이다. 따라서 두 직선이 이루는 각의 크기는 $\theta=60^\circ$ 이다. ■

좌표공간의 한 점 $P_0(x_0, y_0, z_0)$를 지나고 영벡터가 아닌 벡터 $\vec{n}=(a,b,c)$에 수직인 평면을 α라고 할 때, 평면 α의 방정식을 구해 보자.

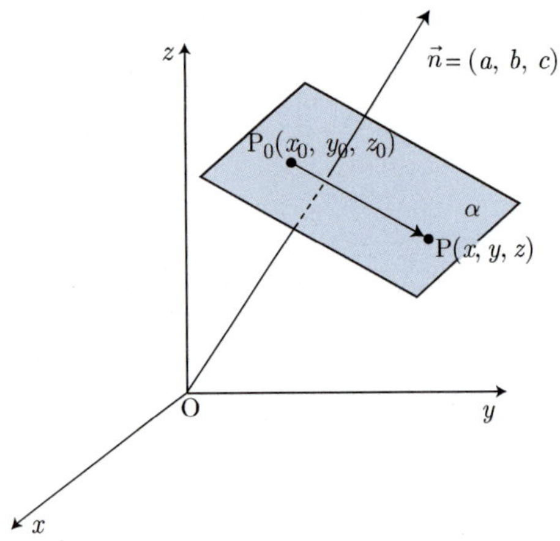

[그림 6-12]

평면 α 위의 임의의 점을 $P(x,y,z)$라고 하면 벡터 $\overrightarrow{P_0P}$가 영벡터이거나 벡터 $\vec{n}$에 수직이므로

$$\overrightarrow{P_0P}\cdot\vec{n}=0$$

이다. 점 P_0와 P의 위치벡터를 각각 $\vec{p_0}=(x_0,y_0,z_0)$와 $\vec{p}=(x,y,z)$로 나타내면, $\overrightarrow{P_0P}=\vec{p}-\vec{p_0}$이므로 위의 식은

$$(\vec{p}-\vec{p_0})\cdot\vec{n}=0$$

와 같다. 이를 평면 α의 **방정식**이라고 한다. 각 위치벡터의 성분을 이용하여 이 방정식을 다시 쓰면

$$(x-x_0, y-y_0, z-z_0)\cdot(a,b,c)=0$$

이므로

$$a(x-x_0)+b(y-y_0)+c(z-z_0)=0$$

이다. 여기서 $-(ax_0+by_0+cz_0)$를 d로 놓으면, 위의 식은

$$ax+by+cz+d=0$$

이다. 여기서 평면 α에 수직인 벡터 $\vec{n}=(a,b,c)$를 평면 α의 **법선벡터**(normal vector)라고 부른다. 역으로, 적어도 하나는 0이 아닌 세 실수 a,b,c와 실수 d에 대하여 일차방정식

$$ax+by+cz+d=0$$

은 평면의 방정식을 나타낸다. 예를 들어, 만약 $a\neq 0$라고 하면 위의 방정식은

$$a\left(x+\frac{d}{a}\right)+b(y-0)+c(z-0)=0$$

이므로, 이 일차방정식은 점 $\left(-\frac{d}{a},0,0\right)$을 지나고 벡터 $\vec{n}=(a,b,c)$에 수직인 평면의 방정식이다.

예제 6.3.4 좌표공간의 점 $(1,2,3)$을 지나고 벡터 $\vec{n}=(4,3,-2)$에 수직인 평면의 방정식을 구하여라.

풀이 구하는 평면의 방정식은 $4(x-1)+3(y-2)+(-2)(z-3)=0$이고, 이를 정리하면 $4x+3y-2z=4$이다. ■

예제 6.3.5 다음 두 평면이 이루는 각의 크기 $\theta\,(0^\circ\leq\theta\leq 90^\circ)$를 구하여라.

$$-x+z=1\,,\qquad x-y-2z=3$$

풀이 두 평면은 각각 벡터 $\vec{n_1}=(-1,0,1)$과 $\vec{n_2}=(1,-1,-2)$에 수직이므로, 두 평면이 이루는 각의 크기는 두 벡터 $\vec{n_1}$, $\vec{n_2}$ 또는 $\vec{n_1}$, $-\vec{n_2}$가 이루는 각의 크기 중에서 90°보다 작거나 같은 것이다. 두 벡터 $\vec{n_1}$, $\vec{n_2}$가 이루는 각의 크기를 $\theta\,(0^\circ\leq\theta\leq 180^\circ)$라고 하면

$$\cos\theta = \frac{\vec{n_1}\cdot\vec{n_2}}{|\vec{n_1}||\vec{n_2}|} = \frac{-3}{\sqrt{2}\ \sqrt{6}} = -\frac{\sqrt{3}}{2}$$

이므로 $\theta = 120^\circ$ 이다. 두 평면이 이루는 각의 크기는 $180^\circ - \theta = 60^\circ$ 이다. ■

벡터를 이용하여 점과 평면 사이의 거리를 구할 수 있다.

정리 6.3.6 좌표공간의 한 점 $A(x_0, y_0, z_0)$ 와 평면 $ax+by+cz+d=0$ 사이의 거리는

$$\frac{|ax_0+by_0+cz_0+d|}{\sqrt{a^2+b^2+c^2}}$$

이다.

증명 점 A에서 평면 $ax+by+cz+d=0$ 에 내린 수선의 발을 $P(x_1, y_1, z_1)$ 이라고 하면 구하는 거리는 벡터 $\overrightarrow{AP}$ 의 크기와 같다. 두 점 A와 P의 위치벡터를 각각 $\vec{a}$ 와 $\vec{p}$ 라고 하면, 벡터 $\overrightarrow{AP}$ 가 평면의 법선벡터 $\vec{n}=(a, b, c)$ 와 평행이며 $\overrightarrow{AP}=\vec{p}-\vec{a}$ 이므로

$$\vec{p}-\vec{a}=t\vec{n}$$

인 실수 t 가 존재한다. 한편 점 P가 평면 $ax+by+cz+d=0$ 위에 있으므로

$$\vec{n}\cdot\vec{p}+d=0$$

이다. 따라서

$$-d=\vec{n}\cdot(\vec{a}+t\vec{n})=\vec{n}\cdot\vec{a}+t|\vec{n}|^2$$

이고

$$t=-\frac{\vec{n}\cdot\vec{a}+d}{|\vec{n}|^2}$$

이다. 그러므로 구하는 거리는

$$|\overrightarrow{AP}|=|\vec{p}-\vec{a}|=|t||\vec{n}|=\frac{|\vec{n}\cdot\vec{a}+d|}{|\vec{n}|}$$

이다. ■

연습문제 6.3

1. 좌표평면에서 한 점 $(2, 1)$을 지나고 벡터 $\vec{d} = (1, 6)$에 평행한 직선의 방정식을 구하여라. 또한 이 직선의 방정식을 $y = ax + b$ 형태로 나타내어라.

2. 점 $(-1, 0, 3)$을 지나고 벡터 $\vec{d} = (3, -1, 2)$에 평행한 직선의 방정식을 구하여라.

3. 두 점 $(2, 0, 3)$과 $(-1, 4, 5)$를 지나는 직선의 방정식을 구하여라.

4. 벡터 $\vec{d} = (6, 1, 4)$에 수직이고 점 $(2, -3, 1)$을 지나는 평면의 방정식을 구하여라.

5. 두 점 $\mathrm{A}(2, 0, 3)$, $\mathrm{B}(3, 2, -1)$을 지나는 직선에 수직이고, 점 A를 지나는 평면의 방정식을 구하여라.

6. 세 점 $(2, 0, 4)$, $(-3, 1, 1)$, $(5, 2, 0)$을 포함하는 평면의 방정식을 구하여라.

7. 점 $(2, -2, 3)$을 지나고 평면 $2x - y + 3z = 1$에 수직인 직선의 방정식을 구하여라.

8. 직선 $\dfrac{x+1}{3} = \dfrac{y+3}{2} = \dfrac{z}{1}$와 평면 $3x + 2y - z = 3$의 교점을 구하여라.

9. 점 $\mathrm{A}(2, 1, 4)$에서 평면 $\alpha : 6x - 3y + 2z - 3 = 0$에 내린 수선의 발 H의 좌표를 구하고 선분 AH의 길이, 즉 점 A와 평면 α 사이의 거리를 구하여라.

6.4 벡터함수

세 함수 f, g, h가 구간 I를 정의역으로 하고 실수를 함숫값으로 가진다고 할 때, 각각의 $t \in I$에 대하여 공간벡터

$$\vec{r}(t) = (f(t), g(t), h(t))$$

를 대응시키는 함수 $\vec{r}: I \to \mathbb{R}^3$를 구간 I에서 정의된 **벡터함수**라고 한다. 벡터함수 $\vec{r}: I \to \mathbb{R}^3$에서, 구간 I의 모든 t에 대한 함숫값 벡터 $\vec{r}(t) = (f(t), g(t), h(t))$의 종점을 좌표공간 $\mathbb{R}^3$에 표시하면 이는 곡선을 나타낸다. 또한 이 곡선을

$$\begin{cases} x = f(t) \\ y = g(t) \\ z = h(t) \end{cases} \quad (t \in I)$$

와 같이 나타내기도 하며, 이러한 표현을 곡선의 **매개변수방정식**이라고 한다.

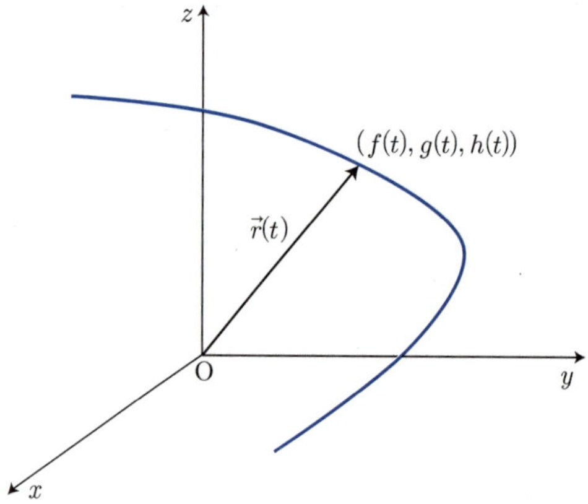

[그림 6-13]

벡터함수의 극한, 연속, 도함수의 개념은 앞에서 공부한 일변수함수를 이용하여 아래와 같이 정의한다.

구간 I의 한 점 $t = t_0$에서 세 함수 f, g, h의 극한값이 모두 존재할 때 벡터함수 $\vec{r}(t) = (f(t), g(t), h(t))$의 $t = t_0$에서의 **극한**은

$$\lim_{t \to t_0} \vec{r}(t) = \left(\lim_{t \to t_0} f(t), \lim_{t \to t_0} g(t), \lim_{t \to t_0} h(t) \right)$$

로 정의한다.

또한 벡터함수 $\vec{r}$이 $t=t_0$에서 정의되어 있고 $\lim_{t\to t_0}\vec{r}(t)$가 존재하며

$$\lim_{t\to t_0}\vec{r}(t)=\vec{r}(t_0)$$

일 때, 벡터함수 $\vec{r}$은 $t=t_0$에서 **연속**이라고 한다. 벡터함수 $\vec{r}$이 $t=t_0$에서 연속일 필요충분조건은 세 함수 f, g, h가 모두 $t=t_0$에서 연속인 것을 쉽게 알 수 있다.

세 함수 f, g, h가 구간 I의 한 점 $t=t_0$에서 모두 미분가능할 때, 벡터함수 $\vec{r}$도 $t=t_0$에서 **미분가능하다**고 한다. 또한 세 함수 f, g, h가 구간 I에서 모두 미분가능하면 벡터함수 $\vec{r}$이 구간 I에서 미분가능하다고 하고, 이때 벡터함수 $\vec{r}$의 **도함수**는 다음과 같이 정의된다.

$$\frac{d\vec{r}}{dt}=\vec{r}'(t)=(f'(t), g'(t), h'(t))$$

좌표공간 $\mathbb{R}^3$ 위를 움직이는 점 P의 시각 t에서의 위치를 (x, y, z)라고 하면 x, y, z는 t의 함수이므로

$$x=f(t),\ y=g(t),\ z=h(t)$$

로 나타낼 수 있다. 즉 점 P의 시간에 따른 위치함수는 좌표직선의 한 구간 I에서 정의된 벡터함수 $\vec{r}(t)=(f(t), g(t), h(t))$로 표현된다. 이 벡터함수 $\vec{r}$이 구간 I의 한 점 $t=t_0$에서 미분가능하다고 하면, $t=t_0$에서의 도함수의 값 $\vec{r}'(t_0)$는 시각 t_0에서의 점 P의 **순간속도**를 나타내고 이 속도벡터의 크기는 시각 t_0에서의 점 P의 **속력**(빠르기)을 나타내는 함수이다. 또한, 벡터함수 $\vec{r}$이 구간 I에서 두 번 미분가능하다고 하면 벡터함수 $\vec{r}(t)$의 이계도함수 $\vec{r}''(t)$는 물체의 **가속도**를 나타내는 함수이다. 다시 말해서, 좌표공간 $\mathbb{R}^3$ 위를 움직이는 점 P의 위치함수

$$\vec{r}(t)=(f(t), g(t), h(t)),\ t\in I$$

에 대하여

$$\vec{v}(t)=\vec{r}'(t)=(f'(t), g'(t), h'(t))$$

는 점 P의 속도함수이고

$$|\vec{v}(t)|=\sqrt{\{f'(t)\}^2+\{g'(t)\}^2+\{h'(t)\}^2}$$

은 점 P의 속력을 나타내며

$$\vec{a}(t)=\vec{v}'(t)=\vec{r}''(t)=(f''(t), g''(t), h''(t))$$

는 점 P 의 가속도함수이다.

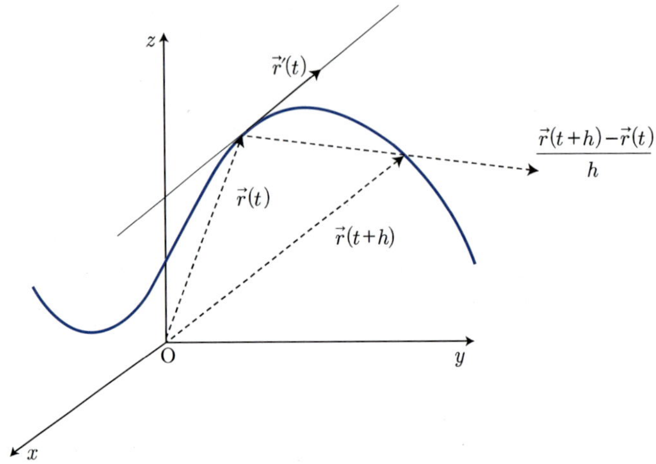

[그림 6–14]

또한, 기하학적으로 볼 때 $t=t_0$ 에서의 속도벡터 $\vec{v}(t_0)=\vec{r}'(t_0)$ 는 곡선

$$x=f(t),\ y=g(t),\ z=h(t)\quad (x\in I)$$

위의 점 $(f(t_0), g(t_0), h(t_0))$ 에서의 접선과 같은 방향을 가지는 벡터인 것을 알 수 있다.

보기 6.4.1 좌표공간을 움직이는 점 P 의 위치함수가 $\vec{r}(t)=(t^2, e^t, te^t)$, $t\geq 0$일 때, 점 P 의 속도함수는

$$\vec{v}(t)=\vec{r}'(t)=(2t, e^t, (1+t)e^t)$$

이고 그 크기

$$|\vec{v}(t)|=\sqrt{4t^2+e^{2t}+(1+t)^2e^{2t}}$$

는 시각 t 에서의 점 P의 속력을 나타낸다. 또한,

$$\vec{a}(t)=\vec{v}'(t)=\vec{r}''(t)=(2, e^t, (2+t)e^t)$$

는 점 P의 가속도함수이다. ■

예제 6.4.2 곡선 $x=t,\ y=t^2,\ z=t^3\ (t \geq 0)$ 위의 점 $(1,1,1)$에서 접하는 접선 l의 방정식을 구하여라.

풀이 $\vec{r}(t)=(t,t^2,t^3)$으로 놓으면 $\vec{r}(1)=(1,1,1)$이다.

또한 $\vec{r}'(t)=(1,2t,3t^2)$이므로 $\vec{r}'(1)=(1,2,3)$이 접선 l과 평행한 벡터이다. 따라서 접선 l의 방정식은

$$\frac{x-1}{1}=\frac{y-1}{2}=\frac{z-1}{3}$$

이다. ■

연습문제 6.4

1. 다음 벡터함수의 정의역을 말하여라.

(1) $\vec{r}(t)=\left(\sqrt{3-t^2},\ \frac{1}{t},\ 3t^2-2\right)$

(2) $\vec{r}(t)=(t,\ \ln t,\ \sqrt{t})$

2. 벡터함수 $\vec{r}(t)=\left(t,\ \sqrt{1-t^2},\ t+1\right)$, $t\in[-1,\ 1]$에 대하여 다음 물음에 답하여라.

(1) $\vec{r}(-1)$과 $\vec{r}(1)$을 구하고 좌표공간에 나타내어라.

(2) $\vec{r}(t)$가 나타내는 곡선을 좌표공간에 그려라.

3. 벡터함수 $\vec{r}(t)=(t,\ t^2,\ 2t)$, $t\geq 0$은 시간 t에 따라 운동하는 물체의 위치를 나타낸다.

(1) 물체가 움직이는 경로를 좌표공간에 나타내어라.

(2) 물체의 속도함수 $\vec{v}(t)$와 가속도함수 $\vec{a}(t)$를 구하여라.

(3) 시각 t에서 물체가 위치한 좌표공간의 점을 $\mathrm{P}(t)$라고 할 때, $\mathrm{P}(1)$과 $\mathrm{P}(2)$를 물체가 움직인 경로 위에 나타내어라. 그리고 속도벡터 $\vec{v}(1)$과 $\vec{v}(2)$를 각각 $\mathrm{P}(1)$과 $\mathrm{P}(2)$를 시점으로 하는 벡터로 나타내어라.

4. 좌표공간의 곡선 $x=\ln t$, $y=t^2+3t$, $z=4\sqrt{t}$ 위의 점 $(0,\ 4,\ 4)$에서 접하는 접선의 방정식을 구하여라.

6장 연습문제

1. 다음의 평행사변형 ABCD 에서 대각선의 교점을 O 라고 하고 $\overrightarrow{OA}=\vec{a}$, $\overrightarrow{OB}=\vec{b}$ 라고 할 때, $\overrightarrow{BC}$ 를 $\vec{a}$ 와 $\vec{b}$ 로 나타내어라.

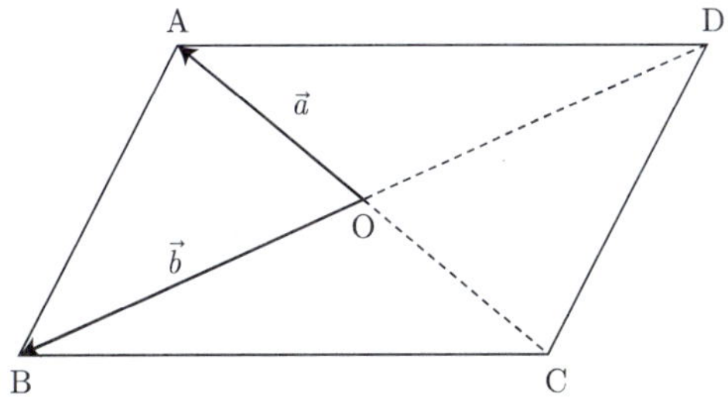

2. 두 평면벡터 $\vec{a}=(2,k)$ 와 $\vec{b}=(3,5)$ 가 다음을 만족하도록 상수 k 의 값을 결정하여라.

(1) $\vec{a}$ 와 $\vec{b}$ 가 수직이다.

(2) $\vec{a}$ 와 $\vec{b}$ 가 평행하다.

(3) $\vec{a}$ 와 $\vec{b}$ 가 이루는 각의 크기가 $60°$ 이다.

3. $|\vec{a}|=1$, $|\vec{b}|=3$, $|\vec{a}-\vec{b}|=\sqrt{7}$ 일 때, 두 벡터 $\vec{a}$ 와 $\vec{b}$ 가 이루는 각의 크기를 구하여라.

4. 두 벡터 $\vec{a}=(1,-2,3)$, $\vec{b}=(-1,1,-1)$ 과 실수 t 에 대하여 $\vec{p}=\vec{a}+t\vec{b}$ 일 때, $|\vec{p}|$ 의 최솟값을 구하여라.

5. 직선 위에 있는 서로 다른 세 점 A, B, C 에 대하여

$$\overrightarrow{OA}=\vec{a}+\vec{b},\ \overrightarrow{OB}=3\vec{a}-\vec{b},\ \overrightarrow{OC}=4\vec{a}-k\vec{b}$$

일 때, 상수 k 의 값을 구하여라. (단, O 는 원점이다.)

6. 점 $(2,-4,1)$ 을 지나고 직선

$$\frac{x-1}{3}=\frac{y+2}{1}=\frac{z+5}{2}$$

와 수직으로 만나는 직선의 방정식을 구하여라.

7. 점 $(-1,1,2)$를 지나고 두 평면 $2x-3y+z=0$과 $x-z+1=0$에 각각 수직인 평면의 방정식을 구하여라.

8. 평면 $3x+4y-z=-6$에 평행하고 xy평면에 있는 단위벡터를 구하여라.

9. 점 $(1,0,2)$와 직선 $x-3=\dfrac{y-4}{3}=\dfrac{z-2}{-2}$를 포함하는 평면의 방정식을 구하여라.

10. 직선 $x=2+t, y=-3-t, z=1+3t \ (t\in\mathbb{R})$에 수직이고 점 $(5,1,1)$을 지나는 평면의 방정식을 구하여라.

11. 다음 두 직선이 이루는 각의 크기를 구하여라.

$$x-1=\frac{y-2}{2}=\frac{z-3}{-2}, \quad x=\frac{y-2}{-4}=z+2$$

12. 공간의 원점 O와 두 점 A, B의 위치벡터를 $\vec{a}=\overrightarrow{\mathrm{OA}}$, $\vec{b}=\overrightarrow{\mathrm{OB}}$라고 할 때, 삼각형 OAB의 넓이 S가

$$S=\frac{1}{2}\sqrt{|\vec{a}|^2|\vec{b}|^2-(\vec{a}\cdot\vec{b})^2}$$

임을 보여라.

13. 세 점 $\mathrm{A}(2,0,4)$, $\mathrm{B}(-3,1,1)$, $\mathrm{C}(5,2,0)$을 꼭짓점으로 하는 삼각형 ABC의 넓이를 구하여라.

14. 좌표평면 위를 움직이는 점 P의 시각 $t\,(t\geq 0)$에서의 위치함수가 다음과 같이 주어질 때, 물음에 답하여라.

$$\vec{p}(t)=(2t+1, 2t-t^2)$$

(1) 점 P가 움직인 자취를 좌표평면 위에 그려라.
(2) $t=2$에서의 속도와 가속도를 구하고, 각각의 크기를 구하여라.
(3) $t=2$에서의 속도를 (1)에서 그린 자취 위에 표시하여라.

7장
행렬

7.1 행렬
7.2 연립일차방정식과 소거법
7.3 역행렬
7.4 행렬식
7.5 행렬식과 역행렬
7장 연습문제

7.1 행렬

자연수 m, n에 대하여 mn개의 실수 $a_{ij}(1 \le i \le m, 1 \le j \le n)$를 다음과 같이 사각형 모양으로 늘어놓은 것을 실수를 성분으로 가지는 크기가 $m \times n$인 **행렬**(matrix) 또는 간단히 $m \times n$ 행렬이라고 한다.

$$A = \begin{bmatrix} a_{11} & a_{12} & \cdots & a_{1n} \\ a_{21} & a_{22} & \cdots & a_{2n} \\ \vdots & \vdots & & \vdots \\ a_{m1} & a_{m2} & \cdots & a_{mn} \end{bmatrix}$$

위의 행렬 A를 간단히

$$A = [a_{ij}]_{m \times n} \text{ 또는 } A = [a_{ij}]$$

로도 나타낸다. 여기서 각각의 $i = 1, \cdots, m$, $j = 1, \cdots, n$에 대하여 a_{ij}를 행렬 A의 (i, j) **성분**(entry)이라고 한다. 또한, 각각의 i에 대하여 $1 \times n$ 행렬

$$[a_{i1}\ a_{i2}\ \cdots\ a_{in}]$$

을 행렬 A의 i **행**(row)이라고 하며, 각각의 j에 대하여 $m \times 1$ 행렬

$$\begin{bmatrix} a_{1j} \\ a_{2j} \\ \vdots \\ a_{mj} \end{bmatrix}$$

를 행렬 A의 j **열**(column)이라고 한다. 행의 개수와 열의 개수가 같은 행렬, 즉 $n \times n$ 행렬을 **정사각행렬**(square matrix)이라고 한다. 특히, 1×1 행렬은 실수이다.

모든 성분이 0인 행렬을 **영행렬**이라고 하며, $m \times n$ 영행렬을 $O_{m \times n}$ 또는 간단히 O로 나타낸다.

크기가 $m \times n$으로 같은 두 행렬 $A = [a_{ij}]$와 $B = [b_{ij}]$에서 모든 $i = 1, \cdots, m$과 $j = 1, \cdots, n$에 대하여 $a_{ij} = b_{ij}$일 때 두 행렬은 **같다**고 하며

$$A = B$$

로 나타낸다.

행렬의 덧셈, 뺄셈 및 실수배

크기가 같은 두 행렬 $A=[a_{ij}]$ 와 $B=[b_{ij}]$ 에 대하여 덧셈과 뺄셈을 다음과 같이 정의한다.

$$A+B=[a_{ij}]+[b_{ij}]=[a_{ij}+b_{ij}]$$
$$A-B=[a_{ij}]-[b_{ij}]=[a_{ij}-b_{ij}]$$

행렬 $A=[a_{ij}]$ 와 실수 k 에 대하여 다음의 행렬을 A 를 k 배한 행렬이라고 한다.

$$kA=k[a_{ij}]=[ka_{ij}]$$

한편, $-A=(-1)A$ 라고 하면 행렬의 뺄셈은

$$A-B=A+(-B)$$

와 같다.

보기 7.1.1 두 행렬

$$A=\begin{bmatrix} 3 & 2 & -1 \\ 4 & 6 & 0 \end{bmatrix},\quad B=\begin{bmatrix} -2 & 1 & 0 \\ 0 & 4 & 2 \end{bmatrix}$$

에 대하여

$$A+B=\begin{bmatrix} 1 & 3 & -1 \\ 4 & 10 & 2 \end{bmatrix},\quad A-B=\begin{bmatrix} 5 & 1 & -1 \\ 4 & 2 & -2 \end{bmatrix}$$

이다. 또한 A 를 3 배한 행렬은

$$3A=\begin{bmatrix} 9 & 6 & -3 \\ 12 & 18 & 0 \end{bmatrix}$$

이다. ■

위에서 정의한 행렬의 덧셈과 실수배에 대하여 다음의 성질이 성립한다는 것을 쉽게 알 수 있다.

정리 7.1.2 $m\times n$ 행렬 A, B, C와 실수 k, l에 대하여 다음이 성립한다.

(1) $A+B=B+A$ (덧셈에 대한 교환법칙)

(2) $(A+B)+C=A+(B+C)$ (덧셈에 대한 결합법칙)

(3) A와 같은 크기의 영행렬 O에 대하여 $A+O=O+A=A$

(4) $A+(-A)=(-A)+A=O$

(5) $k(A+B)=kA+kB$

(6) $(k+l)A=kA+lA$

(7) $(kl)A=k(lA)$

(8) $1A=A$

행렬의 곱셈

두 행렬 A와 B의 곱 AB를 다음과 같이 정의한다.

정의 7.1.3 $m\times p$ 행렬 $A=[a_{ik}]$와 $p\times n$ 행렬 $B=[b_{kj}]$에 대하여 A와 B를 곱한 행렬 AB는

$$\sum_{k=1}^{p} a_{ik}b_{kj}=a_{i1}b_{1j}+a_{i2}b_{2j}+\cdots+a_{ip}b_{pj}$$

를 (i, j) 성분으로 가지는 크기가 $m\times n$인 행렬이다.

정의 7.1.3에 의하여, $1\times p$ 행렬 $A=[a_1\ a_2\cdots\ a_p]$와 $p\times 1$ 행렬 $B=\begin{bmatrix} b_1 \\ b_2 \\ \vdots \\ b_p \end{bmatrix}$에 대해서는 곱 AB가 실수이고

$$AB=\sum_{k=1}^{p} a_k b_k=a_1b_1+a_2b_2+\cdots+a_pb_p$$

로 주어진다.

일반적으로, $m\times p$ 행렬 $A=[a_{ik}]$와 $p\times n$ 행렬 $B=[b_{kj}]$의 곱 AB의 (i, j) 성분은 A의 i 행과 B의 j 열의 곱

$$[a_{i1}\ a_{i2} \cdots\ a_{ip}]\begin{bmatrix} b_{1j} \\ b_{2j} \\ \vdots \\ b_{pj} \end{bmatrix} = a_{i1}b_{1j} + a_{i2}b_{2j} + \cdots + a_{ip}b_{pj}$$

로 주어진다.

보기 7.1.4 (1) 두 행렬

$$A = \begin{bmatrix} 2 & 5 & -3 \\ -1 & 0 & 7 \end{bmatrix}, \quad B = \begin{bmatrix} 1 & -1 \\ 0 & 5 \\ -2 & 2 \end{bmatrix}$$

에 대하여

$$\begin{aligned} AB &= \begin{bmatrix} 2\cdot 1+5\cdot 0+(-3)\cdot(-2) & 2\cdot(-1)+5\cdot 5+(-3)\cdot 2 \\ (-1)\cdot 1+0\cdot 0+7\cdot(-2) & (-1)\cdot(-1)+0\cdot 5+7\cdot 2 \end{bmatrix} \\ &= \begin{bmatrix} 8 & 17 \\ -15 & 15 \end{bmatrix} \end{aligned}$$

(2)

$$\begin{bmatrix} 0 & 0 \\ 0 & 1 \\ 1 & 0 \end{bmatrix}\begin{bmatrix} 1 & 2 \\ 3 & 4 \end{bmatrix} = \begin{bmatrix} 0\cdot 1+0\cdot 3 & 0\cdot 2+0\cdot 4 \\ 0\cdot 1+1\cdot 3 & 0\cdot 2+1\cdot 4 \\ 1\cdot 1+0\cdot 3 & 1\cdot 2+0\cdot 4 \end{bmatrix} = \begin{bmatrix} 0 & 0 \\ 3 & 4 \\ 1 & 2 \end{bmatrix}$$ ■

행렬의 곱 AB는 행렬 A의 열의 개수와 행렬 B의 행의 개수가 같을 때에만 정의된다. 따라서 곱 AB는 정의되지만 곱 BA는 정의되지 않을 수도 있다. 또한 행렬의 곱 AB와 BA가 모두 정의된다 하더라도 두 곱이 항상 같은 것은 아니다. 즉 행렬의 곱셈은 교환법칙이 성립되는 연산이 아니다.

보기 7.1.5 두 행렬

$$A = \begin{bmatrix} 1 & 2 \\ 3 & 4 \end{bmatrix}, \quad B = \begin{bmatrix} 0 & 1 \\ 1 & 0 \end{bmatrix}$$

에 대하여

$$AB = \begin{bmatrix} 2 & 1 \\ 4 & 3 \end{bmatrix}, \quad BA = \begin{bmatrix} 3 & 4 \\ 1 & 2 \end{bmatrix}$$

이다. 따라서 $AB \neq BA$이다. ■

행렬의 곱셈에 대하여 다음의 성질이 성립한다.

정리 7.1.6 크기가 각각 $m\times n$, $n\times r$, $r\times s$ 인 행렬 A, B, C와 실수 k에 대하여 다음이 성립한다.

(1) $(AB)C = A(BC)$ (곱셈에 대한 결합법칙)

(2) $(kA)B = k(AB) = A(kB)$

또한, 크기가 $m\times n$ 인 행렬 A, $n\times r$ 행렬 B와 C, $r\times s$ 행렬 D에 대하여 다음이 성립한다.

(3) $A(B+C) = AB+AC$

(4) $(B+C)D = BD+CD$

증명 (1) $A=[a_{ij}]_{m\times n}$, $B=[b_{ij}]_{n\times r}$, $C=[c_{ij}]_{r\times s}$라고 하자.

행렬 A와 B의 곱 AB의 (i,k) 성분을 $\alpha_{ik}\,(i=1,2,\cdots,m,\ k=1,2,\cdots,r)$라고 하면 $\alpha_{ik}=\sum_{l=1}^{n}a_{il}b_{lk}$이다. 따라서 $(AB)C$의 (i,j) 성분은

$$\sum_{k=1}^{r}\alpha_{ik}c_{kj}=\sum_{k=1}^{r}\left(\sum_{l=1}^{n}a_{il}b_{lk}\right)c_{kj}=\sum_{k=1}^{r}\sum_{l=1}^{n}a_{il}b_{lk}c_{kj}$$

이다. 또한 B와 C의 곱 BC의 (l,j) 성분을 $\beta_{lj}\,(l=1,2,\cdots,n,\ j=1,2,\cdots,s)$라고 하면 $\beta_{lj}=\sum_{k=1}^{r}b_{lk}c_{kj}$이다. 따라서 $A(BC)$의 (i,j) 성분은

$$\sum_{l=1}^{n}a_{il}\beta_{lj}=\sum_{l=1}^{n}a_{il}\left(\sum_{k=1}^{r}b_{lk}c_{kj}\right)=\sum_{l=1}^{n}\sum_{k=1}^{r}a_{il}b_{lk}c_{kj}$$

이다. 두 행렬 $(AB)C$와 $A(BC)$는 크기가 모두 $m\times s$로 같고 각각의 (i,j) 성분이 같으므로 같은 행렬이다.

(2), (3), (4)의 증명은 연습문제로 남긴다. ■

두 행렬 A, B에 대하여 행렬의 곱 AB를 표현했을 때에는 두 행렬의 크기가 언급되지 않았을 경우에도 A의 열의 개수와 B의 행의 개수가 같은 것으로 생각한다. 따라서 $A^2=AA$는 A가 정사각행렬일 때만 정의된다.

일반적으로, 정사각행렬 A에 대하여 A의 k거듭제곱 A^k은 A를 k번 곱한 행렬이다. 또는 다음과 같이 귀납적으로 정의할 수도 있다.

$$A^1 = A, \quad A^{k+1} = A^k A \ \ (k = 1, 2, \cdots)$$

한편, 실수의 곱셈에 대한 항등원 1이 존재하듯이 행렬의 곱셈에 대해서도 항등원의 역할을 하는 행렬이 존재한다. 다음과 같은 $n \times n$ 정사각행렬

$$I_n = \begin{bmatrix} 1 & 0 & \cdots & 0 \\ 0 & 1 & \cdots & 0 \\ \vdots & \vdots & \ddots & \vdots \\ 0 & 0 & \cdots & 1 \end{bmatrix}$$

은 임의의 $n \times n$ 정사각행렬 A에 대하여

$$AI_n = I_n A = A$$

를 만족한다. 이 행렬 I_n을 n차 **항등행렬**(identity matrix)이라고 한다. 또한 정사각행렬이 아닌 임의의 $m \times n$ 행렬 A에 대해서도

$$AI_n = I_m A = A$$

가 성립함을 쉽게 알 수 있다.

행렬의 전치행렬

$m \times n$ 행렬 $A = [a_{ij}]$에 대하여, a_{ji}를 (i, j)성분으로 가지는 $n \times m$ 행렬을 A의 **전치행렬**(transpose matrix)이라 하고 A^T로 나타낸다. 즉

$$A = \begin{bmatrix} a_{11} & a_{12} & \cdots\cdots & a_{1n} \\ a_{21} & a_{22} & \cdots\cdots & a_{2n} \\ \vdots & \vdots & & \vdots \\ a_{m1} & a_{m2} & \cdots\cdots & a_{mn} \end{bmatrix} \quad \Rightarrow \quad A^T = \begin{bmatrix} a_{11} & a_{21} & \cdots & a_{m1} \\ a_{12} & a_{22} & \cdots & a_{m2} \\ \vdots & \vdots & & \vdots \\ \vdots & \vdots & & \vdots \\ a_{1n} & a_{2n} & \cdots & a_{mn} \end{bmatrix}$$

이다. 따라서 A^T의 i열은 A의 i행과 같고, A^T의 j행은 A의 j열과 같다.

보기 7.1.7 $A = \begin{bmatrix} 2 & 7 & 3 \\ 1 & 0 & 4 \end{bmatrix}$일 때 $A^T = \begin{bmatrix} 2 & 1 \\ 7 & 0 \\ 3 & 4 \end{bmatrix}$이다. ■

행렬의 전치행렬에 대하여 다음의 성질이 성립한다.

> **정리 7.1.8** $m\times n$ 행렬 A와 B, $n\times r$ 행렬 C와 실수 k에 대하여 다음이 성립한다.
> (1) $(A^T)^T = A$
> (2) $(A+B)^T = A^T + B^T$
> (3) $(kA)^T = kA^T$
> (4) $(BC)^T = C^T B^T$

증명 (1), (2), (3)이 성립하는 것은 쉽게 알 수 있다.

(4) 두 행렬 $(BC)^T$와 C^TB^T는 모두 크기가 $r\times m$인 행렬이다. $B=[b_{ij}]_{m\times n}$, $C=[c_{ij}]_{n\times r}$라고 하자. 먼저 $(BC)^T$의 (i,j) 성분은 BC의 (j,i) 성분이므로, 이는 $\sum_{k=1}^{n} b_{jk}c_{ki}$이다. 다음으로 C^T의 i행은 $[c_{1i}\ c_{2i} \cdots\ c_{ni}]$이고 B^T의 j열은 $\begin{bmatrix} b_{j1} \\ b_{j2} \\ \vdots \\ b_{jn} \end{bmatrix}$이므로 C^TB^T의 (i,j) 성분은

$$[c_{1i}\ c_{2i} \cdots\ c_{ni}]\begin{bmatrix} b_{j1} \\ b_{j2} \\ \vdots \\ b_{jn} \end{bmatrix} = \sum_{k=1}^{n} c_{ki}b_{jk}$$

이다. 따라서 $(BC)^T$와 C^TB^T의 (i,j) 성분이 모두 같다. ■

보기 7.1.9 두 행렬 $B=\begin{bmatrix} 1 & 2 \\ 3 & 1 \end{bmatrix}$과 $C=\begin{bmatrix} -1 & 0 & 3 \\ 4 & 1 & 0 \end{bmatrix}$에 대하여,

$$BC=\begin{bmatrix} 7 & 2 & 3 \\ 1 & 1 & 9 \end{bmatrix},\quad (BC)^T=\begin{bmatrix} 7 & 1 \\ 2 & 1 \\ 3 & 9 \end{bmatrix}$$

이다. 또한 $B^T=\begin{bmatrix} 1 & 3 \\ 2 & 1 \end{bmatrix}$이고 $C^T=\begin{bmatrix} -1 & 4 \\ 0 & 1 \\ 3 & 0 \end{bmatrix}$이므로 $C^TB^T=\begin{bmatrix} 7 & 1 \\ 2 & 1 \\ 3 & 9 \end{bmatrix}$이다.

따라서 $(BC)^T = C^TB^T$이다. ■

연습문제 7.1

1. 다음을 계산하여라.

(1) $\begin{bmatrix} 1 & 2 & 3 \\ 4 & 5 & 6 \end{bmatrix} + \begin{bmatrix} 1 & -2 & 3 \\ -1 & -2 & -3 \end{bmatrix}$

(2) $3\begin{bmatrix} 1 & 2 & 3 \\ 4 & 5 & 6 \end{bmatrix} - 5\begin{bmatrix} 1 & -1 & 5 \\ -1 & 2 & 4 \end{bmatrix}$

(3) $\begin{bmatrix} 2 & 1 \\ -1 & 0 \\ 3 & 1 \end{bmatrix}\begin{bmatrix} 3 & 1 & 5 & -1 \\ 4 & -2 & 1 & 0 \end{bmatrix}$

(4) $\begin{bmatrix} 3 & -1 & 2 \end{bmatrix}\begin{bmatrix} 2 & -3 & 2 \\ 0 & 1 & -4 \\ 1 & 0 & 7 \end{bmatrix}$

2. 두 행렬 $A = \begin{bmatrix} 1 & -2 \\ 1 & 3 \end{bmatrix}$, $B = \begin{bmatrix} 0 & 2 \\ -3 & -1 \end{bmatrix}$에 대하여 $AB - 2X = 3B$를 만족하는 행렬 X를 구하여라.

3. 두 행렬 $A = \begin{bmatrix} 1 & 2 \\ 1 & 5 \\ 1 & 1 \end{bmatrix}$, $B = \begin{bmatrix} 1 & 0 & 2 \\ 1 & 2 & 1 \end{bmatrix}$에 대하여 다음을 확인하여라.

(1) $2(AB) = (2A)B = A(2B)$

(2) $(5A)^T = 5(A^T)$

(3) $(AB)^T = B^T A^T$

4. 두 행렬 $A = \begin{bmatrix} 3 & -2 & 7 \\ 6 & 5 & 4 \\ 0 & 4 & 9 \end{bmatrix}$, $B = \begin{bmatrix} 6 & -2 & 4 \\ 0 & 1 & 3 \\ 7 & 7 & 5 \end{bmatrix}$에 대하여 다음을 구하여라.

(1) AB의 첫 번째 행

(2) AB의 세 번째 행

(3) AB의 두 번째 열

(4) BA의 첫 번째 열

(5) A^2의 두 번째 행

(6) B^2의 세 번째 열

5. 다음의 행렬들에 대하여 물음에 답하여라.

$$A = \begin{bmatrix} a_{11} & a_{12} & a_{13} \\ a_{21} & a_{22} & a_{23} \end{bmatrix},\ X = \begin{bmatrix} x_1 \\ x_2 \\ x_3 \end{bmatrix},\ Y = \begin{bmatrix} y_1 & y_2 \end{bmatrix},\ C = \begin{bmatrix} c_1 & 0 \\ 0 & c_2 \end{bmatrix},\ D = \begin{bmatrix} d_1 & 0 & 0 \\ 0 & d_2 & 0 \\ 0 & 0 & d_3 \end{bmatrix}$$

(1) AX를 구하고 그 결과를 행렬 A의 열을 이용하여 설명하여라.

(2) AD를 구하고 그 결과를 행렬 A의 열을 이용하여 설명하여라.

(3) YA를 구하고 그 결과를 행렬 A의 행을 이용하여 설명하여라.

(4) CA를 구하고 그 결과를 행렬 A의 행을 이용하여 설명하여라.

6. 행렬 O를 영행렬이라 하자. 다음의 명제가 거짓임을 보이는 반례를 제시하여라.

(1) $AB=O$이면 $A=O$ 또는 $B=O$이다.

(2) $AB=AC$이고 $A\neq O$이면 $B=C$이다.

7. $n\times n$ 정사각행렬 A, B에 대하여 다음의 명제가 참이면 증명하고, 거짓이면 반례를 제시하여라.

(1) $(A-B)(A+B)=A^2-B^2$

(2) $(A-2I_n)(A+I_n)=A^2-A-2I_n$

8. $AB=BA$인 두 정사각행렬 A, B에 대하여 다음의 등식이 성립함을 보여라.

(1) $(A+B)^2=A^2+2AB+B^2$

(2) $(A+B)^3=A^3+3A^2B+3AB^2+B^3$

9. 두 정사각행렬 A, B가 $AB=BA$를 만족할 때, 자연수 n에 대한 수학적 귀납법으로 다음의 등식을 증명하여라.

$$AB^n=B^nA,\quad (AB)^n=A^nB^n\quad (n=1,2,\cdots)$$

10. $AB=BA$인 두 정사각행렬 A, B와 자연수 $n\,(n\geq 2)$에 대하여 다음의 등식이 성립함을 보여라.

$$A^n-B^n=(A-B)\left(A^{n-1}+A^{n-2}B+\cdots+B^{n-1}\right)$$

11. 정리 7.1.6의 (2), (3), (4)를 증명하여라.

7.2 연립일차방정식과 소거법

n 개의 미지수 $x_1, x_2, \cdots, x_n$ 을 가지는 일차방정식 m 개가 연립된 연립일차방정식

$$\begin{cases} a_{11}x_1 + a_{12}x_2 + \cdots + a_{1n}x_n = b_1 \\ a_{21}x_1 + a_{22}x_2 + \cdots + a_{2n}x_n = b_2 \\ \qquad \vdots \\ a_{m1}x_1 + a_{m2}x_2 + \cdots + a_{mn}x_n = b_m \end{cases} \tag{7.1}$$

을 생각하자. A, X, B 를 다음과 같은 $m \times n$ 행렬, $n \times 1$ 행렬, $m \times 1$ 행렬

$$A = \begin{bmatrix} a_{11} & a_{12} & \cdots & a_{1n} \\ a_{21} & a_{22} & \cdots & a_{2n} \\ \vdots & \vdots & & \vdots \\ a_{m1} & a_{m2} & \cdots & a_{mn} \end{bmatrix}, \quad X = \begin{bmatrix} x_1 \\ x_2 \\ \vdots \\ x_n \end{bmatrix}, \quad B = \begin{bmatrix} b_1 \\ b_2 \\ \vdots \\ b_m \end{bmatrix}$$

이라고 하면, 행렬의 곱셈을 이용하여 연립일차방정식 (7.1)을

$$AX = B$$

와 같이 나타낼 수 있다. 여기서 행렬 A 를 연립일차방정식 (7.1)의 **계수행렬**(coefficient matrix)이라고 한다. 또한, 행렬만을 이용해서 이 연립일차방정식 (7.1)을 더 간단히 나타낼 수 있다. 즉 위와 같이 n 개의 미지수를 가지고 m 개의 일차방정식으로 이루어진 연립일차방정식 (7.1)은 다음과 같은 $m \times (n+1)$ 크기의 행렬

$$[A \ \vdots \ B] = \left[\begin{array}{cccc:c} a_{11} & a_{12} & \cdots & a_{1n} & b_1 \\ a_{21} & a_{22} & \cdots & a_{2n} & b_2 \\ \vdots & \vdots & & \vdots & \vdots \\ a_{m1} & a_{m2} & \cdots & a_{mn} & b_m \end{array}\right]$$

으로 나타낸다.

보기 7.2.1 세 개의 행렬

$$A = \begin{bmatrix} 2 & -1 & 3 \\ 3 & 2 & -5 \end{bmatrix}, \quad X = \begin{bmatrix} x_1 \\ x_2 \\ x_3 \end{bmatrix}, \quad B = \begin{bmatrix} 6 \\ 3 \end{bmatrix}$$

에 대하여, 등식 $AX = B$ 는 연립일차방정식

$$\begin{cases} 2x_1 - x_2 + 3x_3 = 6 \\ 3x_1 + 2x_2 - 5x_3 = 3 \end{cases}$$

을 나타낸다. 이를 간단히 다음의 2×4 행렬

$$\begin{bmatrix} 2 & -1 & 3 & \vdots & 6 \\ 3 & 2 & -5 & \vdots & 3 \end{bmatrix}$$

으로 나타낼 수도 있다. ■

연립일차방정식의 해를 구하기 위해서 행렬의 행에 대하여 다음과 같이 정의된 기본변형을 알아보도록 하자.

정의 7.2.2 $m \times n$ 행렬 A 의 행에 대한 다음과 같은 세 가지 유형의 변형을 **기본 행 변형**(elementary row operation)이라고 한다.

(1) A 의 임의의 두 행(i 행과 j 행)을 서로 바꾼다.

(2) A 의 임의의 한 행(i 행)을 실수배(a 배) 한다.

(3) A 의 한 행(j 행)의 실수배(a 배)를 다른 행(i 행)에 더해준다.

또한 m 차 항등행렬 I_m 에 기본 행 변형 (1), (2), (3) 중 하나를 단 한 번 시행하여 얻은 행렬을 m 차 **기본행렬**(elementary matrix)이라 하고 P_{ij}, $D_i(a)$, $E_{ij}(a)$ 로 나타낸다. 여기서 $i \neq j$ 이고 a 는 0 이 아닌 실수이다.

보기 7.2.3 아래의 세 행렬은 모두 3차 기본행렬이다.

$$P_{12} = \begin{bmatrix} 0 & 1 & 0 \\ 1 & 0 & 0 \\ 0 & 0 & 1 \end{bmatrix}, \quad D_2(3) = \begin{bmatrix} 1 & 0 & 0 \\ 0 & 3 & 0 \\ 0 & 0 & 1 \end{bmatrix}, \quad E_{21}(3) = \begin{bmatrix} 1 & 0 & 0 \\ 3 & 1 & 0 \\ 0 & 0 & 1 \end{bmatrix}$$

임의의 3×2 행렬 B에 대하여

$$P_{12}B = \begin{bmatrix} 0 & 1 & 0 \\ 1 & 0 & 0 \\ 0 & 0 & 1 \end{bmatrix} \begin{bmatrix} b_{11} & b_{12} \\ b_{21} & b_{22} \\ b_{31} & b_{32} \end{bmatrix} = \begin{bmatrix} b_{21} & b_{22} \\ b_{11} & b_{12} \\ b_{31} & b_{32} \end{bmatrix},$$

$$D_2(3)B = \begin{bmatrix} 1 & 0 & 0 \\ 0 & 3 & 0 \\ 0 & 0 & 1 \end{bmatrix} \begin{bmatrix} b_{11} & b_{12} \\ b_{21} & b_{22} \\ b_{31} & b_{32} \end{bmatrix} = \begin{bmatrix} b_{11} & b_{12} \\ 3b_{21} & 3b_{22} \\ b_{31} & b_{32} \end{bmatrix},$$

$$E_{21}(3)B = \begin{bmatrix} 1 & 0 & 0 \\ 3 & 1 & 0 \\ 0 & 0 & 1 \end{bmatrix} \begin{bmatrix} b_{11} & b_{12} \\ b_{21} & b_{22} \\ b_{31} & b_{32} \end{bmatrix} = \begin{bmatrix} b_{11} & b_{12} \\ 3b_{11} + b_{21} & 3b_{12} + b_{22} \\ b_{31} & b_{32} \end{bmatrix}$$

이다. ■

일반적으로 $m \times n$ 행렬 A 에 정의 7.2.2의 기본 행 변형 (1), (2), (3)을 한 번 시행하여 얻은 행렬은 A 의 왼쪽에 각각의 변형에 해당하는 m 차 기본행렬을 곱한 행렬

$$P_{ij}A, \ \ D_i(a)A, \ \ E_{ij}(a)A$$

가 된다. 따라서 $m \times n$ 행렬 A 에 기본 행 변형을 k 번 시행하여 얻은 행렬을 B 라 하고 이러한 기본 행 변형에 해당하는 m 차 기본행렬을 차례대로 $E_1, E_2, \cdots, E_k$ 라고 하면

$$B = E_k \cdots E_2 E_1 A$$

이다.

정의 7.2.4 아래의 네 조건을 모두 만족하는 행렬을 **기약 행 사다리꼴 행렬**(matrix in reduced row-echelon form)이라고 한다.

(1) 모든 성분이 0 으로만 이루어진 행(**영행**)이 존재한다면 영행은 행렬의 가장 아래에 위치한다.

(2) 영행이 아닌 행의 성분을 왼쪽부터 읽어올 때 처음으로 나타나는 0 이 아닌 성분은 1 이다. 이러한 1 을 **선두성분**으로서의 1 (leading 1)이라고 한다.

(3) 영행이 아닌 행의 선두성분으로서의 1 은 그 위의 행의 선두성분 1 보다 같거나 왼쪽의 열에 위치하지 않는다.

(4) 선두성분 1 을 포함한 열의 다른 성분은 모두 0 이다.

보기 7.2.5 다음의 행렬은 모두 기약 행 사다리꼴 행렬이다.

$$\begin{bmatrix} 1 & 0 & \cdots & 0 \\ 0 & 1 & \cdots & 0 \\ \vdots & \vdots & \ddots & \vdots \\ 0 & 0 & \cdots & 1 \end{bmatrix}, \quad \begin{bmatrix} 1 & 2 & 0 & 0 & 3 \\ 0 & 0 & 1 & 0 & 4 \end{bmatrix}, \quad \begin{bmatrix} 1 & 0 & 4 \\ 0 & 1 & 2 \\ 0 & 0 & 0 \end{bmatrix}$$

$$\begin{bmatrix} 1 & 2 & 0 & 0 & 3 \\ 0 & 0 & 1 & 0 & 3 \\ 0 & 0 & 0 & 1 & 1 \end{bmatrix}, \quad \begin{bmatrix} 1 & 0 & 2 \\ 0 & 1 & 3 \\ 0 & 0 & 0 \\ 0 & 0 & 0 \end{bmatrix}$$

■

$m\times n$ 행렬 A가 기약 행 사다리꼴 행렬이 아니어도 행렬 A에 적절한 기본 행 변형을 유한 번 시행하면 A를 기약 행 사다리꼴 행렬로 변형시킬 수 있다. 아래의 보기에서는 기약 행 사다리꼴 행렬이 아닌 2×3 행렬 A에 기본 행 변형을 시행하여 A를 기약 행 사다리꼴 행렬 A'으로 변형시키는 과정을 보여준다.

보기 7.2.6 다음과 같은 행렬 A에 기본행렬 P_{12}, $E_{21}(-2)$, $D_2(-1/5)$, $E_{12}(-3)$에 해당하는 기본 행 변형을 차례대로 시행하면 다음과 같은 기약 행 사다리 꼴 행렬 A'을 얻을 수 있다.

$$
\begin{aligned}
A=\begin{bmatrix} 2 & 1 & 8 \\ 1 & 3 & 9 \end{bmatrix} \quad &\rightarrow \quad \begin{bmatrix} 1 & 3 & 9 \\ 2 & 1 & 8 \end{bmatrix} \\
&\rightarrow \quad \begin{bmatrix} 1 & 3 & 9 \\ 0 & -5 & -10 \end{bmatrix} \\
&\rightarrow \quad \begin{bmatrix} 1 & 3 & 9 \\ 0 & 1 & 2 \end{bmatrix} \\
&\rightarrow \quad \begin{bmatrix} 1 & 0 & 3 \\ 0 & 1 & 2 \end{bmatrix} = A'
\end{aligned}
$$

여기서

$$A' = E_{12}(-3)\,D_2(-1/5)\,E_{21}(-2)\,P_{12}\,A$$

이다. ■

$m\times(n+1)$ 행렬 A와 이 행렬 A에 m차 기본행렬을 곱한 행렬들 $P_{ij}A$, $D_i(a)A$, $E_{ij}(a)A$를 모두 연립일차방정식으로 생각하자. 먼저, $P_{ij}A$는 A의 i와 j번째 방정식의 순서만 바뀐 연립일차방정식이다. $D_i(a)A$ 는 A의 i번째 방정식을 그 방정식의 a배한 방정식으로 바꾼 연립일차방정식이다. 그리고 A의 i번째 방정식에 j번째 방정식의 a배를 더해준 방정식을 새로운 i번째 방정식으로 가지는 연립일차방정식이 $E_{ij}(a)A$이다. 따라서 연립일차방정식 A, $P_{ij}A$, $D_i(a)A$, $E_{ij}(a)A$들은 모두 같은 해집합을 가짐을 알 수 있다. 일반적으로 행렬 A와 기본행렬 $E_1, E_2, \cdots, E_k$에 대하여, 다음의 연립일차방정식들

$$A,\ E_1A,\ E_2E_1A, \cdots,\ E_k\cdots\ E_2E_1A$$

는 모두 같은 해집합을 가진다.

위에서 말한 사실을 이용하여, 연립일차방정식의 해를 다음과 같은 방법으로 구할 수 있다.

1. 연립일차방정식을 행렬로 나타낸다. 이 행렬을 A 라고 하자.
2. 적절한 기본 행 변형을 시행하여 A 의 기약 행 사다리꼴 행렬 A' 을 구한다. 여기서 A 와 A' 은 같은 해집합을 가지는 연립일차방정식이다.
3. 연립일차방정식 A' 의 해를 구한다. 이 해는 주어진 연립일차방정식 A 의 해이다.

위와 같은 방법으로 연립일차방정식의 해를 구하는 것을 **가우스-조던 소거법**(Gauss-Jordan elimination) 또는 간단히 **소거법**이라고 한다.

다음의 예제들에서 소거법을 이용하여 연립일차방정식의 해를 구하는 방법을 공부하도록 하자.

예제 7.2.7 연립일차방정식

$$\begin{cases} 3x_1 - 5x_2 - 2x_3 = 1 \\ x_1 - x_2 - x_3 = 4 \\ -x_1 + 2x_2 + x_3 = 5 \end{cases}$$

의 해를 구하여라.

풀이 주어진 연립일차방정식을 행렬로 나타내면

$$A = \left[\begin{array}{ccc:c} 3 & -5 & -2 & 1 \\ 1 & -1 & -1 & 4 \\ -1 & 2 & 1 & 5 \end{array}\right]$$

이다. A 에 기본행렬 P_{12}, $E_{21}(-3)$, $E_{31}(1)$, P_{23}, $E_{12}(1)$, $E_{32}(2)$, $E_{13}(1)$ 에 해당하는 기본 행 변형을 차례대로 시행하면 A 의 기약 행 사다리꼴 행렬 A' 을 얻을 수 있다.

$$A = \left[\begin{array}{ccc:c} 3 & -5 & -2 & 1 \\ 1 & -1 & -1 & 4 \\ -1 & 2 & 1 & 5 \end{array}\right] \to \left[\begin{array}{ccc:c} 1 & -1 & -1 & 4 \\ 3 & -5 & -2 & 1 \\ -1 & 2 & 1 & 5 \end{array}\right]$$

$$\to \left[\begin{array}{ccc:c} 1 & -1 & -1 & 4 \\ 0 & -2 & 1 & -11 \\ 0 & 1 & 0 & 9 \end{array}\right]$$

$$\to \left[\begin{array}{ccc:c} 1 & -1 & -1 & 4 \\ 0 & 1 & 0 & 9 \\ 0 & -2 & 1 & -11 \end{array}\right]$$

$$\to \left[\begin{array}{ccc:c} 1 & 0 & -1 & 13 \\ 0 & 1 & 0 & 9 \\ 0 & 0 & 1 & 7 \end{array}\right]$$

$$\to \left[\begin{array}{ccc:c} 1 & 0 & 0 & 20 \\ 0 & 1 & 0 & 9 \\ 0 & 0 & 1 & 7 \end{array}\right] = A'$$

연립일차방정식 A' 은

$$\begin{cases} x_1 = 20 \\ x_2 = 9 \\ x_3 = 7 \end{cases}$$

이고 이 자체가 해이다. 이 해는 연립일차방정식 A의 해이기도 하다. 따라서 주어진 연립일차방정식은 유일한 해를 가진다. ■

예제 7.2.8 연립일차방정식

$$\begin{cases} x_1 - 3x_2 - 2x_3 \qquad\quad = 1 \\ 2x_1 - 6x_2 - 3x_3 + 4x_4 = 4 \\ 3x_1 - 9x_2 - 4x_3 + 8x_4 = 7 \end{cases}$$

의 해를 구하여라.

풀이 주어진 연립일차방정식을 행렬 A로 나타내고 기본행렬 $E_{21}(-2)$, $E_{31}(-3)$, $E_{12}(2)$, $E_{32}(-2)$에 해당하는 기본 행 변형을 차례대로 시행하면 A의 기약 행 사다리꼴 행렬 A' 을 얻는다.

$$A = \begin{bmatrix} 1 & -3 & -2 & 0 & \vdots & 1 \\ 2 & -6 & -3 & 4 & \vdots & 4 \\ 3 & -9 & -4 & 8 & \vdots & 7 \end{bmatrix} \rightarrow \begin{bmatrix} 1 & -3 & -2 & 0 & \vdots & 1 \\ 0 & 0 & 1 & 4 & \vdots & 2 \\ 0 & 0 & 2 & 8 & \vdots & 4 \end{bmatrix}$$

$$\rightarrow \begin{bmatrix} 1 & -3 & 0 & 8 & \vdots & 5 \\ 0 & 0 & 1 & 4 & \vdots & 2 \\ 0 & 0 & 0 & 0 & \vdots & 0 \end{bmatrix} = A'$$

기약 행 사다리꼴 행렬 A' 을 살펴보면 미지수 x_1과 x_3의 위치에 해당하는 열에는 선두성분의 1이 있고 미지수 x_2와 x_4의 위치에 해당하는 열에는 선두성분의 1이 없다. 연립일차방정식 A' 의 첫 번째 방정식에서 x_1을 x_2와 x_4로, 두 번째 방정식에서 x_3를 x_4로 표시하면

$$\begin{cases} x_1 = 3x_2 - 8x_4 + 5 \\ x_3 = \qquad\; -4x_4 + 2 \end{cases}$$

이다. 미지수 x_2와 x_4의 값이 임의로 정해지면 나머지 미지수의 값도 결정된다. 따라서 미지수 $x_2 = s$, $x_4 = t$로 치환하여 해를 정리하면 다음과 같다.

$$\begin{cases} x_1 = 3s - 8t + 5 \\ x_2 = \ \ s \\ x_3 = \qquad -4t + 2 \\ x_4 = \qquad\quad t \end{cases} \quad (s, t \in \mathbb{R})$$

따라서 주어진 연립일차방정식은 무수히 많은 해를 가진다. ■

예제 7.2.9 다음 연립일차방정식

$$\begin{cases} 3x_1 + 4x_2 - 2x_3 = 4 \\ 2x_1 + 3x_2 + 2x_3 = 1 \\ 4x_1 + 5x_2 - 6x_3 = 8 \end{cases}$$

의 해를 구하여라.

풀이 위에서와 마찬가지로 연립일차방정식을 행렬로 나타내고, 기약 행 사다리꼴 행렬을 구하기 위해 적절한 기본 행 연산을 3번 실시하면 다음과 같다.

$$\begin{bmatrix} 3 & 4 & -2 & \vdots & 4 \\ 2 & 3 & 2 & \vdots & 1 \\ 4 & 5 & -6 & \vdots & 8 \end{bmatrix} \to \begin{bmatrix} 1 & 1 & -4 & \vdots & 3 \\ 2 & 3 & 2 & \vdots & 1 \\ 4 & 5 & -6 & \vdots & 8 \end{bmatrix}$$
$$\to \begin{bmatrix} 1 & 1 & -4 & \vdots & 3 \\ 0 & 1 & 10 & \vdots & -5 \\ 0 & 1 & 10 & \vdots & -4 \end{bmatrix}$$
$$\to \begin{bmatrix} 1 & 0 & -14 & \vdots & 8 \\ 0 & 1 & 10 & \vdots & -5 \\ 0 & 0 & 0 & \vdots & 1 \end{bmatrix}$$

마지막 행렬은 기약 행 사다리꼴 행렬은 아니다. 하지만 이 행렬의 3행은 일차방정식 $0x_1 + 0x_2 + 0x_3 = 1$을 의미하고, 이 방정식은 해를 가지지 않는다. 따라서 주어진 연립일차방정식은 해를 가지지 않는다. ■

연습문제 7.2

1. 다음의 행렬이 기약 행 사다리꼴 행렬인지를 판단하여라. 만약 기약 행 사다리꼴 행렬이 아니라면 그 이유를 설명하고, 적절한 기본 행 변형을 실시하여 기약 행 사다리꼴 행렬로 만들어라.

(1) $\begin{bmatrix} 1 & 5 & -3 \\ 0 & 1 & 1 \\ 0 & 0 & 0 \end{bmatrix}$　　(2) $\begin{bmatrix} 1 & 0 & 0 & 5 \\ 0 & 0 & 1 & 3 \\ 0 & 1 & 0 & 4 \end{bmatrix}$

(3) $\begin{bmatrix} 1 & 0 & 3 & 1 \\ 0 & 1 & 0 & -4 \end{bmatrix}$　　(4) $\begin{bmatrix} 1 & 3 & 0 & 2 & 0 \\ 1 & 0 & 2 & 2 & 0 \\ 0 & 0 & 0 & 0 & 1 \\ 0 & 0 & 0 & 0 & 2 \end{bmatrix}$

2. 소거법을 이용하여 다음 연립일차방정식의 해를 구하여라.

(1) $\begin{cases} x_1 + 2x_2 + x_3 = 7 \\ x_1 - x_2 - x_3 = -4 \end{cases}$　　(2) $\begin{cases} x_1 + x_2 = 1 \\ 3x_1 - 2x_2 = 0 \\ -x_1 - 2x_2 = 3 \end{cases}$

(3) $\begin{cases} 3x_1 + 3x_2 + 5x_3 = 1 \\ 3x_1 + 5x_2 + 9x_3 = 2 \\ 5x_1 + 9x_2 + 17x_3 = 4 \end{cases}$　　(4) $\begin{cases} x_1 + x_2 + x_4 = 1 \\ x_1 - 2x_2 - 3x_3 + 4x_4 = 2 \end{cases}$

3. 다음 연립일차방정식이 해를 가지도록 실수 a의 값을 결정하고, 그 때의 해를 구하여라.

$$\begin{cases} 3x_1 - 6x_2 + 2x_3 - 2x_4 = -9 \\ 2x_1 - 4x_2 + 3x_3 - 3x_4 = 4 \\ 5x_1 - 10x_2 + 7x_3 - 7x_4 = a \end{cases}$$

7.3 역행렬

n차 항등행렬

$$I_n = \begin{bmatrix} 1 & 0 & \cdots & 0 \\ 0 & 1 & \cdots & 0 \\ \vdots & \vdots & \ddots & \vdots \\ 0 & 0 & \cdots & 1 \end{bmatrix}$$

은 임의의 $n \times n$ 정사각행렬 A에 대하여

$$A I_n = A = I_n A$$

를 만족한다. 주어진 행렬의 양쪽에 곱하여 항등행렬 I_n이 되는 행렬에 대하여 알아보자.

> **정의 7.3.1** $n \times n$ 행렬 A에 대하여
>
> $$AB = BA = I_n$$
>
> 을 만족하는 $n \times n$ 행렬 B가 존재할 때, 행렬 B를 행렬 A의 **역행렬**(inverse matrix)이라고 한다. 이와 같이 역행렬을 가지는 정사각행렬 A를 **정칙행렬**(invertible matrix 또는 nonsingular matrix)이라고 한다.

두 행렬 B와 C가 정칙행렬 A의 역행렬이라고 하면,

$$AB = I_n = CA$$

이므로

$$B = I_n B = (CA)B = C(AB) = CI_n = C$$

이다. 따라서 정칙행렬 A의 역행렬은 오직 하나 존재하며 이 행렬을 A^{-1}로 나타낸다.

보기 7.3.2 $I_n I_n = I_n$이므로 항등행렬 I_n은 정칙행렬이고 $I_n^{-1} = I_n$이다. ■

정칙행렬 A의 역행렬을 알면 연립일차방정식 $AX=B$의 해를 쉽게 구할 수 있다.

정리 7.3.3 $n\times n$ 행렬 A가 정칙행렬이면, 임의의 $n\times 1$ 행렬 B에 대하여 연립일차방정식 $AX=B$는 유일한 해를 가지며 그 때의 해 X는 $X=A^{-1}B$이다. 특별히, $B=O$일 때의 방정식 $AX=O$는 오직 하나의 해 $X=O$만을 가진다.

증명 A가 정칙행렬이므로 역행렬 A^{-1}가 존재한다. 따라서 $n\times 1$ 행렬 X가 주어진 연립일차방정식의 해이면

$$X=I_nX=(A^{-1}A)X=A^{-1}(AX)=A^{-1}B$$

이다. 역으로 $X=A^{-1}B$이면

$$AX=A(A^{-1}B)=(AA^{-1})B=I_nB=B$$

이다. ■

정칙행렬과 역행렬에 대하여 다음과 같은 기본적인 성질이 성립한다.

정리 7.3.4 $n\times n$ 행렬 A와 B에 대하여 다음이 성립한다.
(1) A가 정칙행렬이면 A^{-1}도 정칙행렬이고 $(A^{-1})^{-1}=A$이다.
(2) A와 B가 정칙행렬이면 AB도 정칙행렬이고 $(AB)^{-1}=B^{-1}A^{-1}$이다.
(3) A가 정칙행렬이면 A^T도 정칙행렬이고 $(A^T)^{-1}=(A^{-1})^T$이다.

증명 (1) A가 정칙행렬일 때, $AA^{-1}=A^{-1}A=I_n$이므로 정의 7.3.1에 의하여 A^{-1}는 정칙행렬이고 $(A^{-1})^{-1}=A$이다.

(2) A와 B가 정칙행렬이므로 A^{-1}와 B^{-1}가 존재한다. 또한

$$(AB)(B^{-1}A^{-1})=A(BB^{-1})A^{-1}=AI_nA^{-1}=AA^{-1}=I_n$$

이고

$$(B^{-1}A^{-1})(AB)=B^{-1}(A^{-1}A)B=B^{-1}I_nB=B^{-1}B=I_n$$

이므로 $(AB)^{-1}=B^{-1}A^{-1}$이다.

(3)번의 증명은 연습문제로 남긴다. ■

정사각행렬 A가 삼각행렬 등의 특별한 형태일 때는 행렬 A가 정칙행렬인지를 쉽게 판단할 수 있다.

정사각행렬 $A=[a_{ij}]$에서 $i>j$인 성분 a_{ij}가 모두 0인 행렬을 **상삼각행렬**(upper triangular matrix)이라 하고 $i<j$인 성분 a_{ij}가 모두 0인 행렬을 **하삼각행렬**(lower triangular matrix)이라고 한다. 만약 A가 상삼각행렬 또는 하삼각행렬이면 A를 **삼각행렬**이라 하고, 특히 상삼각행렬이면서 동시에 하삼각행렬일 때, 즉 $i \neq j$인 성분 a_{ij}가 모두 0일 때 **대각행렬**(diagonal matrix)이라고 한다.

크기가 같은 두 개의 상삼각행렬[하삼각행렬] $A=[a_{ij}]$와 $B=[b_{ij}]$의 곱 AB는 상삼각행렬[하삼각행렬]이며 AB의 대각선 위의 (i,i) 성분은 $a_{ii}b_{ii}$이다. 이 사실을 이용하여 삼각행렬의 정칙성에 대한 다음의 결과는 어렵지 않게 증명할 수 있으며, 자세한 증명은 연습문제로 남긴다.

정리 7.3.5 크기가 $n \times n$인 삼각행렬 $A=[a_{ij}]$가 정칙행렬일 필요충분조건은 대각선 위의 성분 $a_{11}, a_{22}, \cdots, a_{nn}$이 모두 0이 아닌 것이다.

또한, 기본행렬의 정의로부터 다음의 정리가 성립함을 쉽게 알 수 있다.

정리 7.3.6 n차의 기본행렬은 모두 정칙행렬이다. 그리고 기본행렬의 역행렬 또한 그와 동일한 유형의 기본행렬이다. 실제로 기본행렬의 역행렬은 다음과 같다.

$$P_{ij}^{-1}=P_{ij},\ \ D_i(a)^{-1}=D_i(1/a),\quad E_{ij}(a)^{-1}=E_{ij}(-a)$$

일반적인 정사각행렬에 대해서는 소거법을 이용하여 주어진 정사각행렬의 정칙성을 알 수 있다.

정리 7.3.7 $n \times n$ 행렬 A에 대하여 다음 세 명제의 참, 거짓은 모두 일치한다.

(1) A는 정칙행렬이다.

(2) A의 기약 행 사다리꼴 행렬은 항등행렬 I_n이다.

(3) A를 유한개의 기본행렬의 곱으로 나타낼 수 있다.

증명 (1) ⇒ (2) 행렬 A의 기약 행 사다리꼴 행렬을 A'이라고 하면 적당한 기본행렬 E_1, E_2, $\cdots$, E_k가 존재해서 $A'=E_k \cdots E_2E_1A$이다. 정리 7.3.6에 의하여 기본행렬들은

모두 정칙행렬이므로 그들의 곱 $E_k \cdots E_2 E_1$ 역시 정칙행렬이다. 또한 가정에 의하여 A가 정칙행렬이므로 $E_k \cdots E_2 E_1$과 A의 곱인 A'도 정칙행렬이다. 따라서 A'에는 모든 성분이 0으로만 이루어진 행이 존재하지 않는다(연습문제 7.3의 1번 문제 참고). 기약 행 사다리꼴 행렬 A'의 n개의 모든 행이 영행이 아니므로 선두성분의 1이 n개 존재하고 이러한 행렬은 항등행렬 I_n일 수 밖에 없다.

(2) ⇒ (3) 행렬 A의 기약 행 사다리꼴 행렬이 I_n이라고 하면 적당한 기본행렬 E_1, E_2, $\cdots$, E_k가 존재해서 $I_n = E_k \cdots E_2 E_1 A$이다. 기본행렬은 정칙행렬이므로, 모든 $i = 1, 2, \cdots, k$에 대하여 E_i의 역행렬 E_i^{-1}가 존재하고 이 역시 E_i와 같은 유형의 기본행렬이다. 따라서 위 등식의 양변의 좌측에 차례대로 $E_k^{-1}, \cdots, E_2^{-1}$, E_1^{-1}를 곱해주면 $A = E_1^{-1} E_2^{-1} \cdots E_k^{-1}$이다. 따라서 A는 기본행렬의 곱으로 표현됨을 알 수 있다.

(3) ⇒ (1) 모든 기본행렬이 정칙행렬이므로 그들의 곱인 A도 정칙행렬이다. ■

정리 7.3.7을 이용하여 $n \times n$ 행렬 A가 정칙행렬인지를 알 수 있고 정칙행렬이면 역행렬을 구할 수 있다. 행렬 A에 적당한 기본행렬 $E_1, E_2, \cdots, E_k$를 차례대로 곱해서 기약 행 사다리꼴 행렬 A'을 구했다고 하자. 즉

$$A' = E_k \cdots E_2 E_1 A$$

라고 하자. 이때 $A' = I_n$이면 정리 7.3.7에 의하여 A는 정칙행렬이고

$$A = E_1^{-1} E_2^{-1} \cdots E_k^{-1}$$

이므로

$$A^{-1} = (E_1^{-1} E_2^{-1} \cdots E_k^{-1})^{-1} = E_k \cdots E_2 E_1$$

이다. 반면에 $A' \neq I_n$이면 A는 정칙행렬이 아니다.

이러한 과정은 다음과 같이 간단히 계산할 수 있다. 행렬 A의 오른쪽에 I_n을 덧붙인 행렬 $[A \ \vdots \ I_n]$에 기본행렬 $E_1, E_2, \cdots, E_k$를 차례대로 곱한다고 생각하면

$$\begin{aligned}[A \ \vdots \ I_n] &\to [E_1 A \ \vdots \ E_1] \to [E_2 E_1 A \ \vdots \ E_2 E_1] \\ &\to \cdots \to [E_k \cdots E_2 E_1 A \ \vdots \ E_k \cdots E_2 E_1] = [A' \ \vdots \ E_k \cdots E_2 E_1]\end{aligned}$$

이다. 여기서 $A' = I_n$이면 A는 정칙행렬이고 $A^{-1} = E_k \cdots E_2 E_1$이다. 반면에 $A' \neq I_n$이면 A는 정칙행렬이 아니다.

예제 7.3.8 다음의 행렬이 정칙행렬인지를 조사하고 정칙행렬이면 역행렬을 구하여라.

$$A=\begin{bmatrix}1&2&3\\2&5&3\\1&0&8\end{bmatrix}$$

풀이 행렬 $[\,A\;:\;I_3\,]$에 적절한 기본 행 변형을 실시하면 다음과 같이 변형된다.

$$\left[\begin{array}{ccc:ccc}1&2&3&1&0&0\\2&5&3&0&1&0\\1&0&8&0&0&1\end{array}\right]\to\left[\begin{array}{ccc:ccc}1&2&3&1&0&0\\0&1&-3&-2&1&0\\0&-2&5&-1&0&1\end{array}\right]\to\left[\begin{array}{ccc:ccc}1&0&9&5&-2&0\\0&1&-3&-2&1&0\\0&0&-1&-5&2&1\end{array}\right]$$

$$\to\left[\begin{array}{ccc:ccc}1&0&9&5&-2&0\\0&1&-3&-2&1&0\\0&0&1&5&-2&-1\end{array}\right]\to\left[\begin{array}{ccc:ccc}1&0&0&-40&16&9\\0&1&0&13&-5&-3\\0&0&1&5&-2&-1\end{array}\right]$$

A의 기약 행 사다리꼴 행렬이 마지막 행렬의 왼쪽에 있는 3×3 항등행렬 I_3이므로 행렬 A는 정칙행렬이다. 이때 A의 역행렬은 마지막 행렬의 오른쪽에 있는 3×3 행렬

$$A^{-1}=\begin{bmatrix}-40&16&9\\13&-5&-3\\5&-2&-1\end{bmatrix}$$

이다. ■

예제 7.3.9 다음의 행렬이 정칙행렬인지를 조사하고 정칙행렬이면 역행렬을 구하여라.

$$A=\begin{bmatrix}1&4&6\\2&-1&4\\-1&5&2\end{bmatrix}$$

풀이 행렬 $[\,A\;:\;I_3\,]$에 적절한 기본 행 연산을 실시하면 다음과 같은 행렬을 얻게 된다.

$$\left[\begin{array}{ccc:ccc}1&4&6&1&0&0\\2&-1&4&0&1&0\\-1&5&2&0&0&1\end{array}\right]\to\left[\begin{array}{ccc:ccc}1&4&6&1&0&0\\0&-9&-8&-2&1&0\\0&9&8&1&0&1\end{array}\right]\to\left[\begin{array}{ccc:ccc}1&4&6&1&0&0\\0&-9&-8&-2&1&0\\0&0&0&-1&1&1\end{array}\right]$$

마지막 행렬 왼쪽의 3×3 행렬이 기약 행 사다리꼴 행렬은 아니다. 그러나 마지막 행렬로부터 A의 기약 행 사다리꼴 행렬이 다음과 같음을 알 수 있다.

$$\begin{bmatrix}1&0&*\\0&1&*\\0&0&0\end{bmatrix}$$

따라서 행렬 A의 기약 행 사다리꼴 행렬이 항등행렬 I_3가 아니므로 A는 정칙행렬이 아니다. ■

연습문제 7.3

1. 모든 성분이 0 으로만 구성된 행(또는 열)을 가지는 정사각행렬은 정칙행렬이 아님을 설명하여라.

2. 행렬 $A=\begin{bmatrix}2 & -1 & 1\\ 1 & 2 & 3\end{bmatrix}$의 기약 행 사다리꼴 행렬 A'을 구하여라. 또한 $A'=PA$를 만족하는 정칙행렬 P를 구하여라.

3. 다음에 주어진 행렬 A가 정칙행렬인지를 조사하여라. 정칙행렬이라면 역행렬 A^{-1}를 구하고, A를 기본행렬의 곱으로 나타내어라.

(1) $A=\begin{bmatrix}0 & 2 & -1\\ 1 & 1 & 0\\ 2 & 0 & 1\end{bmatrix}$ (2) $A=\begin{bmatrix}2 & 1 & 2\\ 4 & 0 & 1\\ 2 & 3 & 4\end{bmatrix}$ (3) $A=\begin{bmatrix}2 & 1 & 0 & 2\\ 0 & 0 & 1 & 0\\ 4 & 0 & 0 & 1\\ 2 & 3 & 0 & 4\end{bmatrix}$

4. 정리 7.3.4의 (3)을 증명하여라.

5. 정리 7.3.5를 증명하여라.

6. $n\times n$ 행렬 A, B, C에 대하여 $AB=I_n=CA$ 이면 $B=C$임을 보여라. 따라서 A는 정칙행렬이다.

7. 행렬 A와 B를 같은 크기의 정사각행렬이라고 하자. 다음의 명제에 대하여 참과 거짓을 말하여라.

(1) A가 정칙행렬이면, 임의의 자연수 k에 대하여 A^k도 정칙행렬이다.

(2) A^2이 정칙행렬이면 A도 정칙행렬이다.

(3) A와 B가 정칙행렬이면 $A+B$도 정칙행렬이다.

8. 2×2 행렬 $A=\begin{bmatrix}a_{11} & a_{12}\\ a_{21} & a_{22}\end{bmatrix}$ 의 역행렬이 존재할 필요충분조건이 $a_{11}a_{22}-a_{12}a_{21}\neq 0$ 임을 보이고, 이때 A의 역행렬을 구하여라.

7.4 행렬식

$n \times n$ 행렬

$$A = \begin{bmatrix} a_{11} & a_{12} & \cdots & a_{1n} \\ a_{21} & a_{22} & \cdots & a_{2n} \\ \vdots & \vdots & \ddots & \vdots \\ a_{n1} & a_{n2} & \cdots & a_{nn} \end{bmatrix}$$

에 대해서 A 의 정칙성 등의 여러 가지 성질들을 A 의 **행렬식**(determinant)이라고 불리는 값을 이용하여 알 수 있다. 행렬 A 의 행렬식을

$$\det A\,, \quad |A|\,, \quad \begin{vmatrix} a_{11} & a_{12} & \cdots & a_{1n} \\ a_{21} & a_{22} & \cdots & a_{2n} \\ \vdots & \vdots & \ddots & \vdots \\ a_{n1} & a_{n2} & \cdots & a_{nn} \end{vmatrix}$$

으로 나타내고 아래와 같이 귀납적으로 정의한다.

먼저 크기가 1×1, 2×2 인 행렬에 대한 행렬식을 정의한다.

정의 7.4.1 (1) 1×1 행렬 $A = [\,a_{11}\,]$ 의 행렬식을

$$\det A = a_{11}$$

으로 정의한다.

(2) 2×2 행렬 $A = \begin{bmatrix} a_{11} & a_{12} \\ a_{21} & a_{22} \end{bmatrix}$ 의 행렬식을

$$\det A = a_{11}a_{22} - a_{12}a_{21}$$

으로 정의한다.

보기 7.4.2 행렬 $A = \begin{bmatrix} 1 & -2 \\ 2 & 1 \end{bmatrix}$ 의 행렬식은 다음과 같다.

$$\det A = 1 \cdot 1 - (-2) \cdot 2 = 5$$

■

2 이상의 자연수 n 에 대하여 임의의 $(n-1)\times(n-1)$ 행렬의 행렬식이 정의되어 있다고 가정하자. 그러면 $n\times n$ 행렬 $A=[a_{ij}]$ 의 행렬식은 아래와 같이 정의된다.

정의 7.4.3 $n\times n$ 행렬 $A=[a_{ij}]$ 에서 i 행과 j 열을 제거하여 얻은 $(n-1)\times(n-1)$ 행렬을 행렬 A 의 (i,j) **소행렬**(minor matrix)이라고 하며 M_{ij} 로 나타낸다. 또한 M_{ij} 의 행렬식 $\det M_{ij}$ 에 $(-1)^{i+j}$ 를 곱한 것을 행렬 A 의 (i,j) **여인수**(cofactor)라고 하며 C_{ij} 로 나타낸다. 즉

$$C_{ij}=(-1)^{i+j}\det M_{ij}$$

이다.

보기 7.4.4 3×3 행렬

$$A=\begin{bmatrix}-2&4&1\\4&5&3\\-6&1&0\end{bmatrix}$$

에서 $(2,3)$ 소행렬은

$$M_{23}=\begin{bmatrix}-2&4\\-6&1\end{bmatrix}$$

이고 $(2,3)$ 여인수는

$$C_{23}=(-1)^{2+3}\det M_{23}=-\{-2-(-24)\}=-22$$

이다. ■

정의 7.4.5 $n\times n$ 행렬 $A=[a_{ij}]$ 의 행렬식을

$$\det A=a_{11}C_{11}+a_{12}C_{12}+\cdots+a_{1n}C_{1n}$$

으로 정의한다. 여기서 C_{ij} 는 행렬 A 의 (i,j) 여인수이다.

참고 7.4.6 2×2 행렬 $A=\begin{bmatrix} a_{11} & a_{12} \\ a_{21} & a_{22} \end{bmatrix}$의 소행렬은 1×1 행렬들인

$$M_{11}=[a_{22}],\ M_{12}=[a_{21}],\ M_{21}=[a_{12}],\ M_{22}=[a_{11}]$$

이므로 정의 7.4.1(1)과 정의 7.4.5에 의하여

$$\begin{aligned}\det A &= a_{11}C_{11}+a_{12}C_{12} \\ &= a_{11}\left\{(-1)^{1+1}a_{22}\right\}+a_{12}\left\{(-1)^{1+2}a_{21}\right\} \\ &= a_{11}a_{22}-a_{12}a_{21}\end{aligned}$$

이다. 이것은 정의 7.4.1(2)와 일치한다.

특별한 형태의 행렬인 삼각행렬의 행렬식은 쉽게 구할 수 있다.

정리 7.4.7 $n\times n$ 행렬 $A=[a_{ij}]$가 삼각행렬이면 A의 행렬식은 A의 대각선의 성분들의 곱이다. 즉, $\det A=a_{11}a_{22}\cdots a_{nn}$이다. 또한, A가 정칙행렬이 될 필요충분조건은 A의 행렬식이 0이 아닌 것이다.

증명 A가 하삼각행렬

$$A=\begin{bmatrix} a_{11} & 0 & \cdots & 0 \\ a_{21} & a_{22} & \cdots & 0 \\ \vdots & \vdots & \ddots & \vdots \\ a_{n1} & a_{n2} & \cdots & a_{nn} \end{bmatrix}$$

이면, 정의 7.4.5를 반복적으로 이용하여

$$\det A=a_{11}\begin{vmatrix} a_{22} & \cdots & 0 \\ \vdots & \ddots & \vdots \\ a_{n2} & \cdots & a_{nn} \end{vmatrix}=\cdots=a_{11}a_{22}\cdots a_{nn}$$

을 얻는다. 또한, 자연수 n에 대한 수학적 귀납법을 이용하여 임의의 $n\times n$ 상삼각행렬

$$A=\begin{bmatrix} a_{11} & a_{12} & \cdots & a_{1n} \\ 0 & a_{22} & \cdots & a_{2n} \\ \vdots & \vdots & \ddots & \vdots \\ 0 & 0 & \cdots & a_{nn} \end{bmatrix}$$

의 행렬식도 A의 대각선의 모든 성분의 곱과 같다는 것을 보일 수 있다. 한편, 정리 7.3.5에 의하여 삼각행렬 A가 정칙행렬이 될 필요충분조건은 A의 대각선의 성분이 모두 0이 아닌 것이다. ■

보기 7.4.8 3×3 행렬

$$A=\begin{bmatrix} 1 & -2 & 3 \\ 2 & 1 & -1 \\ -2 & 0 & 2 \end{bmatrix}$$

의 행렬식은 아래와 같이 구할 수 있다.

$$\begin{aligned} \det A &= 1(-1)^{1+1}\begin{vmatrix} 1 & -1 \\ 0 & 2 \end{vmatrix} + (-2)(-1)^{1+2}\begin{vmatrix} 2 & -1 \\ -2 & 2 \end{vmatrix} + 3(-1)^{1+3}\begin{vmatrix} 2 & 1 \\ -2 & 0 \end{vmatrix} \\ &= 1(2-0)+2(4-2)+3(0+2)=12 \end{aligned}$$

■

보기 7.4.8과 같은 방법으로 행렬 A의 행렬식을 계산하는 것을 1행에 대하여 **여인수로 전개**하여 행렬식을 구한다고 한다. 2행에 대하여 여인수로 전개하면

$$\begin{aligned} &2(-1)^{2+1}\begin{vmatrix} -2 & 3 \\ 0 & 2 \end{vmatrix} + 1(-1)^{2+2}\begin{vmatrix} 1 & 3 \\ -2 & 2 \end{vmatrix} + (-1)(-1)^{2+3}\begin{vmatrix} 1 & -2 \\ -2 & 0 \end{vmatrix} \\ &\qquad = -2(-4)+1(8)+1(-4)=12 \end{aligned}$$

로 A의 행렬식과 같다. 또한, 3행에 대하여 여인수로 전개하여도

$$\begin{aligned} &(-2)(-1)^{3+1}\begin{vmatrix} -2 & 3 \\ 1 & -1 \end{vmatrix} + 0(-1)^{3+2}\begin{vmatrix} 1 & 3 \\ 2 & -1 \end{vmatrix} + 2(-1)^{3+3}\begin{vmatrix} 1 & -2 \\ 2 & 1 \end{vmatrix} \\ &\qquad = -2(-1)-0(-7)+2(5)=12 \end{aligned}$$

로 역시 A의 행렬식과 같다. 이 사실은 임의의 $n\times n$ 행렬에 대해서도 성립한다.

정리 7.4.9 A가 $n\times n$ 행렬일 때, 임의의 $i=1,2,\cdots,n$에 대하여

$$\det A = a_{i1}C_{i1}+a_{i2}C_{i2}+\cdots+a_{in}C_{in}$$

이다. 이 등식을 A의 행렬식 $\det A$의 i행에 대한 **여인수 전개식**이라고 한다.

정리 7.4.9는 정사각행렬의 크기를 나타내는 자연수 n에 대한 수학적 귀납법을 이용하여 증명할 수 있지만, 중간계산이 상당히 복잡하므로 자세한 증명은 부록에서 제시한다.

정리 7.4.9를 이용하여 행렬식에 대한 다음의 중요한 성질들을 얻을 수 있다.

정리 7.4.10 $n\times n$ 행렬 A 에 대하여 다음이 성립한다.

(1) A 의 어떤 한 행의 성분이 모두 0 이면 $\det A=0$ 이다.

(2) A 의 두 행을 서로 바꾸어서 얻은 행렬을 B 라고 하면 $\det B=-(\det A)$ 이다.

(3) A 의 어떤 두 행이 같으면 $\det A=0$ 이다.

(4) A 의 한 행의 실수배를 다른 행에 더해서 얻은 행렬을 B 라고 하면 $\det B=\det A$ 이다.

(5) A 의 한 행에 c 배를 해서 얻은 행렬을 B 라고 하면 $\det B=c(\det A)$ 이다.

증명 (1) 행렬 A 의 i 행의 성분이 모두 0 이면 $\det A$ 의 i 행에 대한 여인수 전개식을 이용하여 $\det A=0$ 이다.

(2) 정사각행렬의 크기를 나타내는 자연수 $n(n\geq 2)$ 에 대한 수학적 귀납법을 이용하여 증명한다. 먼저 $n=2$ 일 때는 쉽게 증명할 수 있다. 다음으로, 임의의 $n\times n$ 정사각행렬에 대해서 (2)의 결과가 성립한다고 가정하자.

이제, 임의의 $(n+1)\times(n+1)$ 행렬 A 의 i 행과 j 행$(1\leq i<j\leq n+1)$을 서로 바꾸어서 얻은 행렬을 B 라고 하자. 정리 7.4.9를 이용하여 $\det B$를 i 행과 j 행이 아닌 k 행에 대하여 여인수 전개하면

$$\det B=a_{k1}C'_{k1}+a_{k2}C'_{k2}+\cdots+a_{k,n+1}C'_{k,n+1}$$

이다. 여기서 C'_{kl}은 행렬 B 의 (k,l) 여인수이다. 행렬 A 의 (k,l) 여인수를 C_{kl} 이라고 하면, 가정에 의하여

$$C'_{kl}=-C_{kl}\quad(l=1,2,\cdots,n+1)$$

이므로

$$\begin{aligned}\det B&=a_{k1}(-C_{k1})+a_{k2}(-C_{k2})+\cdots+a_{k,n+1}(-C_{k,n+1})\\&=-(a_{k1}C_{k1}+a_{k2}C_{k2}+\cdots+a_{k,n+1}C_{k,n+1})=-(\det A)\end{aligned}$$

이다. 따라서 모든 크기의 정사각행렬에 대해서 (2)의 결과가 성립한다.

(3) 행렬 A 의 i 행과 j 행이 같다고 하면, A 의 i 행과 j 행을 서로 바꾸어서 얻은 행렬도 A 이다. (2)의 결과에 의하여 $\det A=-(\det A)$ 이므로 $\det A=0$ 이다.

(4) 행렬 A 의 i 행에 j 행의 c 배를 더하여 얻은 행렬을 B 라고 하자. B 의 행렬식을 i 행에 대하여 여인수 전개하면

$$\det B = (a_{i1} + ca_{j1})C_{i1} + (a_{i2} + ca_{j2})C_{i2} + \cdots + (a_{in}ca_{jn})C_{in}$$
$$= (a_{i1}C_{i1} + a_{i2}C_{i2} + \cdots + a_{in}C_{in}) + c(a_{j1}C_{i1} + a_{j2}C_{i2} + \cdots + a_{jn}C_{in})$$

이다. 여기서 첫 번째 괄호안의 식은 행렬 A의 행렬식이고 두 번째 괄호안의 식은 i행과 j행이 같은 행렬의 행렬식을 i행에 대하여 여인수 전개한 것이므로 (3)에 의하여 0이다. 따라서 $\det B = \det A + c \cdot 0 = \det A$이다.

(5) 행렬 A의 i행에 c배를 하여 얻은 행렬을 B라고 하자. B의 행렬식을 i행에 대하여 여인수 전개하면

$$\det B = (ca_{i1})C_{i1} + (ca_{i2})C_{i2} + \cdots + (ca_{in})C_{in}$$
$$= c(a_{i1}C_{i1} + a_{i2}C_{i2} + \cdots + a_{in}C_{in}) = c(\det A)$$

이다. ■

특히, 정리 7.4.10의 (2)와 (4)로부터 기본행렬 P_{ij}와 $E_{ij}(a)$를 행렬 A에 곱한 행렬에 대한 다음의 등식을 얻는다.

$$\det(P_{ij}A) = -(\det A), \quad \det(E_{ij}(a)A) = \det A$$

정리 7.4.10과 정리 7.4.7을 이용하여 비교적 크기가 큰 행렬의 행렬식을 소거법으로 구할 수 있다.

보기 7.4.11 4×4 행렬

$$A = \begin{bmatrix} -1 & 2 & 3 & -2 \\ 4 & 2 & 0 & 1 \\ -1 & 1 & 2 & -2 \\ -5 & 1 & 6 & -3 \end{bmatrix}$$

의 행렬식을 구해 보자. 먼저 행렬 A의 왼쪽에 $E_{21}(4)$, $E_{31}(-1)$, $E_{41}(-5)$를 차례로 곱하면 정리 7.4.10의 (4)에 의하여

$$\det A = \begin{vmatrix} -1 & 2 & 3 & -2 \\ 4 & 2 & 0 & 1 \\ -1 & 1 & 2 & -2 \\ -5 & 1 & 6 & -3 \end{vmatrix} = \begin{vmatrix} -1 & 2 & 3 & -2 \\ 0 & 10 & 12 & -7 \\ 0 & -1 & -1 & 0 \\ 0 & -9 & -9 & 7 \end{vmatrix}$$

이다. 다음으로 위의 등식의 마지막 행렬에 P_{23}을 곱하면 정리 7.4.10의 (2)에 의하여

$$\begin{vmatrix} -1 & 2 & 3 & -2 \\ 0 & 10 & 12 & -7 \\ 0 & -1 & -1 & 0 \\ 0 & -9 & -9 & 7 \end{vmatrix} = (-1)\begin{vmatrix} -1 & 2 & 3 & -2 \\ 0 & -1 & -1 & 0 \\ 0 & 10 & 12 & -7 \\ 0 & -9 & -9 & 7 \end{vmatrix}$$

이다. 마찬가지로 위의 등식의 마지막 행렬에 $E_{32}(10)$과 $E_{42}(-9)$를 곱하면 정리 7.4.10의 (4)에 의하여

$$(-1)\begin{vmatrix} -1 & 2 & 3 & -2 \\ 0 & -1 & -1 & 0 \\ 0 & 10 & 12 & -7 \\ 0 & -9 & -9 & 7 \end{vmatrix} = (-1)\begin{vmatrix} -1 & 2 & 3 & -2 \\ 0 & -1 & -1 & 0 \\ 0 & 0 & 2 & -7 \\ 0 & 0 & 0 & 7 \end{vmatrix}$$

이다. 위의 등식에서의 마지막 행렬은 상삼각행렬이므로 정리 7.4.7에 의하여

$$(-1)\begin{vmatrix} -1 & 2 & 3 & -2 \\ 0 & -1 & -1 & 0 \\ 0 & 0 & 2 & -7 \\ 0 & 0 & 0 & 7 \end{vmatrix} = (-1)(-1)(-1)(2)(7) = -14$$

이다. 따라서 $\det A = -14$임을 알 수 있다. ■

보기 7.4.12 4×4 행렬

$$A = \begin{bmatrix} -1 & 2 & 3 & -4 \\ 4 & 2 & 0 & 1 \\ -1 & 1 & 2 & -2 \\ -5 & 1 & 6 & -2 \end{bmatrix}$$

의 행렬식을 구해 보자. 먼저 행렬 A의 왼쪽에 $E_{21}(4)$, $E_{31}(-1)$, $E_{41}(-5)$를 차례로 곱하면 정리 7.4.10의 (4)에 의하여

$$\det A = \begin{vmatrix} -1 & 2 & 3 & -4 \\ 4 & 2 & 0 & 1 \\ -1 & 1 & 2 & -2 \\ -5 & 1 & 6 & -2 \end{vmatrix} = \begin{vmatrix} -1 & 2 & 3 & -4 \\ 0 & 10 & 12 & -15 \\ 0 & -1 & -1 & 2 \\ 0 & -9 & -9 & 18 \end{vmatrix}$$

이다. 다음으로 위의 등식의 마지막 행렬에 $E_{43}(-9)$를 곱하면

$$\begin{vmatrix} -1 & 2 & 3 & -4 \\ 0 & 10 & 12 & -15 \\ 0 & -1 & -1 & 2 \\ 0 & -9 & -9 & 18 \end{vmatrix} = \begin{vmatrix} -1 & 2 & 3 & -4 \\ 0 & 10 & 12 & -15 \\ 0 & -1 & -1 & 2 \\ 0 & 0 & 0 & 0 \end{vmatrix}$$

이다. 위의 등식에서의 마지막 행렬은 4행의 성분이 모두 0이므로 정리 7.4.10의 (1)에 의하여 행렬식의 값이 0이다. 따라서 $\det A = 0$임을 알 수 있다. ■

마지막으로 아래 두 정리의 증명은 연습문제로 남긴다.

정리 7.4.13 $n \times n$ 행렬 A에 대하여

$$\det A = \det\left(A^T\right)$$

이다.

정리 7.4.14 A가 $n \times n$ 행렬일 때, 임의의 $j = 1, 2, \cdots, n$에 대하여

$$\det A = a_{1j}C_{1j} + a_{2j}C_{2j} + \cdots + a_{nj}C_{nj}$$

이다. 이 등식을 A의 행렬식 $\det A$의 j열에 대한 **여인수 전개식**이라고 한다.

연습문제 7.4

1. 다음 행렬의 행렬식을 구하여라.

(1) $\begin{bmatrix} 3 & 6 & -9 \\ 0 & 0 & -2 \\ -2 & 1 & 5 \end{bmatrix}$ (2) $\begin{bmatrix} 1 & -3 & 0 \\ -2 & 4 & 1 \\ 5 & -2 & 2 \end{bmatrix}$

(3) $\begin{bmatrix} 1 & -2 & 3 & 1 \\ 5 & -9 & 6 & 3 \\ -1 & 2 & -6 & -2 \\ 2 & 8 & 6 & 1 \end{bmatrix}$ (4) $\begin{bmatrix} 2 & 1 & 3 & 1 \\ 1 & 0 & 1 & 1 \\ 0 & 2 & 1 & 0 \\ 0 & 1 & 2 & 3 \end{bmatrix}$

2. $\det\begin{bmatrix} a & b & c \\ d & e & f \\ g & h & i \end{bmatrix} = k$ 일 때, 다음 행렬의 행렬식을 구하여라.

(1) $\begin{bmatrix} d & e & f \\ g & h & i \\ a & b & c \end{bmatrix}$ (2) $\begin{bmatrix} 3a & 3b & 3c \\ -d & -e & -f \\ 4g & 4h & 4i \end{bmatrix}$

(3) $\begin{bmatrix} a+g & b+h & c+i \\ d & e & f \\ g & h & i \end{bmatrix}$

3. 다음이 성립함을 증명하여라.

$$\begin{vmatrix} x & a_1 & a_2 & 1 \\ a_1 & x & a_2 & 1 \\ a_1 & a_2 & x & 1 \\ a_1 & a_2 & a_3 & 1 \end{vmatrix} = (x-a_1)(x-a_2)(x-a_3)$$

4. 다음 행렬식을 구하여라.

$$\begin{vmatrix} 0 & a & b & c \\ a & 0 & c & b \\ b & c & 0 & a \\ c & b & a & 0 \end{vmatrix}$$

5. n차 정사각행렬 A와 임의의 실수 k에 대해

$$\det(kA) = k^n \det A$$

임을 보여라.

6. $n \times n$ 상삼각행렬 $A = [a_{ij}]$ 의 행렬식이

$$\det A = a_{11}\, a_{22} \cdots\ a_{nn}$$

임을 정리 7.4.5 또는 정리 7.4.9를 이용하여 증명하여라.

7. 다음이 성립함을 보여라.

$$\begin{vmatrix} a_{11} & a_{12} & \cdots & a_{1n} & b_{11} & b_{12} & \cdots & a_{1m} \\ a_{21} & a_{22} & \cdots & a_{2n} & b_{21} & b_{22} & \cdots & b_{2m} \\ \vdots & \vdots & \ddots & \vdots & \vdots & \vdots & & \vdots \\ a_{n1} & a_{n2} & \cdots & a_{nn} & b_{n1} & b_{n2} & \cdots & b_{nm} \\ 0 & 0 & \cdots & 0 & 1 & 0 & \cdots & 0 \\ 0 & 0 & \cdots & 0 & 0 & 1 & \cdots & 0 \\ \vdots & \vdots & & \vdots & \vdots & \vdots & \ddots & \vdots \\ 0 & 0 & \cdots & 0 & 0 & 0 & \cdots & 1 \end{vmatrix} = \begin{vmatrix} a_{11} & a_{12} & \cdots & a_{1n} \\ a_{21} & a_{22} & \cdots & a_{2n} \\ \vdots & \vdots & \ddots & \vdots \\ a_{n1} & a_{n2} & \cdots & a_{nn} \end{vmatrix}$$

8. 정리 7.4.13을 증명하여라.

9. 정리 7.4.14를 증명하여라.

7.5 행렬식과 역행렬

$n \times n$ 행렬 A의 행렬식을 이용하여 A의 역행렬에 대한 여러 가지 유용한 결과들을 얻을 수 있다.

정리 7.4.7로부터 삼각행렬 A가 정칙행렬일 필요충분조건이 $\det A \neq 0$인 것을 알고 있다. 임의의 행렬에 대해서도 같은 결과가 성립하다.

> **정리 7.5.1** $n \times n$ 행렬 A가 정칙행렬일 필요충분조건은
>
> $$\det A \neq 0$$
>
> 인 것이다.

증명 소거법을 이용하여

$$U = E_k \cdots E_2 E_1 A$$

가 상삼각행렬이 되는 $E_{ij}(a)$ 또는 P_{ij} 형태의 기본행렬 $E_1, E_2, \cdots, E_k$를 찾을 수 있다. 기본행렬은 모두 정칙행렬이므로 A가 정칙행렬일 필요충분조건은 상삼각행렬 U가 정칙행렬인 것이다. 따라서 정리 7.4.7에 의하여 A가 정칙행렬일 필요충분조건은 $\det U \neq 0$인 것이다. 한편, 정리 7.4.10에 의하여

$$\det U = \pm (\det A)$$

이므로 $\det U \neq 0$일 필요충분조건은 $\det A \neq 0$인 것이다. ■

보기 7.5.2 다음과 같은 3×3 행렬 A와 4×4 행렬 B를 생각하자.

$$A = \begin{bmatrix} 2 & 1 & 1 \\ 4 & -2 & 0 \\ 1 & -5 & -6 \end{bmatrix}, \quad B = \begin{bmatrix} -1 & 2 & 3 & 4 \\ 4 & 2 & 0 & 1 \\ -1 & 1 & 2 & -2 \\ 2 & 5 & 5 & 3 \end{bmatrix}$$

먼저, A의 행렬식을 구하면

$$\det A = 2(12) - 4(-1) + 1(2) = 30 \neq 0$$

이므로 A는 정칙행렬이다. 또한, $\det B = 0$을 보일 수 있으므로 B는 정칙행렬이 아니다. ■

행렬의 곱과 행렬식에 대하여 다음의 중요한 등식이 성립한다.

정리 7.5.3 $n \times n$ 행렬 A와 B에 대하여

$$\det(AB) = (\det A)(\det B)$$

가 성립한다.

증명 A가 기본행렬이면 정리 7.4.10의 (2), (4), (5)에 의하여 임의의 $n \times n$ 행렬 B에 대하여 $\det(AB) = (\det A)(\det B)$가 성립한다. 일반적인 경우에는, 소거법을 이용하면 적당한 기본행렬 $E_1, \cdots, E_k$를 차례대로 곱해서 A의 기약 행 사다리꼴 행렬

$$A' = E_k \cdots E_1 A$$

를 구할 수 있다. 만약 A가 정칙행렬이 아니면 A'의 마지막 행은 영행이므로 $A'B$의 마지막 행도 영행이고 따라서 $A'B$는 정칙행렬이 아니다. 그러므로

$$AB = E_1^{-1} \cdots E_k^{-1} A'B$$

도 정칙행렬이 아니고 정리 7.5.1에 의하여

$$\det(AB) = 0 = (\det A)(\det B)$$

이다. A가 정칙행렬이면 $A' = I_n$이고 $E_1^{-1}, \cdots, E_k^{-1}$가 모두 기본행렬이므로

$$\begin{aligned}\det(AB) &= \det\left(E_1^{-1} \cdots E_k^{-1} B\right) \\ &= (\det E_1^{-1}) \cdots (\det E_k^{-1})(\det B) \\ &= \det\left(E_1^{-1} \cdots E_k^{-1}\right)(\det B) \\ &= (\det A)(\det B)\end{aligned}$$

이다. ■

따름정리 7.5.4 $n \times n$ 행렬 A가 정칙행렬이면

$$\det(A^{-1}) = \frac{1}{\det A}$$

이다.

증명 $AA^{-1} = I_n$ 이고 항등행렬 I_n 의 행렬식은 1 임을 이용하면 정리 7.5.3에서 바로 얻을 수 있다. ■

또한, 정리 7.5.1과 정리 7.5.3을 이용하면 다음의 정리를 쉽게 얻을 수 있다. 증명은 연습문제로 남긴다.

정리 7.5.5 $n \times n$ 행렬 A 와 B 에 대하여 $AB = I_n$ 이면 $BA = I_n$ 이다.

행렬식을 이용하여 정칙행렬 A 의 역행렬을 구할 수도 있다.

정의 7.5.5 $n \times n$ 행렬 A 의 (i, j) 여인수 C_{ij} 를 (i, j) 성분으로 가지는 $n \times n$ 행렬 $C = [C_{ij}]_{n \times n}$ 을 A 의 **여인수 행렬**(cofactor matrix)이라 하고 $Cof(A)$ 로 나타낸다. 즉

$$Cof(A) = [C_{ij}]_{n \times n}$$

이다.

예제 7.5.6 3×3 행렬

$$A = \begin{bmatrix} 1 & 0 & 1 \\ 0 & 1 & -2 \\ 2 & 0 & 1 \end{bmatrix}$$

의 여인수 행렬 $Cof(A)$ 를 구하여라.

풀이 행렬 A 의 여인수를 모두 구하면

$$\begin{array}{lll} C_{11} = 1, & C_{12} = -4, & C_{13} = -2, \\ C_{21} = 0, & C_{22} = -1, & C_{23} = 0, \\ C_{31} = -1, & C_{32} = 2, & C_{33} = 1 \end{array}$$

이다. 따라서 A 의 여인수 행렬은

$$Cof(A) = \begin{bmatrix} 1 & -4 & -2 \\ 0 & -1 & 0 \\ -1 & 2 & 1 \end{bmatrix}$$

이다. ■

아래와 같이 정사각행렬 A 의 행렬식과 여인수 행렬을 계산하여 A 의 역행렬을 구할 수 있다.

정리 7.5.7 임의의 $n \times n$ 행렬 A 에 대하여 다음이 성립한다.

$$A \cdot Cof(A)^T = (\det A)\, I_n$$

또한, $\det A \neq 0$ 이면 A 는 정칙행렬이고

$$A^{-1} = \frac{1}{\det A}\, Cof(A)^T$$

이다.

증명 행렬 $A = [a_{ij}]_{n \times n}$ 와 $Cof(A)^T$를 곱한 행렬 $A \cdot Cof(A)^T$의 (i, j) 성분을 b_{ij} 라고 하면

$$b_{ij} = [a_{i1}\ a_{i2} \cdots\ a_{in}] \begin{bmatrix} C_{j1} \\ C_{j2} \\ \vdots \\ C_{jn} \end{bmatrix} = a_{i1}C_{j1} + a_{i2}C_{j2} + \cdots + a_{in}C_{jn}$$

이다. 만약 $i = j$ 이면 위의 등식은 A 의 행렬식을 의미한다. 또한 $i \neq j$ 이면 위의 등식은 행렬 A 의 j 번째 행을 i 번째 행으로 바꾼 행렬, 즉 두 행이 같은 행렬의 행렬식을 의미하므로 정리 7.4.10(3)에 의하여 0 이다. 따라서

$$b_{ij} = \begin{cases} \det A & (i = i) \\ 0 & (i \neq j) \end{cases}$$

이므로

$$A \cdot Cof(A)^T = (\det A)\, I_n$$

이다. 또한, $\det A \neq 0$ 이면 정리 7.5.1과 정리 7.5.5에 의하여 A 가 정칙행렬이고 역행렬은 $A^{-1} = \dfrac{1}{\det A}\, Cof(A)^T$ 이다. ■

보기 7.5.8 2×2 행렬 $A = \begin{bmatrix} a_{11} & a_{12} \\ a_{21} & a_{22} \end{bmatrix}$ 의 행렬식과 여인수 행렬은

$$\det A = a_{11}a_{22} - a_{12}a_{21}\,, \quad Cof(A) = \begin{bmatrix} a_{22} & -a_{21} \\ -a_{12} & a_{11} \end{bmatrix}$$

이다. 따라서 $a_{11}a_{22} - a_{12}a_{21} \neq 0$ 이면 A 가 정칙행렬이고 A 의 역행렬은

$$A^{-1} = \frac{1}{a_{11}a_{22} - a_{12}a_{21}} \begin{bmatrix} a_{22} & -a_{12} \\ -a_{21} & a_{11} \end{bmatrix}$$

이다. ■

예제 7.5.9 예제 7.5.6에서의 행렬

$$A = \begin{bmatrix} 1 & 0 & 1 \\ 0 & 1 & -2 \\ 2 & 0 & 1 \end{bmatrix}$$

의 역행렬이 존재하면 구하여라.

풀이 우선 $\det A = -1 \neq 0$ 이므로 A는 정칙행렬이다. A의 여인수 행렬의 전치행렬을 구하면

$$Cof(A)^T = \begin{bmatrix} 1 & 0 & -1 \\ -4 & -1 & 2 \\ -2 & 0 & 1 \end{bmatrix}$$

이므로 정리 7.5.7에 의하여

$$A^{-1} = \frac{1}{(-1)} \begin{bmatrix} 1 & 0 & -1 \\ -4 & -1 & 2 \\ -2 & 0 & 1 \end{bmatrix} = \begin{bmatrix} -1 & 0 & 1 \\ 4 & 1 & -2 \\ 2 & 0 & -1 \end{bmatrix}$$

이다. ■

n 개의 미지수 $x_1, x_2, \cdots, x_n$ 을 가지는 일차방정식 n개가 연립된 연립일차방정식

$$\begin{cases} a_{11}x_1 + a_{12}x_2 + \cdots + a_{1n}x_n = b_1 \\ a_{21}x_1 + a_{22}x_2 + \cdots + a_{2n}x_n = b_2 \\ \qquad \vdots \\ a_{n1}x_1 + a_{n2}x_2 + \cdots + a_{nn}x_n = b_n \end{cases}$$

은 다음의 $n \times n$ 정사각행렬 A 와 $n \times 1$ 행렬 X, 그리고 $n \times 1$ 행렬 B

$$A = \begin{bmatrix} a_{11} & a_{12} & \cdots & a_{1n} \\ a_{21} & a_{22} & \cdots & a_{2n} \\ \vdots & \vdots & \ddots & \vdots \\ a_{n1} & a_{n2} & \cdots & a_{nn} \end{bmatrix}, \quad X = \begin{bmatrix} x_1 \\ x_2 \\ \vdots \\ x_n \end{bmatrix}, \quad B = \begin{bmatrix} b_1 \\ b_2 \\ \vdots \\ b_n \end{bmatrix}$$

을 이용하여

$$AX = B$$

로 나타낼 수 있다. 이때 $\det A \neq 0$ 이면 연립일차방정식은 유일한 해

$$X = A^{-1}B$$

를 가진다. 이 해 X를 행렬식을 이용하여 구할 수 있다.

정리 7.5.10 크래머(Cramer)의 공식

$n \times n$ 행렬 $A = [a_{ij}]_{n \times n}$, $n \times 1$ 행렬 $X = [x_j]_{n \times 1}$, $n \times 1$ 행렬 $B = [b_j]_{n \times 1}$ 에 대한 연립일차방정식

$$AX = B$$

에서 A가 정칙행렬이면, 즉 $\det A \neq 0$ 이면 이 연립일차방정식은 유일한 해

$$x_j = \frac{\det A_j}{\det A} \quad (j = 1, 2, \cdots, n)$$

을 가진다. 여기서 A_j는 A의 j열을 제거하고 그 자리를 B로 채운 행렬을 나타낸다. 즉, 각각의 $j = 1, 2, \cdots, n$에 대하여 행렬 A_j는

$$A_j = \begin{bmatrix} a_{11} & a_{12} & \cdots & b_1 & \cdots & a_{1n} \\ a_{21} & a_{22} & \cdots & b_2 & \cdots & a_{2n} \\ \vdots & \vdots & & \vdots & & \vdots \\ a_{j1} & a_{j2} & \cdots & b_j & \cdots & a_{jn} \\ \vdots & \vdots & & \vdots & & \vdots \\ a_{n1} & a_{n2} & \cdots & b_n & \cdots & a_{nn} \end{bmatrix}$$

(b 열: A의 j열)

으로 주어진다.

증명 정리 7.3.3과 정리 7.5.7에 의하여 연립일차방정식 $AX = B$는 유일한 해 X를 가지며 이 해 X는

$$X = A^{-1}B = \frac{1}{\det A} Cof(A)^T \cdot B$$

이다. 즉,

$$\begin{bmatrix} x_1 \\ x_2 \\ \vdots \\ x_j \\ \vdots \\ x_n \end{bmatrix} = \frac{1}{\det A} \begin{bmatrix} C_{11} & C_{21} & \cdots & C_{j1} & \cdots & C_{n1} \\ C_{12} & C_{22} & \cdots & C_{j2} & \cdots & C_{n2} \\ \vdots & \vdots & & \vdots & & \vdots \\ C_{1j} & C_{2j} & \cdots & C_{jj} & \cdots & C_{nj} \\ \vdots & \vdots & & \vdots & & \vdots \\ C_{1n} & C_{2n} & \cdots & C_{jn} & \cdots & C_{nn} \end{bmatrix} \begin{bmatrix} b_1 \\ b_2 \\ \vdots \\ b_j \\ \vdots \\ b_n \end{bmatrix}$$

이다. 따라서 정리 7.4.14에 의하여 각각의 $j=1,2,\cdots,n$ 에 대하여

$$x_j = \frac{1}{\det A}(b_1C_{1j} + b_2C_{2j} + \cdots + b_nC_{nj}) = \frac{\det A_j}{\det A}$$

이다. ■

예제 7.5.11 크래머의 공식을 이용해서 연립일차방정식

$$\begin{cases} 2x_1 + \ \ x_2 + x_3 = \ \ 3 \\ 4x_1 - 2x_2 \qquad\quad = -2 \\ \ \ x_1 - 5x_2 - 6x_3 = -2 \end{cases}$$

의 해를 구하여라.

풀이

$$\det A = \begin{vmatrix} 2 & 1 & 1 \\ 4 & -2 & 0 \\ 1 & -5 & -6 \end{vmatrix} = 30 \neq 0$$

이므로 위의 연립일차방정식은 유일한 해를 갖는다. 또한,

$$\det A_1 = \begin{vmatrix} 3 & 1 & 1 \\ -2 & -2 & 0 \\ -2 & -5 & -6 \end{vmatrix} = 30,$$

$$\det A_2 = \begin{vmatrix} 2 & 3 & 1 \\ 4 & -2 & 0 \\ 1 & -2 & -6 \end{vmatrix} = 90,$$

$$\det A_3 = \begin{vmatrix} 2 & 1 & 3 \\ 4 & -2 & -2 \\ 1 & -5 & -2 \end{vmatrix} = -60$$

이므로 방정식의 해는

$$x_1 = \frac{\det A_1}{\det A} = \frac{30}{30} = 1,$$

$$x_2 = \frac{\det A_2}{\det A} = \frac{90}{30} = 3,$$

$$x_3 = \frac{\det A_3}{\det A} = \frac{-60}{30} = -2$$

이다. ■

연습문제 7.5

1. 행렬식을 이용하여 다음 행렬이 정칙행렬인지를 조사하여라. 만약 정칙행렬이라면 여인수 행렬을 이용하여 역행렬을 구하여라.

(1) $\begin{bmatrix} 1 & 2 & -1 \\ 2 & 4 & -3 \\ 1 & -2 & 0 \end{bmatrix}$ (2) $\begin{bmatrix} 2 & 2 & 1 \\ 4 & -1 & 4 \\ 7 & 4 & 5 \end{bmatrix}$

(3) $\begin{bmatrix} 2 & 1 & -3 \\ 1 & 0 & 2 \\ -1 & 1 & -9 \end{bmatrix}$

2. 다음 행렬의 역행렬이 존재하지 않도록 상수 λ의 값을 구하여라.

$$\begin{bmatrix} 5-\lambda & 4 & 2 \\ 4 & 5-\lambda & 2 \\ 2 & 2 & 2-\lambda \end{bmatrix}$$

3. 행렬 A와 B를 같은 크기의 정사각행렬이라 하자. 다음의 명제에 대하여 참과 거짓을 말하여라.

(1) 임의의 자연수 k에 대하여 $(\det A)^k = \det(A^k)$이다.

(2) $\det Cof(A) = 0$이면 $\det A = 0$이다.

(3) A가 정칙행렬이면 $\det A = \det Cof(A)$이다.

4. 크래머의 공식을 이용하여 다음 연립일차방정식의 해를 구하여라.

$$\begin{cases} x_1 + 2x_3 = 6 \\ -3x_1 + 4x_2 + 6x_3 = 30 \\ -x_1 - 2x_2 + 3x_3 = 8 \end{cases}$$

5. 정리 7.5.5를 증명하여라.

7장 연습문제

1. 다음의 행렬 A에 대하여 물음에 답하여라.

$$A=\begin{bmatrix}1&0&0&-1\\3&1&2&2\\1&0&-2&1\\2&0&0&1\end{bmatrix}$$

(1) 정리 7.3.7을 이용하여 A가 정칙행렬인지를 판단하여라. 만약 정칙행렬이라면 A^{-1}를 구하여라.

(2) 행렬식을 이용하여 A가 정칙행렬인지를 판단하여라. 만약 정칙행렬이라면 여인수 행렬을 구하고, 이를 이용하여 A^{-1}를 구하여라.

2. 다음 등식이 성립함을 설명하여라.

(1) $\begin{vmatrix}a_1&b_1&a_1+b_1+c_1\\a_2&b_2&a_2+b_2+c_2\\a_3&b_3&a_3+b_3+c_3\end{vmatrix}=\begin{vmatrix}a_1&b_1&c_1\\a_2&b_2&c_2\\a_3&b_3&c_3\end{vmatrix}$

(2) $\begin{vmatrix}a_1+b_1&a_1-b_1&c_1\\a_2+b_2&a_2-b_2&c_2\\a_3+b_3&a_3-b_3&c_3\end{vmatrix}=-2\begin{vmatrix}a_1&b_1&c_1\\a_2&b_2&c_2\\a_3&b_3&c_3\end{vmatrix}$

3. 다음 행렬의 역행렬이 존재하기 위한 a와 b의 관계식을 구하여라.

$$\begin{bmatrix}a&b&b&b\\a&b&a&a\\a&a&b&a\\b&b&b&a\end{bmatrix}$$

4. 다음 명제들의 참 거짓을 판별하여라. 참이면 증명을, 거짓이면 반례를 제시하여라.

(1) $A^2=I$이면 $A=I$ 또는 $A=-I$이다.

(2) 임의의 자연수 k에 대하여 $(A^T)^k=(A^k)^T$이다.

(3) $k\geq 3$인 자연수일 때, $A^k=O$이면 $A^2=O$이다.

(4) 정사각행렬 A가 정칙행렬이면 $(A^T)^{-1}=(A^{-1})^T$이다.

5. 다음 연립일차방정식이 $x_1 = x_2 = x_3 = 0$ 이외에 다른 해를 가지도록 상수 k의 값을 결정하여라.

$$\begin{cases} kx_1 + x_2 + x_3 = 0 \\ x_1 + kx_2 + x_3 = 0 \\ x_1 + x_2 + kx_3 = 0 \end{cases}$$

6. 두 행렬

$$A = \begin{bmatrix} 3 & 1 & -1 \\ 2 & 2 & -1 \\ 2 & 2 & 0 \end{bmatrix}, \quad X = \begin{bmatrix} x_1 \\ x_2 \\ x_3 \end{bmatrix}$$

에 대하여, 연립일차방정식 $(A - \lambda I_3)X = O$가 무수히 많은 해를 가지도록 실수 λ의 값을 결정하고 그 때의 해를 구하여라.

7. 적절한 방법을 이용하여 다음 연립일차방정식의 해를 구하여라.

(1) $\begin{cases} x_1 + 2x_2 + x_3 = 5 \\ 2x_1 + 2x_2 + x_3 = 6 \\ x_1 + 2x_2 + 3x_3 = 9 \end{cases}$

(2) $\begin{cases} x + y - 2z = 1 \\ 2x - y + z = 2 \\ x - 2y - 4z = -4 \end{cases}$

(3) $\begin{cases} 2x_1 - x_2 - 4x_4 = -3 \\ 7x_1 + 2x_2 + x_3 - x_4 = 1 \\ 3x_1 - x_2 = 1 \\ x_1 + x_2 - 2x_4 = 0 \end{cases}$

8. 2×2 행렬 $A = \begin{bmatrix} a_{11} & a_{12} \\ a_{21} & a_{22} \end{bmatrix}$ 에 대하여 다음의 등식이 성립함을 보여라.

$$A^2 - (a_{11} + a_{22})A + (a_{11}a_{22} - a_{12}a_{21})I = O$$

또한, 이를 이용하여 $a_{11}a_{22} - a_{12}a_{21} \neq 0$ 이면 A가 정칙행렬임을 보이고, 그 역행렬을 구하여라.

9. $AB = BA$ 를 만족하는 행렬 A 와 B 에 대하여 다음의 등식이 성립함을 보여라.

$$(A+B)^n = \sum_{k=0}^{n} {}_n\mathrm{C}_k A^{n-k} B^k \quad (n = 1, 2, \cdots)$$

힌트 연습문제 1.1의 문제 7번을 참고하여라.

10. 2×2 행렬 $A = \begin{bmatrix} a & b \\ c & d \end{bmatrix}$ 가 $A^T A = I$ 를 만족한다고 하자.

(1) 열벡터 $\vec{c}_1 = (a, c)$ 와 $\vec{c}_2 = (b, d)$ 가 서로 수직인 단위벡터임을 보여라.

(2) 행벡터 $\vec{r}_1 = (a, b)$ 와 $\vec{r}_2 = (c, d)$ 가 서로 수직인 단위벡터임을 보여라.

11. 2×2 행렬 $A = \begin{bmatrix} a & b \\ c & d \end{bmatrix}$ 가 $A^T A = I$ 를 만족할 필요충분조건은

$$\begin{bmatrix} y_1 \\ y_2 \end{bmatrix} = A \begin{bmatrix} x_1 \\ x_2 \end{bmatrix}$$

인 임의의 두 벡터 $\vec{x} = (x_1, x_2)$ 와 $\vec{y} = (y_1, y_2)$ 의 크기가 같은 것임을 보여라.

8장

다변수함수의 미분

8.1 다변수함수와 그래프
8.2 다변수함수의 극한과 연속
8.3 편도함수
8.4 미분가능성과 선형근사식
8.5 연쇄법칙과 접평면
8.6 이변수함수의 극값
8.7 라그랑주 승수법
8장 연습문제

8.1 다변수함수와 그래프

우리는 지금까지 $y=f(x)$ 와 같이 종속변수 y 의 값이 단 한 개의 독립변수 x 의 값에 의해서 결정되는 함수만을 다루어 왔다. 이러한 함수를 **일변수함수**라고 한다. 이 절에서는 종속변수의 값이 두 개 이상의 독립변수에 의해서 결정되는 함수에 대하여 알아보도록 하자.

자연수 n 에 대하여, 집합 D를 n 차원 공간

$$\mathbb{R}^n = \{(x_1, \cdots, x_n) \mid x_i \in \mathbb{R},\ i=1, \cdots, n\}$$

의 부분집합이라고 하자. 집합 D를 정의역으로 하는 함수

$$f: D \to \mathbb{R}, \quad (x_1, \cdots, x_n) \mapsto z = f(x_1, \cdots, x_n)$$

을 n **변수함수**라고 하며 $z=f(x_1, \cdots, x_n)$ 으로 표시한다. 이때 $x_1, \cdots, x_n$ 을 함수 f 의 **독립변수**, z 를 **종속변수**라고 한다. 일반적으로 두 개 이상의 독립변수를 가지는 함수를 **다변수함수**라고 한다.

특별히, 두 개의 독립변수를 가지는 **이변수함수**는 $z=f(x_1, x_2)$ 로 나타내는 대신 독립변수 x, y 를 사용하여 $z=f(x, y)$ 로 나타낸다. 또한 다변수함수의 이론은 이변수함수의 이론으로부터 쉽게 확장이 가능하므로 이 책에서는 주로 이변수함수만 다루도록 한다. 그리고 정의역이 특별히 언급되지 않은 경우에는 함숫값 $f(x, y)$ 가 실수로서 존재하는 모든 순서쌍 $(x, y) \in \mathbb{R}^2$ 의 집합을 정의역으로 생각한다.

보기 8.1.1 (1) 이변수함수 $f(x, y) = x^2 + y^2$ 의 정의역은 좌표평면 전체의 집합 $\mathbb{R}^2$ 이다.

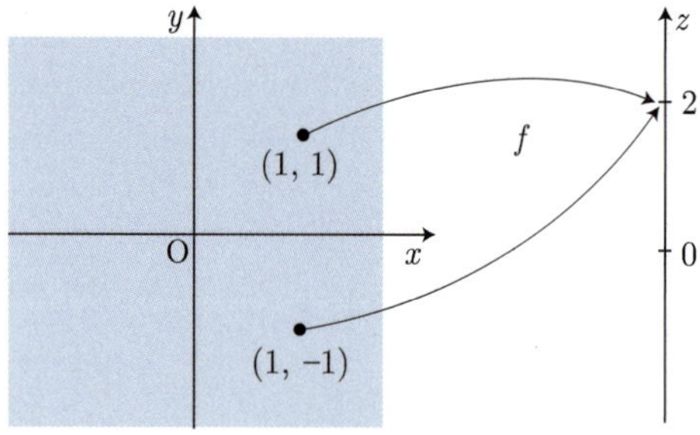

[그림 8-1]

(2) 이변수함수 $f(x, y) = \dfrac{1}{\sqrt{x-y}}$ 의 정의역은 $\{(x, y) \in \mathbb{R}^2 | y < x\}$ 이다.

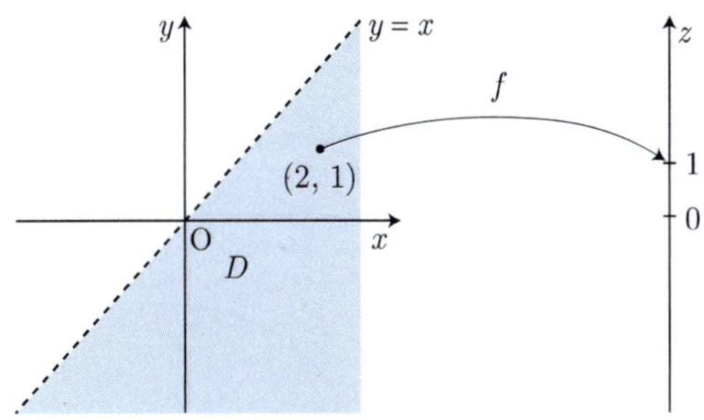

[그림 8-2]

(3) 이변수함수 $f(x, y) = \dfrac{1}{\sqrt{1-x^2-y^2}}$ 의 정의역은 원점을 중심으로 하고 반지름의 길이가 1 인 열린 원판

$$D = \{(x, y) \in \mathbb{R}^2 | x^2 + y^2 < 1\}$$

이다.

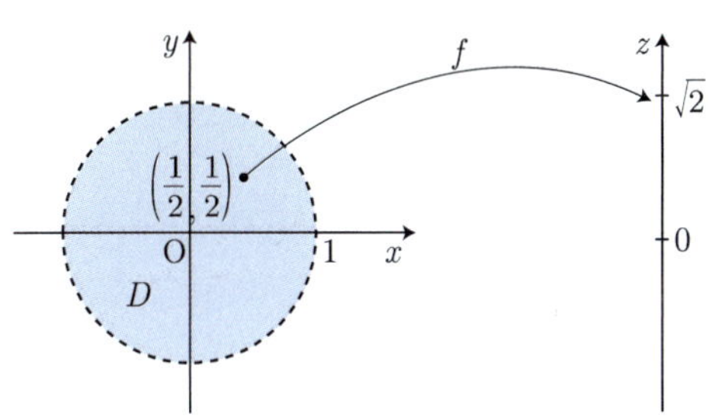

[그림 8-3] ■

예제 8.1.2 이변수함수 $f(x, y) = \ln(x - y + 1)$ 의 정의역을 구하여라.

풀이 $x - y + 1 > 0$ 이어야 로그가 정의되므로 f 의 정의역은 $\{(x, y) \in \mathbb{R}^2 | y < x + 1\}$ 이다. ■

이변수함수 $f: D(\subset \mathbb{R}^2) \to \mathbb{R}$ 의 그래프는 다음과 같은 3차원 좌표공간 $\mathbb{R}^3$의 부분집합

$$G_f = \{(x, y, f(x, y)) \mid (x, y) \in D\}$$

로 나타내어진다.

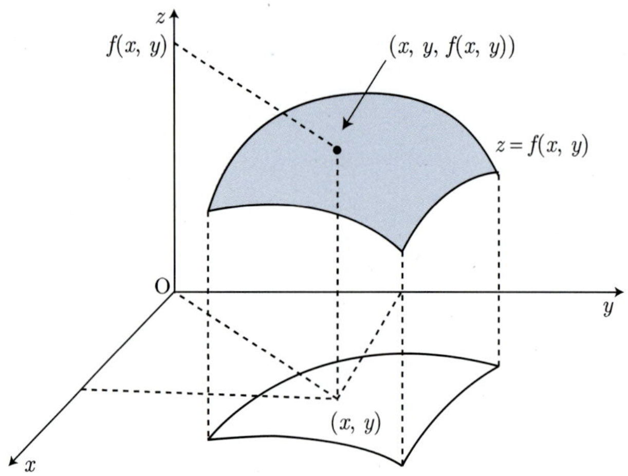

[그림 8-4]

또한 함수 f 의 치역 $f(D)$ 에 있는 임의의 상수 c 에 대하여 정의역의 부분집합

$$L_c(f) = \{(x, y) \in D \mid f(x, y) = c\}$$

를 $z = c$ 에서의 함수 f 의 **등고선**(level curve)이라고 한다.

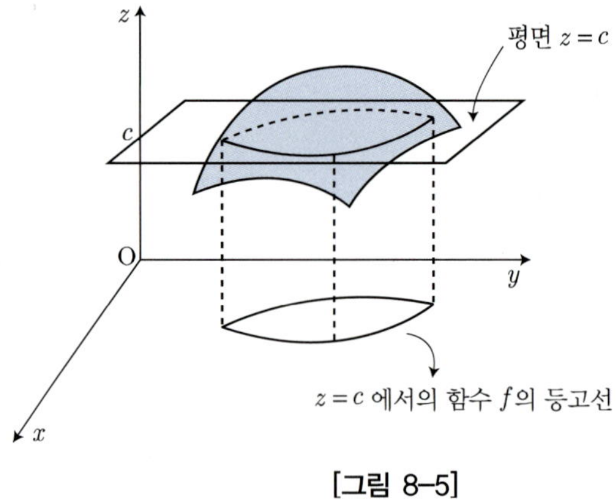

[그림 8-5]

보기 8.1.3 이변수함수 $f(x, y) = \sqrt{1-x^2-y^2}$ 은 xy 평면에서 반지름이 1인 원의 내부와 경계를 정의역으로 하는 함수로서 그래프는 원점을 중심으로 하고 반지름의 길이가 1인 반구($z \geq 0$)를 나타낸다. 또한 $0 \leq c < 1$ 에 대하여 $z = c$ 에서의 등고선은 원점을 중심으로 하고 반지름의 길이가 $\sqrt{1-c^2}$ 인 원이 되며, $z = 1$ 에서의 등고선은 원점 하나로 이루어진다.

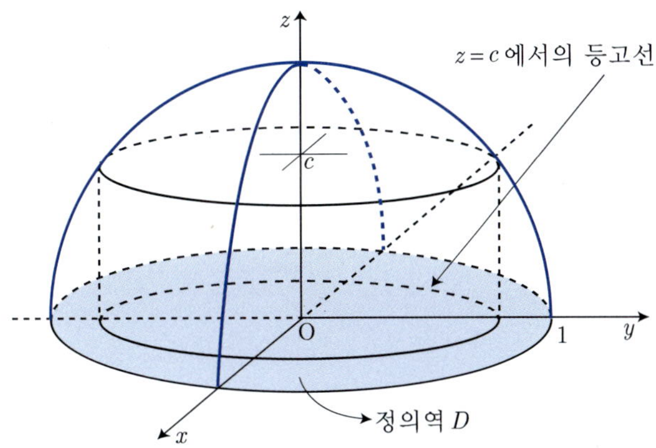

[그림 8-6]

■

보기 8.1.4 이변수함수 $z = 6-2x-3y$ 의 그래프는 세 점 $(3, 0, 0)$, $(0, 2, 0)$, $(0, 0, 6)$ 을 지나는 평면이다.

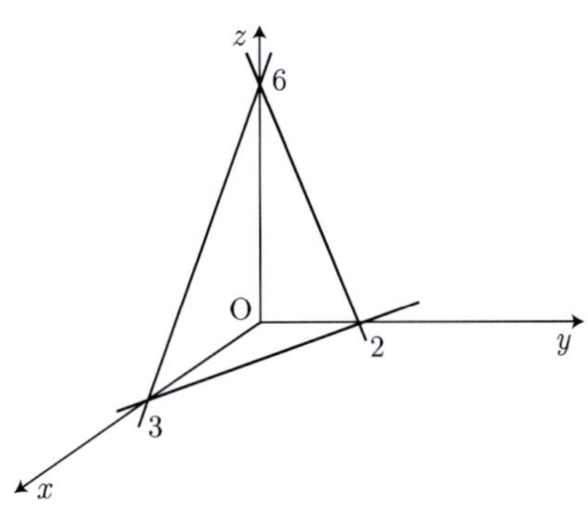

[그림 8-7]

■

일반적으로, 이변수함수 $z = f(x, y)$ 의 그래프는 yz 평면 위의 곡선 $z = f(0, y)$, zx 평면 위의 곡선 $z = f(x, 0)$ 과 f 의 치역에 있는 상수 c 에 대한 등고선 $f(x, y) = c$ 를 이용하여 그릴 수 있다.

보기 8.1.5 이변수함수 $z=x^2+y^2$ 의 그래프는 yz 평면 위의 포물선 $z=y^2$ 과 zx 평면 위의 포물선 $z=x^2$ 을 포함하며 원점이 중심인 원을 등고선으로 갖는 포물면이다. 이 경우, 종속변수 z 의 값은 x^2+y^2 의 값에 의존하므로 yz 평면 위의 포물선 $z=y^2$ 을 z 축을 중심으로 회전시켜 생긴 포물면으로 생각해도 된다.

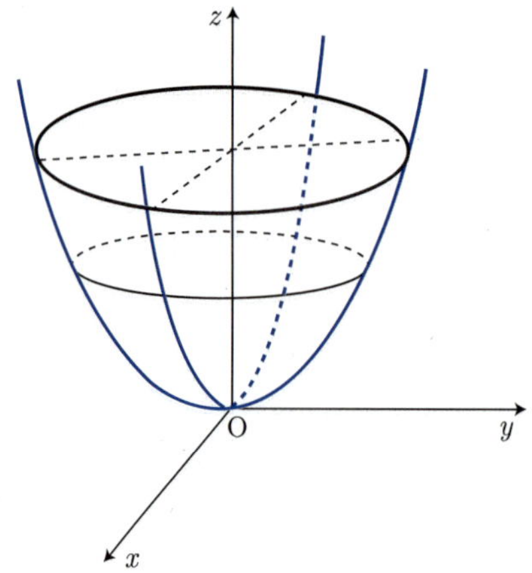

[그림 8-8] ■

보기 8.1.6 이변수함수 $z=y^2-x^2$ 의 그래프는 yz 평면 위의 포물선 $z=y^2$ 과 zx 평면 위의 포물선 $z=-x^2$ 을 포함하며 쌍곡선을 등고선으로 갖는 안장 모양의 곡면이다.

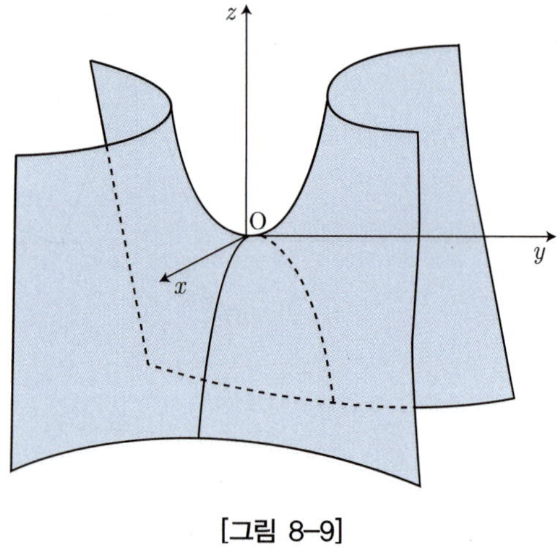

[그림 8-9] ■

예제 8.1.7 이변수함수 $z = \sqrt{x^2 + y^2}$ 의 그래프를 그려라.

풀이 이변수함수 $z = \sqrt{x^2+y^2}$ 의 그래프는 yz 평면 위의 $z=|y|$ 의 그래프와 zx 평면 위의 $z=|x|$ 의 그래프를 포함하며 원점을 중심으로 하는 원을 등고선으로 갖는 원뿔이다.

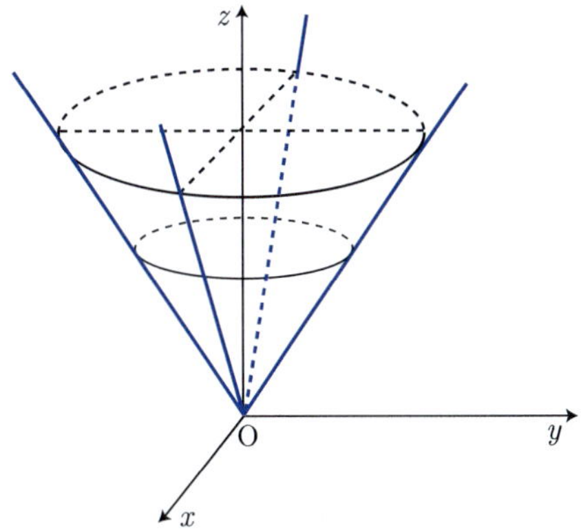

[그림 8-10] ■

예제 8.1.8 이변수함수 $z = \dfrac{1}{x^2 + y^2}$ 의 그래프를 그려라.

풀이 이변수함수 $z = \dfrac{1}{x^2+y^2}$ 의 그래프는 yz 평면 위의 곡선 $z=\dfrac{1}{y^2}$ 과 zx 평면 위의 곡선 $z=\dfrac{1}{x^2}$ 을 포함하며 원점을 중심으로 하는 원을 등고선으로 갖는 곡면이다.

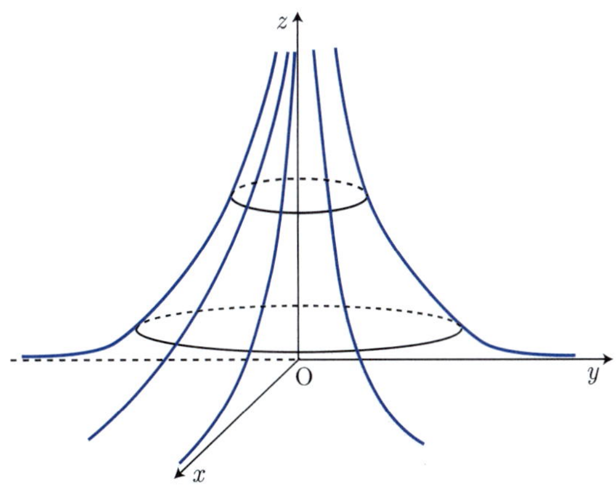

[그림 8-11] ■

연습문제 8.1

1. 다음 이변수함수의 정의역을 구하고, xy 평면(좌표평면)에 그려라.

(1) $f(x,y) = 3x - y$ (2) $f(x,y) = \sqrt{x-y}$

(3) $z = \dfrac{\sqrt{9-x^2-y^2}}{x-y}$ (4) $z = \ln(x+2y-3)$

2. 다음 삼변수함수의 정의역을 구하고, 좌표공간에 그려라.

(1) $f(x,y,z) = \sqrt{1-x^2-y^2-z^2}$

(2) $w = \ln(x+y-z)$

3. 다음 이변수함수의 그래프를 좌표공간에 그려라.

(1) $f(x,y) = 4 - x^2 - y^2$ (2) $z = x - y + 2$

(3) $f(x,y) = y^2 + 1$ (4) $z = 4x^2 + y^2$

8.2 다변수함수의 극한과 연속

이변수함수 f의 정의역에 있는 점 (x,y)가 한 점 (a,b)에 한없이 가까워질 때 함숫값 $f(x,y)$가 어떤 일정한 실수 L에 한없이 가까워지면 $(x,y)\to(a,b)$일 때 $f(x,y)$가 L에 **수렴한다**고 하고 L을 (a,b)에서의 함수 f의 **극한값** 또는 **극한**이라고 한다. 이것을 기호로

$$\lim_{(x,y)\to(a,b)} f(x,y)=L \text{ 또는 } (x,y)\to(a,b) \text{ 일 때 } f(x,y)\to L$$

과 같이 나타낸다. 만약 점 (a,b)에서의 함수 f의 극한값이 존재하지 않으면 $(x,y)\to(a,b)$일 때 $f(x,y)$는 **발산한다**고 한다. 특히, (x,y)가 점 (a,b)에 한없이 가까워질 때 함숫값 $f(x,y)$가 무한히 커지면[음수이면서 그 절댓값이 무한히 커지면] 점 (a,b)에서 함수 f는 양의 무한대[음의 무한대]로 발산한다고 하고

$$\lim_{(x,y)\to(a,b)} f(x,y)=\infty \text{ 또는 } (x,y)\to(a,b) \text{ 일 때 } f(x,y)\to\infty$$

$$\left[\lim_{(x,y)\to(a,b)} f(x,y)=-\infty \text{ 또는 } (x,y)\to(a,b) \text{ 일 때 } f(x,y)\to-\infty\right]$$

로 나타낸다.

보기 8.2.1 이변수함수 $f(x,y)=x$는 평면 위의 임의의 점 (a,b)에서 극한값 a를 갖는다. 좀 더 자세히 살펴보면,

$$|f(x,y)-a|=|x-a|\le\sqrt{(x-a)^2+(y-b)^2}$$

이므로 (x,y)가 (a,b)에 한없이 가까워지면 $f(x,y)$는 a에 한없이 가까워진다. 따라서

$$\lim_{(x,y)\to(a,b)} x=a$$

이다. ■

보기 8.2.2 일변수함수 $g(x)$가 $x=a$에서 극한값 L을 가질 때, 이변수함수 $f(x,y)=g(x)$의 직선 $x=a$ 위의 임의의 한 점 (a,b)에서의 극한값을 생각하자. 우선

$$|x-a|\le\sqrt{(x-a)^2+(y-b)^2}$$

이므로 (x, y)가 (a, b)에 한없이 가까워지면 x가 a에 한없이 가까워진다. 또한 x가 a에 한없이 가까워지면 함숫값 $g(x)$는 L에 한없이 가까워진다. 따라서 (x, y)가 점 (a, b)에 한없이 가까워지면 이변수함수 f의 함숫값 $f(x, y) = g(x)$는 L에 한없이 가까워진다. 즉

$$\lim_{(x, y) \to (a, b)} g(x) = L$$

이다. ■

예제 8.2.3 극한 $\displaystyle\lim_{(x, y) \to (0, 0)} \frac{3x^2 y}{x^2 + y^2}$를 조사하여라.

풀이 $(0,0)$이 아닌 모든 (x, y)에 대하여

$$\left|\frac{3x^2y}{x^2+y^2} - 0\right| = 3|y|\left|\frac{x^2}{x^2+y^2}\right| \le 3|y| \le 3\sqrt{x^2+y^2}$$

이므로 $(x, y) \to (0,0)$일 때 $\dfrac{3x^2y}{x^2+y^2} \to 0$이다. ■

예제 8.2.4 극한 $\displaystyle\lim_{(x, y) \to (0, 0)} \frac{x^2 - y^2}{x^2 + y^2}$을 조사하여라.

풀이 $f(x, y) = \dfrac{x^2-y^2}{x^2+y^2}$이라고 하자. 먼저, $x \neq 0$일 때

$$f(x, 0) = \frac{x^2}{x^2} = 1$$

이므로 x축을 따라서 $(x, y) \to (0,0)$일 때 $f(x, y) \to 1$이다. 또한 $y \neq 0$일 때

$$f(0, y) = \frac{-y^2}{y^2} = -1$$

이므로 y축을 따라서 $(x, y) \to (0,0)$일 때 $f(x, y) \to -1$이다. 그러므로 일변수함수에서 좌극한과 우극한이 다를 때 극한이 존재하지 않는 것처럼 이 경우에도 극한이 존재하지 않는다. ■

일변수함수의 경우, 함수 $f(x)$의 극한이 $x=a$에서 존재할 필요충분조건이 $f(x)$의 좌극한과 우극한이 $x=a$에서 존재하고 두 값이 서로 같은 것이다. 그러나 이변수함수의 경우, 평면 위의 점 (a,b)를 지나는 임의의 직선 위에서 (x,y)가 (a,b)에 한없이 가까이 갈 때 $f(x,y)$의 극한이 존재하고 그 극한값이 모두 같더라도 (a,b)에서 함수 $f(x,y)$의 극한이 존재하지 않을 수 있다.

보기 8.2.5 이변수함수 $f(x,y)=\dfrac{3x^2y}{x^4+y^2}$의 원점 $(0,0)$에서의 극한을 생각하자.

원점을 지나고 기울기가 m인 직선 $y=mx$ 위에서

$$f(x,mx)=\frac{3x^2(mx)}{x^4+(mx)^2}=\frac{3mx}{x^2+m^2}\quad (\text{단, } x\neq 0)$$

이므로 직선 $y=mx$를 따라서 $(x,y)\to(0,0)$일 때 $f(x,y)\to 0$이다. 또한 $y\neq 0$이면 $f(0,y)=0$이므로 y축을 따라서 $(x,y)\to(0,0)$일 때 $f(x,y)\to 0$이다. 그러므로 원점을 지나는 임의의 직선 위에서 $(x,y)\to(0,0)$일 때 $f(x,y)\to 0$이다. 그러나 포물선 $y=mx^2$ 위에서

$$f(x,mx^2)=\frac{3x^2(mx^2)}{x^4+(mx^2)^2}=\frac{3m}{1+m^2}\quad (\text{단, } x\neq 0)$$

이므로 곡선 $y=mx^2$을 따라서 $(x,y)\to(0,0)$일 때 $f(x,y)\to\dfrac{3m}{1+m^2}$이다.

상수 m의 값에 따라 극한값이 달라지므로 $(0,0)$에서 f의 극한은 존재하지 않는다. ■

이와 같은 이유로 일반적으로 이변수함수의 극한을 구하는 것은 일변수함수의 경우보다 더 어렵다. 그러나 이변수함수의 경우에도 일변수함수와 마찬가지로 아래의 극한법칙이 성립한다.

정리 8.2.6 두 이변수함수 f와 g에 대하여

$$\lim_{(x,y)\to(a,b)} f(x,y)=L,\quad \lim_{(x,y)\to(a,b)} g(x,y)=M$$

이면 다음이 성립한다.

(1) $\lim_{(x,y)\to(a,b)} [c_1 f(x,y) + c_2 g(x,y)] = c_1 L + c_2 M$ (c_1, c_2는 임의의 실수)

(2) $\lim_{(x,y)\to(a,b)} [f(x,y) g(x,y)] = LM$

(3) $\lim_{(x,y)\to(a,b)} \dfrac{f(x,y)}{g(x,y)} = \dfrac{L}{M}$ (단, $g(x,y) \neq 0$, $M \neq 0$)

정리 8.2.7 $\lim_{(x,y)\to(a,b)} f(x,y) = L$이면 임의의 자연수 n에 대하여

$$\lim_{(x,y)\to(a,b)} \sqrt[n]{f(x,y)} = \sqrt[n]{L} \quad (\text{단, } n\text{이 짝수이면 } f(x,y) \geq 0)$$

예제 8.2.8 극한 $\lim_{(x,y)\to(0,0)} (\sqrt[3]{x} + e^{-y})$를 조사하여라.

풀이 두 함수 $f(x,y) = \sqrt[3]{x}$ 와 $g(x,y) = e^{-y}$는 보기 8.2.2에 의하여 $(x,y) = (0,0)$에서 각각 극한값 0과 1을 가지므로 정리 8.2.6에 의하여

$$\lim_{(x,y)\to(0,0)} (\sqrt{x} + e^{-y}) = \lim_{(x,y)\to(0,0)} \sqrt{x} + \lim_{(x,y)\to(0,0)} e^{-y}$$

$$= 0 + 1 = 1$$

이다. ■

이변수함수가 한 점에서 연속이라는 것을 다음과 같이 정의한다.

정의 8.2.9 이변수함수 f가 다음 세 조건을 모두 만족시킬 때, 함수 f는 점 (a,b)에서 **연속**이라고 한다.

(i) (a,b)에서 정의되어 있다.

(ii) 극한값 $\lim_{(x,y)\to(a,b)} f(x,y)$가 존재한다.

(iii) $\lim_{(x,y)\to(a,b)} f(x,y) = f(a,b)$

이변수함수 f가 (i), (ii), (iii) 중 어느 하나라도 만족하지 않으면 f는 (a,b)에서 연속이 아니다. 또한 함수 f가 정의역의 부분집합 D의 모든 점에서 연속일 때 f는 D에서 연속이라고 한다.

이변수함수의 극한에 관한 기본 성질들(정리 8.2.6과 정리 8.2.7)에 의하여 이변수함수의 연속에 대한 다음의 결과들이 성립한다.

정리 8.2.10 두 이변수함수 f와 g가 한 점 (a, b)에서 연속이면 다음의 함수들도 모두 (a, b)에서 연속이다.

$$c_1 f + c_2 g \quad (c_1, c_2\text{는 상수}),$$

$$fg,$$

$$\frac{f}{g} \quad (\text{단, } g(a, b) \neq 0),$$

$$\sqrt[n]{f(x, y)} \quad (\text{단, } n\text{이 짝수이면 } f(x, y) \geq 0)$$

정리 8.2.10에 의하여 두 변수 x, y와 상수의 곱과 합으로 이루어진 함수인 다항함수는 $\mathbb{R}^2$에서 연속이며 다항함수의 몫으로 이루어진 함수인 유리함수는 분모가 0이 아닌 모든 점에서 연속이다.

일변수함수의 합성함수의 극한에 대한 정리 2.3.4와 마찬가지로, 이변수함수와 연속인 일변수함수의 극한에 대하여 다음의 정리가 성립한다.

정리 8.2.11 이변수함수 f에 대하여 $\lim_{(x, y) \to (a, b)} f(x, y) = L$이고 일변수함수 g가 L에서 연속이면

$$\lim_{(x, y) \to (a, b)} g(f(x, y)) = g(L)$$

이 성립한다. 다시 말하면,

$$\lim_{(x, y) \to (a, b)} g(f(x, y)) = g\left(\lim_{(x, y) \to (a, b)} f(x, y)\right)$$

이다.

따라서 두 연속함수의 합성함수는 연속이다.

따름정리 8.2.12 이변수함수 f가 한 점 (a, b)에서 연속이고 일변수함수 g가 $f(a, b)$에서 연속이면 합성함수 $g \circ f$는 (a, b)에서 연속이다.

예제 8.2.13 이변수함수 $f(x, y) = \ln(x - y + 1)$에 대하여 다음의 두 극한을 조사하여라.

$$\lim_{(x,y)\to(0,0)} f(x, y), \quad \lim_{(x,y)\to(0,1)} f(x, y)$$

풀이 $g(t) = \ln t$, $h(x, y) = x - y + 1$이라고 하면 $f(x, y) = g(h(x, y))$이다.
이변수함수 $h(x, y)$는 모든 $(x, y) \in \mathbb{R}^2$에서 연속인 다항함수이고 일변수함수 $g(t)$는 $t > 0$인 모든 t에서 연속인 함수이다. 따라서 $h(x, y)$와 $g(t)$의 합성함수인 $f(x, y)$는 집합 $\{(x, y) | x - y + 1 > 0\}$에서 연속인 함수이다. 특히, $f(x, y)$가 $(0, 0)$에서 연속이므로

$$\lim_{(x,y)\to(0,0)} f(x, y) = f(0, 0) = 0$$

이다. 한편 $h(x, y) = x - y + 1$은 점 $(0, 1)$에서 연속인 함수이므로

$$\lim_{(x,y)\to(0,1)} h(x, y) = h(0, 1) = 0$$

이다. 그러나 함수 $g(t) = \ln t$는 $t = 0$에서 $-\infty$로 발산하는 함수이므로

$$\lim_{(x,y)\to(0,1)} f(x, y) = \lim_{t\to 0} g(t) = -\infty$$

이다. ■

예제 8.2.14 함수

$$f(x, y) = \begin{cases} \dfrac{x^2 - y^2}{x^2 + y^2} & ((x, y) \neq (0, 0)) \\ 0 & ((x, y) = (0, 0)) \end{cases}$$

에 대하여 점 $(0, 0)$에서의 연속성을 조사하여라.

풀이 예제 8.2.4에서 본 바와 같이 극한값 $\lim_{(x,y)\to(0,0)} f(x, y)$는 존재하지 않는다. 따라서 함수 f는 원점 $(0, 0)$에서 연속이 아니다. ■

연습문제 8.2

1. 다음 극한을 조사하여라.

(1) $\displaystyle\lim_{(x,y)\to(0,0)} \frac{x^2-2xy}{\sqrt{x}-\sqrt{2y}}$　　(2) $\displaystyle\lim_{(x,y)\to(2,2)} \frac{4-xy}{x^2+3y}$

(3) $\displaystyle\lim_{(x,y)\to(1,0)} \ln\left(\frac{1+y^2}{x^2+xy}\right)$　　(4) $\displaystyle\lim_{(x,y)\to(2,1)} \frac{x^2y^3+x^3y^2-5}{2-xy}$

(5) $\displaystyle\lim_{(x,y)\to(2,0)} \frac{\sqrt{2x-y}-2}{2x-y-4}$　　(6) $\displaystyle\lim_{(x,y)\to(1,1)} \frac{xy-y-2x+2}{x-1}$

(7) $\displaystyle\lim_{(x,y)\to(1,1)} \frac{2^{x-y}-1}{x-y}$　　(8) $\displaystyle\lim_{(x,y)\to(0,0)} \frac{\ln(1+xy)}{xy}$

2. 서로 다른 접근경로를 이용하여 다음 극한이 존재하지 않음을 밝혀라.

(1) $\displaystyle\lim_{(x,y)\to(0,0)} \frac{2x^2+3xy+4y^2}{3x^2+5y^2}$　　(2) $\displaystyle\lim_{(x,y)\to(0,0)} \frac{xy^3}{x^2+y^6}$

3. 다음 이변수함수가 연속인 모든 점 (x, y)의 집합을 구하고, 이를 좌표평면에 나타내어라.

(1) $z = \dfrac{x^2y}{x-y}$　　(2) $f(x,y) = \ln(x^2+y^2-4)$

(3) $z = \dfrac{\sqrt{x-1}}{\sqrt[4]{1-2x+y}}$　　(4) $f(x,y) = e^{1/(x+y)}$

4. 이변수함수 $f(x,y) = \begin{cases} \dfrac{e^{xy}-1}{x} & (x \neq 0) \\ g(y) & (x = 0) \end{cases}$ 가 모든 점에서 연속일 때, 일변수함수 $g(y)$를 구하여라.

8.3 편도함수

이변수함수에서 한 변수를 고정시킨 상태에서 나머지 한 변수에 대하여 주어진 점에서의 순간변화율을 나타내는 편미분계수에 대하여 알아보자.

이변수함수 $z=f(x,y)$가 평면 위의 한 점 (a,b)와 (a,b)에 충분히 가까운 모든 점에서 정의된 함수라고 하자. $y=b$로 고정시켜서 생긴 일변수함수 $z=f(x,b)$의 $x=a$에서의 순간변화율을 나타내는 극한값

$$\lim_{\Delta x \to 0} \frac{f(a+\Delta x, b)-f(a,b)}{\Delta x}$$

가 존재할 때, 함수 f는 점 (a,b)에서 x에 대하여 **편미분가능하다**고 한다. 그리고 이 극한값을

$$f_x(a,b), \quad \frac{\partial f}{\partial x}(a,b), \quad \frac{\partial}{\partial x}f(a,b), \quad \left.\frac{\partial z}{\partial x}\right|_{(a,b)}$$

등으로 나타내고 함수 f의 점 (a,b)에서의 x에 대한 **편미분계수**라고 한다. 마찬가지로 $x=a$로 고정시켜서 생긴 일변수함수 $z=f(a,y)$의 $y=b$에서의 순간변화율을 나타내는 극한값

$$\lim_{\Delta y \to 0} \frac{f(a, b+\Delta y)-f(a,b)}{\Delta y}$$

가 존재할 때, 함수 f는 점 $(a,\ b)$에서 y에 대하여 편미분가능하다고 말한다. 그리고 이 극한값을

$$f_y(a,b), \quad \frac{\partial f}{\partial y}(a,b), \quad \frac{\partial}{\partial y}f(a,b), \quad \left.\frac{\partial z}{\partial y}\right|_{(a,b)}$$

등으로 나타내고 함수 f의 점 (a,b)에서의 y에 대한 편미분계수라고 한다. 위의 두 극한에서 $\Delta x = x-a$와 $\Delta y = y-b$로 놓으면 f의 (a,b)에서의 편미분계수들을

$$f_x(a,b) = \lim_{x \to a} \frac{f(x,b)-f(a,b)}{x-a}$$

$$f_y(a,b) = \lim_{y \to b} \frac{f(a,y)-f(a,b)}{y-b}$$

로 나타낼 수 있다. 그리고 두 편미분계수를 성분으로 가지는 벡터 $(f_x(a,b), f_y(a,b))$를 함

수 f 의 (a, b) 에서의 **그래디언트**(gradient) 또는 **기울기벡터**라고 하며 $\nabla f(a, b)$ 로 나타낸다. 즉

$$\nabla f(a, b) = \left(f_x(a, b), f_y(a, b)\right)$$

이다.

보기 8.3.1 함수 $f(x, y) = \begin{cases} 1 & (xy = 0) \\ 0 & (xy \neq 0) \end{cases}$ 은 원점 $(0, 0)$ 에서 x 와 y 에 대하여 각각 편미분가능하며 $\nabla f(0, 0) = (0, 0)$ 이다. 그렇지만 극한값 $\lim_{(x, y) \to (0, 0)} f(x, y)$ 가 존재하지 않으므로 함수 f 는 원점 $(0, 0)$ 에서 연속이 아니다. ■

예제 8.3.2 함수 $f(x, y) = x + |y|$ 에 대하여 $(0, 0)$ 에서의 편미분가능성을 조사하여라.

풀이

$$\lim_{\Delta x \to 0} \frac{f(0 + \Delta x, 0) - f(0, 0)}{\Delta x} = \lim_{\Delta x \to 0} \frac{\Delta x}{\Delta x} = 1$$

이므로 f 는 $(0, 0)$ 에서 x 에 대하여 편미분가능하며 $f_x(0, 0) = 1$ 이다. 한편 극한

$$\lim_{\Delta y \to 0} \frac{f(0, 0 + \Delta y) - f(0, 0)}{\Delta y} = \lim_{\Delta y \to 0} \frac{|\Delta y|}{\Delta y}$$

는 존재하지 않으므로 f 는 $(0, 0)$ 에서 y 에 대하여 편미분가능하지 않다. ■

함수 $z = f(x, y)$ 에 대하여 D 를 함수 f 의 x 에 대하여 편미분가능한 점들의 집합이라고 하자. 다음과 같이 정의된 함수

$$f_x : D \to \mathbb{R}, \ (x, y) \mapsto f_x(x, y),$$

즉 x 에 대하여 편미분가능한 점 $(x, y) \in D$ 에 대하여 (x, y) 에서의 함수 f 의 x 에 대한 편미분계수 $f_x(x, y)$ 를 대응시키는 함수를 함수 f 의 x 에 대한 **편도함수**(partial derivative)라 하고

$$f_x, \ \frac{\partial f}{\partial x}, \ \frac{\partial}{\partial x} f, \ \frac{\partial z}{\partial x}$$

등으로 나타낸다. 마찬가지로 함수 f 의 y 에 대한 편도함수를 정의할 수 있고

$$f_y,\ \frac{\partial f}{\partial y},\ \frac{\partial}{\partial y}f,\ \frac{\partial z}{\partial y}$$

등으로 나타낸다. 함수 $f(x, y)$의 편도함수 f_x와 f_y를 구하는 것을 각각 함수 f를 x와 y에 대하여 **편미분한다**고 한다. 함수 $f(x, y)$의 x에 대한 편도함수 f_x는 y를 고정시켜서 생기는 일변수함수 $g(x) = f(x, y)$의 도함수와 같으므로 y를 상수로 생각하고 x에 대하여 미분하여 구하면 된다. 마찬가지로 y에 대한 편도함수 f_y를 계산할 때는 x를 상수로 생각하고 y에 대하여 미분하면 된다.

예제 8.3.3 함수 $f(x, y) = xy^2 - \dfrac{x^2}{y}$의 편도함수 f_x와 f_y를 구하고 점 $(1, 2)$에서의 편미분계수를 구하여라.

풀이 변수 y를 상수로 생각하고 x에 대하여 미분하면 x에 관한 편도함수

$$f_x(x, y) = y^2 - \frac{2x}{y} \quad (\text{단},\ y \neq 0)$$

를 얻는다. 마찬가지로 변수 x를 상수로 생각하고 y에 대하여 미분하면 y에 관한 편도함수

$$f_y(x, y) = 2xy + \frac{x^2}{y^2} \quad (\text{단},\ y \neq 0)$$

을 얻는다. 따라서 점 $(1, 2)$에서의 x와 y에 관한 편미분계수는

$$f_x(1, 2) = 3,\quad f_y(1, 2) = \frac{17}{4}$$

이다. ■

x축 또는 y축과 평행한 방향뿐 아니라 임의의 방향에 대하여 함숫값의 순간변화율을 생각해 보자. 이변수함수 f의 정의역 위의 한 점 (a, b)와 임의의 단위벡터 $\vec{u} = (u_1, u_2)$에 대하여 극한값

$$\lim_{h \to 0} \frac{f(a + hu_1, b + hu_2) - f(a, b)}{h}$$

가 존재할 때, 이 극한값을 함수 f의 점 (a, b)에서 벡터 $\vec{u}$ 방향으로의 **방향미분계수**라고 하

며 $D_{\vec{u}}f(a, b)$로 나타낸다. 특별히, $\vec{u}=(1, 0)$ 방향으로의 방향미분계수가 x에 대한 편미분계수이고 $\vec{u}=(0, 1)$ 방향으로의 방향미분계수가 y에 대한 편미분계수이다.

보기 8.3.4 이변수함수 $f(x, y)=x^5+5xy-1$에 대하여, 점 $(1, -1)$에서 단위벡터 $\vec{u}=\left(\frac{3}{5}, \frac{4}{5}\right)$ 방향으로의 함수 f의 방향미분계수는

$$\begin{aligned} D_{\vec{u}}f(1, -1) &= \lim_{h\to 0}\frac{\left(1+\frac{3}{5}h\right)^5+5\left(1+\frac{3}{5}h\right)\left(-1+\frac{4}{5}h\right)-1-(-5)}{h} \\ &= \lim_{h\to 0}\left\{3\left(1+\frac{3}{5}h\right)^4+3\left(-1+\frac{4}{5}h\right)+4\left(1+\frac{3}{5}h\right)\right\} \\ &= 4 \end{aligned}$$

이다. ■

일변수함수의 이계도함수와 같이 이변수함수의 이계편도함수를 생각할 수 있다. 이변수함수 $z=f(x, y)$의 편도함수 $f_x(x, y)$와 $f_y(x, y)$는 x와 y를 변수로 하는 또 다른 이변수함수이다. 이들 편도함수의 각 변수들에 대한 다음 네 개의 편도함수

$$f_{xx}=\frac{\partial^2 f}{\partial x^2}=\frac{\partial}{\partial x}\left(\frac{\partial f}{\partial x}\right),\ f_{xy}=\frac{\partial^2 f}{\partial y\partial x}=\frac{\partial}{\partial y}\left(\frac{\partial f}{\partial x}\right),$$

$$f_{yx}=\frac{\partial^2 f}{\partial x\partial y}=\frac{\partial}{\partial x}\left(\frac{\partial f}{\partial y}\right),\ f_{yy}=\frac{\partial^2 f}{\partial y^2}=\frac{\partial}{\partial y}\left(\frac{\partial f}{\partial y}\right)$$

를 함수 f의 **이계편도함수**라고 한다.

보기 8.3.5 함수 $f(x, y)=xe^y-\ln(x^2y)$에 대하여 f의 (일계)편도함수가

$$f_x(x, y)=e^y-\frac{1}{x^2y}(2xy)=e^y-\frac{2}{x}$$

$$f_y(x, y)=xe^y-\frac{1}{x^2y}(x^2)=xe^y-\frac{1}{y}$$

이므로 f의 이계편도함수는

$$f_{xx}(x,y)=\frac{2}{x^2},$$

$$f_{xy}(x,y)=e^y-\frac{2x(x^2y)-2xy(x^2)}{(x^2y)^2}=e^y,$$

$$f_{yx}(x,y)=e^y-\frac{2x(x^2y)-x^2(2xy)}{(x^2y)^2}=e^y,$$

$$f_{yy}(x,y)=xe^y+\frac{1}{y^2}$$

이다. 이때 $f_{xy}=f_{yx}$ 이다. ■

참고 8.3.6 보기 8.3.5와 같이, 일반적으로 이계편도함수 f_{xy}와 f_{yx}가 연속이면 두 편도함수가 같은 것이 알려져 있다.

이제 편미분계수의 기하학적 의미에 대하여 알아보자. 함수 $z=f(x,y)$의 그래프가 그림 8-12(a)의 곡면과 같을 때, 곡면 위의 점 $(a,b,f(a,b))$를 P라고 하자. 이 곡면을 평면 $y=b$로 잘랐을 때 생기는 그림 8-12(b)의 곡선은 $z=f(x,y)$에서 $y=b$로 고정하였을 때

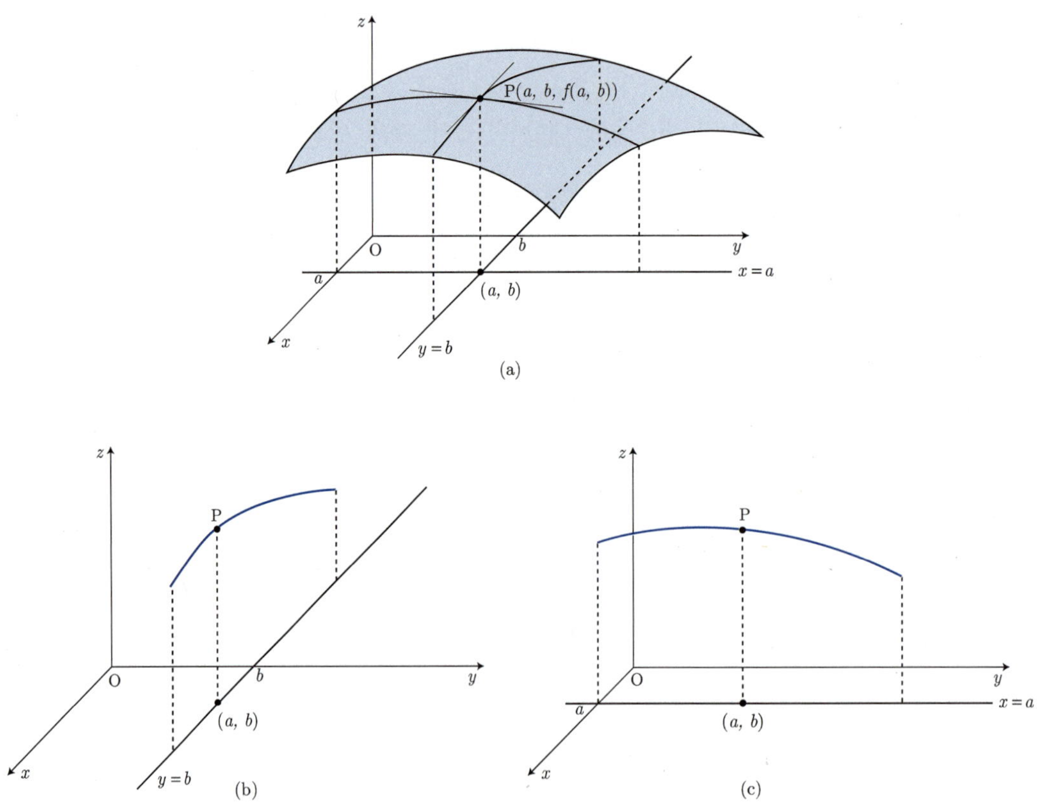

[그림 8-12]

의 일변수함수 $z=f(x,b)$의 그래프이다. 따라서 만약 $f_x(a,b)$가 존재한다면 이는 그림 8-12(b)의 곡선 위의 점 P에서 접하는 접선의 기울기임을 알 수 있다. 마찬가지로 만약 $f_y(a,b)$가 존재한다면 이는 그림 8-12(c)처럼 (a)의 곡면을 평면 $x=a$로 잘라서 생긴 곡선 위의 점 P에서 접하는 접선의 기울기를 나타낸다.

일반적으로 n 변수함수 $z=f(x_1, x_2, \cdots, x_n)$의 편미분계수, 그래디언트, 편도함수도 이변수함수일 때와 같은 방법으로 정의할 수 있다.

함수 f의 정의역의 한 점 $(a_1, a_2, \cdots, a_n)$에 대하여 극한값

$$\lim_{\Delta x_i \to 0} \frac{f(a_1, a_2, \cdots, a_i+\Delta x_{i,} \cdots, a_n)-f(a_1, a_2, \cdots, a_i, \cdots, a_n)}{\Delta x_i}$$

이 존재할 때 이 극한값을 함수 f의 점 $(a_1, a_2, \cdots, a_n)$에서의 $x_i\ (i=1, 2, \cdots, n)$에 대한 **편미분계수**라고 하며

$$f_{x_i}(a_1, a_2, \cdots, a_n),\ \frac{\partial f}{\partial x_i}(a_1, a_2, \cdots, a_n),\ \frac{\partial}{\partial x_i}f(a_1, a_2, \cdots, a_n),\ \left.\frac{\partial z}{\partial x_i}\right|_{(a_1, a_2, \cdots, a_n)}$$

등으로 나타낸다. n개의 모든 편미분계수를 성분으로 가지는 벡터

$$\left(f_{x_1}(a_1, a_2, \cdots, a_n), f_{x_2}(a_1, a_2, \cdots, a_n), \cdots, f_{x_n}(a_1, a_2, \cdots, a_n)\right)$$

을 함수 f의 점 $(a_1, a_2, \cdots, a_n)$에서의 **그래디언트** 또는 **기울기벡터**라 하며

$$\nabla f(a_1, a_2, \cdots, a_n)$$

으로 나타낸다. 또한 함수 f의 편도함수와 이계편도함수도 이변수함수의 경우처럼 정의할 수 있다.

보기 8.3.7 함수 $w=x^2e^{yz}$의 변수 x, y, z에 대한 편도함수는 다음과 같다.

$$\frac{\partial w}{\partial x}=2xe^{yz},\ \frac{\partial w}{\partial y}=x^2ze^{yz},\ \frac{\partial w}{\partial z}=x^2ye^{yz}$$ ■

연습문제 8.3

1. 점 $(1, 2)$ 에서의 함수 $f(x, y) = xy^2 + 3x^2$ 의 x 와 y 에 대한 편미분계수를 정의를 이용하여 구하여라.

2. 다음 함수의 편도함수를 구하여라.

(1) $f(x, y) = \dfrac{x-y}{x+y}$

(2) $z = (2x+y)(1+y^2)$

(3) $z = (1+x^5+4y^2)^{4/3}$

(4) $f(x, y) = \ln(x^3y^5 - 2)$

(5) $f(x, y) = \dfrac{xy}{\sqrt{x^2+2y^2}}$

(6) $z = e^{2x+y^3}$

3. 다음 삼변수함수의 편도함수를 구하고, 주어진 점에서의 편미분계수를 구하여라.

(1) $f(x, y, z) = x^2y + xyz + z^2$, $(1, 2, 0)$

(2) $w = x^2 z e^{3yz}$, $(0, 1, 1)$

4. 다음 함수에서 x 에 대하여 편미분가능한 모든 점과 y 에 대하여 편미분가능한 모든 점을 구하여라.

(1) $f(x, y) = \begin{cases} 1 & (xy = 0) \\ 0 & (xy \neq 0) \end{cases}$

(2) $f(x, y) = x + |y|$

5. 함수

$$f(x, y) = \begin{cases} \dfrac{xy(x^2-y^2)}{x^2+y^2} & ((x,y) \neq (0,0)) \\ 0 & ((x,y) = (0,0)) \end{cases}$$

에 대하여

$$\frac{\partial^2 f}{\partial x \partial y}(0, 0) \neq \frac{\partial^2 f}{\partial y \partial x}(0, 0)$$

임을 보여라.

6. 다음 함수에 대하여 $\dfrac{\partial^2 f}{\partial x \partial y} = \dfrac{\partial^2 f}{\partial y \partial x}$ 가 성립하는지 확인하여라.

(1) $f(x, y) = (x + 4y)^5$ (2) $f(x, y) = e^x \ln(2xy^2)$

7. 다음 함수가 **라플라스방정식**

$$\frac{\partial^2 f}{\partial x^2} + \frac{\partial^2 f}{\partial y^2} = 0$$

을 만족함을 보여라.

(1) $f(x, y) = x^2 - y^2$ (2) $f(x, y) = \ln(x^2 + y^2)$

8. 다음 함수가 **파동방정식**

$$u_{tt} = u_{xx}$$

를 만족함을 보여라.

(1) $u(x, t) = (x - t)^3 + (x + t)^4$ (2) $u(x, t) = \dfrac{t}{t^2 - x^2}$

9. 함수 $u(x, t) = \dfrac{1}{\sqrt{t}} e^{-x^2/(4t)}$ 가 **열전도방정식**

$$u_t = u_{xx}$$

를 만족함을 보여라.

8.4 미분가능성과 선형근사식

이변수함수의 미분가능성과 선형근사식의 존재성에 대하여 알아보기 위하여 먼저 일변수함수의 경우를 생각해 보자.

일변수함수 $y=f(x)$가 $x=a$에서 미분가능하다고 가정하면

$$f'(a)=\lim_{x\to a}\frac{f(x)-f(a)}{x-a}$$

이므로

$$\begin{aligned}0&=\lim_{x\to a}\left\{\frac{f(x)-f(a)}{x-a}-f'(a)\right\}\\&=\lim_{x\to a}\left[\frac{f(x)-\{f(a)+f'(a)(x-a)\}}{x-a}\right]\end{aligned}$$

이다. 이때 분자에 있는 일차식

$$L(x)=f(a)+f'(a)(x-a)$$

가 함수 f의 $x=a$에서의 선형근사식이다.

역으로 $x=a$의 근방에서 정의된 함수 f에 대하여

$$\lim_{x\to a}\frac{f(x)-\{f(a)+m(x-a)\}}{x-a}=0$$

이 성립하는 일차식

$$L(x)=f(a)+m(x-a)$$

가 존재한다고 가정하자. 그러면

$$0=\lim_{x\to a}\frac{f(x)-\{f(a)+m(x-a)\}}{x-a}=\lim_{x\to a}\left\{\frac{f(x)-f(a)}{x-a}-m\right\}$$

이므로 f는 $x=a$에서 미분가능하고 $f'(a)=m$이다.

따라서 일변수함수 $f(x)$가 $x=a$에서 미분가능할 필요충분조건은 $x=a$에서 f의 선형근사식이 존재하는 것이다. 마찬가지로 이변수함수 $f(x,y)$의 정의역의 한 점 (a,b)에서 선형근사식의 개념을 이용하여 함수 f가 (a,b)에서 미분가능함을 정의할 수 있다.

먼저, 점 (a, b)의 **근방**(neighborhood)을 (a, b)를 중심으로 하는 열린 원판

$$B_r(a, b) = \{(x, y) \mid (x-a)^2 + (y-b)^2 < r^2\}$$

으로 정의하자. 여기서 r은 어떤 양의 실수이다.

정의 8.4.1 이변수함수 f가 점 (a, b)의 근방에서 정의되어 있다고 하자. 적당한 두 실수 m_1, m_2에 대하여

$$\lim_{(x, y) \to (a, b)} \frac{f(x, y) - \{f(a, b) + m_1(x-a) + m_2(y-b)\}}{\sqrt{(x-a)^2 + (y-b)^2}} = 0 \qquad (8.1)$$

일 때, 함수 f는 점 (a, b)에서 **미분가능하다**고 하며 일차식

$$L(x, y) = f(a, b) + m_1(x-a) + m_2(y-b)$$

를 함수 f의 점 (a, b)에서의 **선형근사식**이라고 한다.

함수 f가 점 (a, b)에서 미분가능하다고 하자. 먼저, $(x, y) \to (a, b)$일 때 식 (8.1)의 분자의 극한이 0이므로

$$\lim_{(x, y) \to (a, b)} f(x, y) = f(a, b)$$

이다. 따라서 함수 f는 점 (a, b)에서 연속이다. 또한, 극한식 (8.1)에서 직선 $y = b$를 따라서 극한을 생각하면

$$\lim_{x \to a} \frac{f(x, b) - \{f(a, b) + m_1(x-a)\}}{x-a} = 0$$

이므로

$$\lim_{x \to a} \frac{f(x, b) - f(a, b)}{x-a} = m_1$$

을 얻는다. 따라서 함수 f는 점 (a, b)에서 x에 대하여 편미분가능하며 $f_x(a, b) = m_1$이다. 마찬가지로 f는 (a, b)에서 y에 대하여 편미분가능하며 $f_y(a, b) = m_2$이다. 이 사실과 정의 8.4.1을 이용하여 다음의 정리를 얻는다.

정리 8.4.2 이변수함수 f가 점 (a, b)의 근방에서 정의되어 있다고 하자.

(1) 함수 f가 점 (a, b)에서 미분가능하면 f는 점 (a, b)에서 연속이고 x와 y에 대하여 각각 편미분가능하다.

(2) 함수 f가 점 (a, b)에서 x와 y에 대하여 각각 편미분가능하고

$$\lim_{(x, y) \to (a, b)} \frac{f(x, y) - \{f(a, b) + f_x(a, b)(x-a) + f_y(a, b)(y-b)\}}{\sqrt{(x-a)^2 + (y-b)^2}} = 0$$

이면 f가 (a, b)에서 미분가능하다.

점 (a,b)에서 미분가능한 함수 f와 그 선형근사식과의 (상대적)오차를

$$\varepsilon(x, y) = \frac{f(x, y) - \{f(a, b) + f_x(a, b)(x-a) + f_y(a, b)(y-b)\}}{\sqrt{(x-a)^2 + (y-b)^2}}$$

라고 하면

$$f(x, y) = f(a, b) + f_x(a, b)(x-a) + f_y(a, b)(y-b) + \varepsilon(x, y)\sqrt{(x-a)^2 + (y-b)^2} \qquad (8.2)$$

이라 쓸 수 있고 이때

$$\lim_{(x, y) \to (a, b)} \varepsilon(x, y) = 0$$

이다.

사실 이변수함수 f가 한 점 (a, b)에서 미분가능한지를 정리 8.4.2를 이용하여 보이는 것은 쉽지 않다. 그렇지만 이변수함수의 연속성을 보이는 것은 상대적으로 쉬우므로 미분가능성을 보이는 데 다음 정리를 흔히 이용한다.

정리 8.4.3 이변수함수 f의 모든 편도함수들이 점 (a, b)의 근방에서 존재하고 (a, b)에서 연속이면 f는 (a, b)에서 미분가능하다.

정리 8.4.3은 일변수함수에 대한 평균값의 정리(정리 4.2.3)를 이용하여 증명할 수 있는데, 그 자세한 증명은 부록에 제시한다.

예제 8.4.4 함수 $f(x, y)=x^2-2xy+2y^2+1$ 이 점 $(1, 2)$ 에서 미분가능함을 보이고, 함수 f 의 점 $(1, 2)$ 에서의 선형근사식 $L(x, y)$ 를 구하여라.

풀이 $f_x(x, y)=2x-2y$ 이고 $f_y(x, y)=-2x+4y$ 이므로 $\mathbb{R}^2$ 에서 연속이다. 따라서 정리 8.4.3에 의하여 함수 f 는 $\mathbb{R}^2$ 에서 미분가능하다. 한편,

$$f_x(1, 2)=-2, \quad f_y(1, 2)=6, \quad f(1, 2)=6$$

이므로 함수 f 의 점 $(1, 2)$ 에서의 선형근사식은

$$L(x, y)=-2(x-1)+6(y-2)+6=-2x+6y-4$$

이다. ■

예제 8.4.5 $\sqrt{(2.98)^2+(4.03)^2}$ 의 근삿값을 선형근사식을 이용하여 구하여라.

풀이 $f(x, y)=\sqrt{x^2+y^2}$ 이라고 하면 함수 f 의 편도함수

$$f_x(x, y)=\frac{x}{\sqrt{x^2+y^2}}, \quad f_y(x, y)=\frac{y}{\sqrt{x^2+y^2}}$$

가 점 $(3, 4)$ 의 근방에서 존재하고 연속이므로 f 는 $(3, 4)$ 에서 미분가능하다. 이때

$$f_x(3, 4)=\frac{3}{5}, \quad f_y(3, 4)=\frac{4}{5}$$

이므로 점 $(3, 4)$ 에서 f 의 선형근사식을 $L(x, y)$ 라고 하면

$$\begin{aligned} L(x, y) &= f(3, 4)+f_x(3, 4)(x-3)+f_y(3, 4)(y-4) \\ &= 5+\frac{3}{5}(x-3)+\frac{4}{5}(y-4) \end{aligned}$$

이다. 따라서

$$\begin{aligned} \sqrt{(2.98)^2+(4.03)^2} &\approx L(2.98, 4.03) \\ &= 5+\frac{3}{5}(2.98-3)+\frac{4}{5}(4.03-4) \\ &= 5.012 \end{aligned}$$

이다. ■

연습문제 8.4

1. 다음 함수의 점 $(0,0)$에서의 미분가능성을 조사하여라.

(1) $f(x,y)=\sqrt[3]{1+x+2y}$

(2) $f(x,y)=\ln(xy^2+1)$

(3) $f(x,y)=e^{2xy+y^3}$

2. 다음 함수의 점 $(0,0)$에서의 연속성, 편미분가능성과 미분가능성을 조사하여라.

(1) $f(x,y)=\begin{cases} 1 \ (xy=0) \\ 0 \ (xy\neq 0) \end{cases}$ (2) $f(x,y)=x+|y|$

3. 함수 $f(x,y)=x^2+3xy-y^2$에 대하여 다음의 물음에 답하여라.

(1) f가 점 $(2,3)$에서 미분가능함을 보여라.

(2) 점 $(2,3)$에서 f의 선형근사식 $L(x,y)$를 구하여라.

(3) $f(2.05, 2.96)$과 $L(2.05, 2.96)$을 구하고, 두 값을 비교하여라.

4. 이변수함수 f가 점 (a,b)에서 미분가능하다고 하자. 임의의 단위벡터 $\vec{u}$에 대하여 점 (a,b)에서의 f의 방향미분계수 $D_{\vec{u}}f(a,b)$가 존재하며

$$D_{\vec{u}}f(a,b)=\nabla f(a,b)\cdot\vec{u}$$

임을 보여라. 또한 $\nabla f(a,b)\neq\vec{0}$일 때, 방향미분계수 $D_{\vec{u}}f(a,b)$가 최대가 되는 단위벡터 $\vec{u}$를 구하여라.

힌트 6.2절의 연습문제 11번을 이용한다.

8.5 연쇄법칙과 접평면

일변수함수의 미분을 계산할 때 합성함수의 미분법인 연쇄법칙을 사용하여 도함수를 쉽게 계산하였다. 이제 이변수함수에 관한 연쇄법칙에 대하여 알아보자.

먼저 함수 $z=f(x,y)$에서 독립변수인 x와 y가 또 다른 변수 t의 함수인 경우, z는 변수 t만의 일변수함수가 되므로 도함수 dz/dt를 생각할 수 있다.

정리 8.5.1 연쇄법칙

두 일변수함수 $x=u(t)$, $y=v(t)$가 미분가능하고 이변수함수 $z=f(x,y)$가 미분가능하면, 합성함수 $z=f(u(t),v(t))$도 미분가능하며

$$\frac{d}{dt}f(u(t),v(t))=f_x(u(t),v(t))u'(t)+f_y(u(t),v(t))v'(t)$$

이다. 이를 간단히 나타내면 다음과 같다.

$$\frac{dz}{dt}=\frac{\partial z}{\partial x}\frac{dx}{dt}+\frac{\partial z}{\partial y}\frac{dy}{dt}$$

증명 t의 증분 Δt에 대하여 x의 증분 Δx와 y의 증분 Δy는

$$\Delta x=u(t+\Delta t)-u(t),\quad \Delta y=v(t+\Delta t)-v(t)$$

이다. 따라서 8.4절의 식 (8.2)로부터

$$\begin{aligned}f(u(t+\Delta t),v(t+\Delta t))-f(u(x),v(y))&=f(u(t)+\Delta x,v(t)+\Delta y)-f(u(t),v(t))\\&=f_x(u(t),v(t))\Delta x+f_y(u(t),v(t))\Delta y\\&\quad+\varepsilon(u(t)+\Delta x,v(t)+\Delta y)\sqrt{(\Delta x)^2+(\Delta y)^2}\end{aligned}$$

을 얻는다. 그런데 일변수함수 $u(t),v(t)$가 미분가능하므로

$$\lim_{\Delta t\to 0}\frac{\Delta x}{\Delta t}=u'(t),\quad \lim_{\Delta t\to 0}\frac{\Delta y}{\Delta t}=v'(t)$$

$$\lim_{\Delta t\to 0}\left|\frac{\sqrt{(\Delta x)^2+(\Delta y)^2}}{\Delta t}\right|=\sqrt{\{u'(t)\}^2+\{v'(t)\}^2}$$

이다. 또한 $\Delta t\to 0$일 때, $\Delta x\to 0$이고 $\Delta y\to 0$이므로

$$\varepsilon(u(t)+\Delta x,v(t)+\Delta y)\to 0$$

이다. 따라서

$$\lim_{\Delta t\to 0}\frac{f(u(t+\Delta t),v(t+\Delta t))-f(u(x),v(y))}{\Delta t}$$

$$=f_x(u(t),v(t))u'(t)+f_y(u(t),v(t))v'(t)$$

이다. ■

예제 8.5.2 $z=e^{x^2y}$ 이고 $x=t^3+t$, $y=\ln(t^2+1)$ 일 때 도함수 $\frac{dz}{dt}$ 를 구하여라.

풀이 연쇄법칙(정리 8.5.1)에 의하여

$$\frac{dz}{dt}=\frac{\partial z}{\partial x}\frac{dx}{dt}+\frac{\partial z}{\partial y}\frac{dy}{dt}$$

$$=2xye^{x^2y}(3t^2+1)+x^2e^{x^2y}\frac{2t}{t^2+1}$$

$$=2(t^3+t)e^{(t^3+t)^2\ln(t^2+1)}\left[(3t^2+1)\ln(t^2+1)+t^2\right]$$

이다. ■

연쇄법칙을 이용하여 그래디언트의 기하학적인 의미를 알아보자. 미분가능한 이변수함수 f 에 대하여 정의역 D 의 한 점 (a,b) 의 함숫값을 $f(a,b)=c$ 라 하고 $z=c$ 에서의 함수 f 의 등고선

$$L_c(f)=\{(x,y)\in D \mid f(x,y)=c\}$$

를 생각하자. 일반적으로 $L_c(f)$ 는 xy 평면의 곡선이므로

$$x=x(t),\;\; y=y(t),\;\; x(0)=a,\;\; y(0)=b$$

로 나타낼 수 있다고 가정하면

$$f(x(t),y(t))=c$$

를 만족한다. 두 함수 $x(t),y(t)$ 가 미분가능하다고 가정하면, 양변을 t 에 대하여 미분하여

$$\frac{d}{dt}f(x(t),y(t))=f_x(x(t),y(t))x'(t)+f_y(x(t),y(t))y'(t)=0$$

을 얻는다. $t=0$일 때

$$\left.\frac{d}{dt}f(x(t),y(t))\right|_{t=0}=f_x(a,b)x'(0)+f_y(a,b)y'(0)=0$$

이다. 이를 벡터의 내적을 이용하여 간단히 나타내면

$$\nabla f(a,b)\cdot(x'(0),y'(0))=0$$

이다. 여기서 벡터 $(x'(0),y'(0))$은 등고선 $L_c(f)$의 점 (a,b)에서의 접선의 방향벡터이므로 함수 f의 점 (a,b)에서의 그래디언트 $\nabla f(a,b)$와 등고선 $L_c(f)$의 점 (a,b)에서의 접선은 수직이다.

함수 $z=f(x,y)$에서 x와 y가 또 다른 변수 s와 t의 함수라면 결국 z는 변수 s와 t에 대한 이변수함수가 되므로 편도함수 $\frac{\partial z}{\partial s}$와 $\frac{\partial z}{\partial t}$를 생각할 수 있다. 이 편도함수 역시 다음과 같은 방법으로 구할 수 있으며 그 증명은 생략한다.

정리 8.5.3 연쇄법칙
두 이변수함수 $x=u(s,t)$, $y=v(s,t)$가 미분가능하고 이변수함수 $z=f(x,y)$가 미분가능하면, 합성함수 $z=f(u(s,t),v(s,t))$도 미분가능하며 편도함수는 다음과 같다.

$$\frac{\partial z}{\partial s}=\frac{\partial z}{\partial x}\frac{\partial x}{\partial s}+\frac{\partial z}{\partial y}\frac{\partial y}{\partial s}$$

$$\frac{\partial z}{\partial t}=\frac{\partial z}{\partial x}\frac{\partial x}{\partial t}+\frac{\partial z}{\partial y}\frac{\partial y}{\partial t}$$

이와 같은 연쇄법칙은 세 개 이상의 변수를 가지는 다변수함수에 대해서도 성립한다. 예를 들어, 미분가능한 삼변수함수 $w=f(x,y,z)$에서 x, y, z가 또 다른 변수 s와 t의 미분가능한 함수라면 편도함수를 아래와 같이 구할 수 있다.

$$\frac{\partial w}{\partial s}=\frac{\partial w}{\partial x}\frac{\partial x}{\partial s}+\frac{\partial w}{\partial y}\frac{\partial y}{\partial s}+\frac{\partial w}{\partial z}\frac{\partial z}{\partial s}$$

$$\frac{\partial w}{\partial t}=\frac{\partial w}{\partial x}\frac{\partial x}{\partial t}+\frac{\partial w}{\partial y}\frac{\partial y}{\partial t}+\frac{\partial w}{\partial z}\frac{\partial z}{\partial t}$$

예제 8.5.4 $z=x^3+2xy+\frac{1}{2}y^2$ 이고 $x=st$, $y=s-t^2$ 일 때 점 $(s,t)=(1,-1)$ 에서의 편미분계수 $\left.\frac{\partial z}{\partial s}\right|_{(1,-1)}$ 와 $\left.\frac{\partial z}{\partial t}\right|_{(1,-1)}$ 를 구하여라.

풀이 각각의 편도함수는

$$\frac{\partial z}{\partial x}=3x^2+2y,\quad \frac{\partial z}{\partial y}=2x+y,$$

$$\frac{\partial x}{\partial s}=t,\quad \frac{\partial x}{\partial t}=s,\quad \frac{\partial y}{\partial s}=1,\quad \frac{\partial y}{\partial t}=-2t$$

이다. $(s,t)=(1,-1)$ 일 때, $(x,y)=(-1,0)$ 이므로

$$\left.\frac{\partial z}{\partial x}\right|_{(-1,0)}=3,\quad \left.\frac{\partial z}{\partial y}\right|_{(-1,0)}=-2,$$

$$\left.\frac{\partial x}{\partial s}\right|_{(1,-1)}=-1,\ \left.\frac{\partial x}{\partial t}\right|_{(1,-1)}=1,\quad \left.\frac{\partial y}{\partial s}\right|_{(1,-1)}=1,\quad \left.\frac{\partial y}{\partial t}\right|_{(1,-1)}=2$$

이다. 따라서 연쇄법칙에 의하여

$$\begin{aligned}\left.\frac{\partial z}{\partial s}\right|_{(1,-1)}&=\left.\frac{\partial z}{\partial x}\right|_{(-1,0)}\left.\frac{\partial x}{\partial s}\right|_{(1,-1)}+\left.\frac{\partial z}{\partial y}\right|_{(-1,0)}\left.\frac{\partial y}{\partial s}\right|_{(1,-1)}\\&=3\cdot(-1)+(-2)\cdot 1=-5\\ \left.\frac{\partial z}{\partial t}\right|_{(1,-1)}&=\left.\frac{\partial z}{\partial x}\right|_{(-1,0)}\left.\frac{\partial x}{\partial t}\right|_{(1,-1)}+\left.\frac{\partial z}{\partial y}\right|_{(-1,0)}\left.\frac{\partial y}{\partial t}\right|_{(1,-1)}\\&=3\cdot 1+(-2)\cdot 2=-1\end{aligned}$$

이다. ■

3.3절에서 이변수함수 F가 미분가능할 때, 방정식 $F(x,y)=0$ 으로 정의된 미분가능한 음함수 $y=f(x)$ 에 대하여 $f(x)$ 를 구하지 않고 도함수 $\frac{dy}{dx}$ 를 구하는 음함수의 미분법에 대하여 공부하였다. 이를 좀 더 자세히 살펴보자. 함수 f 의 정의역에 속하는 임의의 x에 대하여

$$F(x,\ f(x))=0$$

을 만족하므로 양변을 x 에 대하여 미분하면, 연쇄법칙(정리 8.5.1)에 의하여

$$\frac{\partial F}{\partial x}\frac{dx}{dx}+\frac{\partial F}{\partial y}\frac{dy}{dx}=0$$

이다. 여기서 $\dfrac{dx}{dx}=1$ 이므로 $\dfrac{\partial F}{\partial y}\neq 0$ 이면

$$\frac{dy}{dx}=-\frac{\dfrac{\partial F}{\partial x}}{\dfrac{\partial F}{\partial y}}=-\frac{F_x}{F_y}$$

를 얻는다.

이제 삼변수함수 F가 미분가능할 때, 방정식 $F(x,y,z)=0$으로 정의된 미분가능한 음함수 $z=f(x,y)$에 대하여 $f(x,y)$를 구하지 않고 편도함수 $\dfrac{\partial z}{\partial x}$와 $\dfrac{\partial z}{\partial y}$를 구하는 음함수의 미분법에 대하여 알아보자. 함수 f의 정의역에 속하는 임의의 점 (x,y)에 대하여

$$F(x,y,f(x,y))=0$$

이므로 양변을 x에 대하여 편미분하면 연쇄법칙에 의하여

$$\frac{\partial F}{\partial x}\frac{\partial x}{\partial x}+\frac{\partial F}{\partial y}\frac{\partial y}{\partial x}+\frac{\partial F}{\partial z}\frac{\partial z}{\partial x}=0$$

이다. 여기서 $\dfrac{\partial x}{\partial x}=1$ 이고 $\dfrac{\partial y}{\partial x}=0$ 이므로

$$\frac{\partial F}{\partial x}+\frac{\partial F}{\partial z}\frac{\partial z}{\partial x}=0$$

이다. 따라서 $\dfrac{\partial F}{\partial z}\neq 0$ 이면

$$\frac{\partial z}{\partial x}=-\frac{\dfrac{\partial F}{\partial x}}{\dfrac{\partial F}{\partial z}}=-\frac{F_x}{F_z}$$

이다. 마찬가지로

$$\frac{\partial z}{\partial y}=-\frac{\dfrac{\partial F}{\partial y}}{\dfrac{\partial F}{\partial z}}=-\frac{F_y}{F_z}$$

이다.

예제 8.5.5 $xe^{2z}+2y^x=0$ 으로 정의된 음함수에 대하여 편도함수 $\dfrac{\partial z}{\partial x}$ 와 $\dfrac{\partial z}{\partial y}$ 를 구하여라.

풀이 $F(x,y)=xe^{2z}+2y^x$ 라고 하면 음함수의 미분법에 의하여

$$\frac{\partial z}{\partial x}=-\frac{F_x}{F_z}=-\frac{e^{2z}+2y^x\ln y}{2xe^{2z}}$$

$$\frac{\partial z}{\partial y}=-\frac{F_y}{F_z}=-\frac{2xy^{x-1}}{2xe^{2z}}=-\frac{y^{x-1}}{e^{2z}}$$

이다. 또한, 위의 공식을 암기하지 않고 3.3절에서와 같이 z 가 x 와 y 의 함수이므로 연쇄법칙을 이용하여 $xe^{2z}+2y^x=0$ 의 양변을 x 와 y 에 대하여 편미분하여 편도함수 $\dfrac{\partial z}{\partial x}$ 와 $\dfrac{\partial z}{\partial y}$ 를 구할 수 있다. 먼저 $xe^{2z}+2y^x=0$ 의 양변을 x 에 대하여 편미분하면

$$\left(1+2x\frac{\partial z}{\partial x}\right)e^{2z}+2y^x\ln y=0$$

이므로, $x\neq 0$ 이면

$$\frac{\partial z}{\partial x}=-\frac{e^{2z}+2y^x\ln y}{2xe^{2z}}$$

이다. 마찬가지로 $xe^{2z}+2y^x=0$ 의 양변을 y 에 대하여 편미분하면

$$2xe^{2z}\frac{\partial z}{\partial y}+2xy^{x-1}=0$$

이므로, $x\neq 0$ 이라면

$$\frac{\partial z}{\partial y}=-\frac{2xy^{x-1}}{2xe^{2z}}=-\frac{y^{x-1}}{e^{2z}}$$

이다. ■

이변수함수 f 가 점 (a,b) 에서 미분가능할 때 f 의 그래프 위의 점 $\mathrm{P}(a,b,f(a,b))$ 에서 접하는 평면에 대하여 알아보자. 점 $(a,b,0)$ 을 지나면서 벡터 $\vec{u}=(u_1,u_2,0)$ 을 방향벡터로 갖는 직선을 포함하면서 xy 평면에 수직인 평면과 함수 f 의 그래프가 만나서 생기는 곡선을 C 라고 하자. 그러면 곡선 C 는 매개변수방정식

$$\begin{cases} x = a + u_1 t \\ y = b + u_2 t \\ z = f(a + u_1 t, b + u_2 t) \end{cases}$$

로 나타낼 수 있으므로 연쇄법칙에 의하여 곡선 C 위의 점 $\mathrm{P}(a, b, f(a, b))$에서의 접선벡터는 $(u_1, u_2, u_1 f_x(a, b) + u_2 f_y(a, b))$이고 이 접선벡터는 벡터

$$\vec{n} = (f_x(a, b), f_y(a, b), -1)$$

과 수직이다. 따라서 곡선 C 위의 점 P에서의 접선은 점 P를 지나고 벡터 $\vec{n}$을 법선벡터로 갖는 평면 위에 있다. 모든 방향 $\vec{u}$에 대하여 이와 같은 접선을 모두 모으면 점 P를 지나며 벡터 $\vec{n}$을 법선벡터로 갖는 평면을 이루는데 이 평면을 함수 f의 그래프 위의 점 P에서의 **접평면**(tangent plane)이라고 한다. 이 접평면의 방정식은

$$f_x(a, b)(x - a) + f_y(a, b)(y - b) + (-1)\{z - f(a, b)\} = 0$$

즉

$$z = f(a, b) + f_x(a, b)(x - a) + f_y(a, b)(y - b)$$

이다. 이때 일차식 $L(x, y) = f(a, b) + f_x(a, b)(x - a) + f_y(a, b)(y - b)$가 함수 f의 점 (a, b)에서의 선형근사식이다.

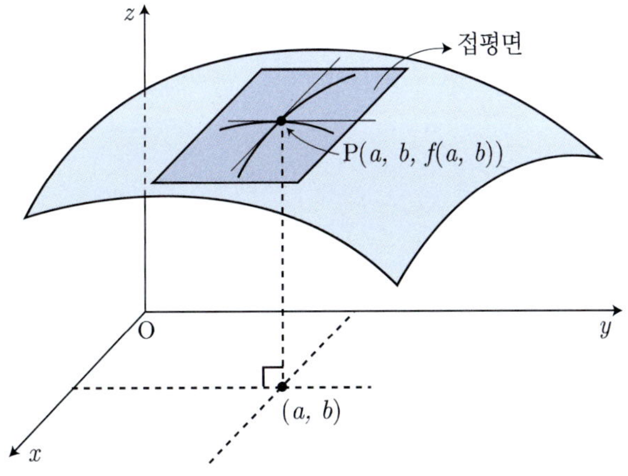

[그림 8-13]

예제 8.5.6 함수 $f(x,y)=x^2-2xy+2y^2+1$ 의 그래프 위의 점 $(1,2,6)$ 에서의 접평면의 방정식을 구하여라.

풀이 함수 f 의 편도함수가 $f_x(x,y)=2x-2y$ 이고 $f_y(x,y)=-2x+4y$ 이므로

$$f_x(1,2)=-2,\quad f_y(1,2)=6$$

이다. 따라서 접평면의 방정식은

$$z=6+(-2)(x-1)+6(y-2)$$

즉

$$z=-2x+6y-4$$

이다. ■

예제 8.5.7 곡면 $x^2z+z^2x-2yz=0$ 위의 점 $(1,1,1)$ 에서 접하는 접평면의 방정식을 구하여라.

풀이 음함수의 미분법에 의하여

$$2xz+x^2\frac{\partial z}{\partial x}+z^2+2xz\frac{\partial z}{\partial x}-2y\frac{\partial z}{\partial x}=0$$

이므로

$$\frac{\partial z}{\partial x}=-\frac{2xz+z^2}{x^2+2xz-2y}$$

이다. 또한,

$$x^2\frac{\partial z}{\partial y}+2xz\frac{\partial z}{\partial y}-2z-2y\frac{\partial z}{\partial y}=0$$

이므로

$$\frac{\partial z}{\partial y}=\frac{2z}{x^2+2xz-2y}$$

이다. 따라서

$$\left.\frac{\partial z}{\partial x}\right|_{(1,1,1)} = -3, \quad \left.\frac{\partial z}{\partial y}\right|_{(1,1,1)} = 2$$

이므로 접평면의 방정식은

$$z = -3x + 2y + 2$$

이다. ■

연습문제 8.5

1. $z = x^2y + xy^2$, $x = 2 + t^4$, $y = 1 - t^3$ 일 때, $\frac{dz}{dt}$ 를 구하여라.

2. $z = e^{x+2y}$, $x = \frac{s}{t}$, $y = \frac{t}{s}$ 일 때, $\frac{\partial z}{\partial s}$ 와 $\frac{\partial z}{\partial t}$ 를 구하여라.

3. 이변수함수 f가 점 (a, b)의 근방에서 연속인 이계편도함수를 가진다고 하자. 주어진 벡터 $\vec{h} = (h_1, h_2)$에 대하여 $g(t) = f(a + th_1, b + th_2)$라고 할 때,

$$g''(0) = h_1^2 f_{xx}(a, b) + 2h_1h_2 f_{xy}(a, b) + h_2^2 f_{yy}(a, b)$$

임을 보여라.

4. 두 번 미분가능한 일변수함수 f, g에 대하여 함수

$$u(x,t) = f(x+t) + g(x-t)$$

가 파동방정식 $u_{tt} = u_{xx}$ 를 만족함을 보여라.

5. 이변수함수 f가 라플라스방정식

$$\frac{\partial^2 f}{\partial x^2} + \frac{\partial^2 f}{\partial y^2} = 0$$

을 만족할 때, f를 **조화함수**(harmonic function)라고 한다. 이변수함수 f가 조화함수이면 함수

$$u(x,y) = f(x^2 - y^2, 2xy)$$

도 조화함수임을 보여라.

6. 모든 x, y와 양수 t에 대하여 $f(tx, ty) = t^{\alpha} f(x, y)$를 만족하는 실수 α가 존재할 때, 함수 f를 α차 **(양의) 동차함수**(homogeneous function)라고 한다. 함수 f가 미분가능한 α차 동차함수이면 다음의 등식이 성립하는 것을 보여라.

$$x f_x(x, y) + y f_y(x, y) = \alpha f(x, y)$$

7. $\sqrt{xy}=1+x^2y$ 로 정의된 음함수에 대하여 $\dfrac{dy}{dx}$ 를 구하여라.

8. 음함수의 미분법을 이용하여 편도함수 $\dfrac{\partial z}{\partial x}$ 와 $\dfrac{\partial z}{\partial y}$ 를 구하여라.

(1) $x^2+y^2+z^2=3xyz$

(2) $yz=\ln(x+z)$

9. 다음 각 함수에 대하여 주어진 점에서의 접평면의 방정식을 구하여라.

(1) $z=4x^2-y^2+2y\ ;\ (x,y,z)=(-1,2,4)$

(2) $z=\sqrt{xy}\ ;\ (x,y,z)=(1,1,1)$

(3) $z=y\ln x\ ;\ (x,y,z)=(1,4,0)$

(4) $z=e^{x^2-y^2}\ ;\ (x,y,z)=(1,-1,1)$

10. 다음 각 곡면에 대하여 곡면 위의 점 P 에서 접하는 접평면의 방정식을 구하여라.

(1) $x^2+y^2+2z^2=4\ ;\ \mathrm{P}(1,1,1)$

(2) $xy+yz+zx=11\ ;\ \mathrm{P}(1,2,3)$

(3) $xe^y=z+1\ ;\ \mathrm{P}(1,0,0)$

(4) $yz=\ln(x+z)\ ;\ \mathrm{P}(0,0,1)$

8.6 이변수함수의 극값

일변수함수와 마찬가지로 이변수함수의 경우에도 극값을 이용하여 주어진 영역에서의 최댓값과 최솟값을 구할 수 있다.

정의 8.6.1 함수 $f: D \subset \mathbb{R}^2 \to \mathbb{R}$ 에 대하여 (a, b)를 정의역 D의 한 점이라고 하자.

(1) 점 (a, b)의 적당한 근방 B가 존재하여 $B \cap D$에 있는 모든 점 (x, y)에 대하여 $f(x, y) \leq f(a, b)$를 만족할 때 함수 f는 점 (a, b)에서 **극댓값** $f(a, b)$를 갖는다고 한다.

(2) 점 (a, b)의 적당한 근방 B가 존재하여 $B \cap D$에 있는 모든 점 (x, y)에 대하여 $f(x, y) \geq f(a, b)$를 만족할 때 함수 f는 점 (a, b)에서 **극솟값** $f(a, b)$를 갖는다고 한다.

(3) 함수 f의 극댓값과 극솟값을 통틀어 **극값**이라고 한다.

함수 $z = f(x, y)$의 그래프가 아래 그림과 같은 곡면을 나타낸다고 하자.

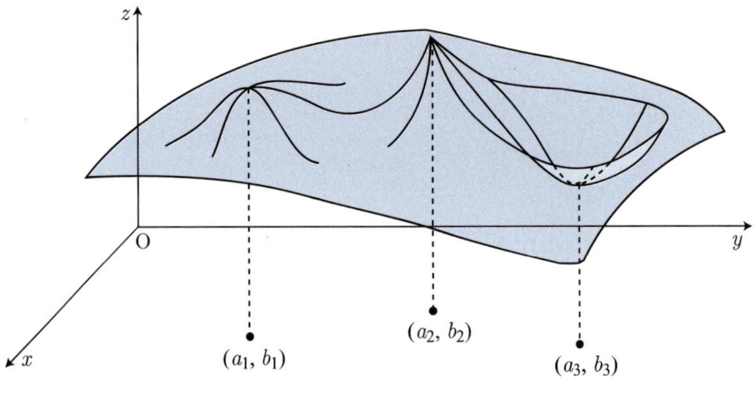

[그림 8-14]

함수 f는 점 (a_1, b_1)과 (a_2, b_2)에서 극댓값 $f(a_1, b_1)$과 $f(a_2, b_2)$를 갖고 점 (a_3, b_3)에서 극솟값 $f(a_3, b_3)$를 갖는다. 일변수함수의 경우에서와 마찬가지로 미분가능한 점에서만 극값을 갖는 것은 아니다. 그림에서 보는 바와 같이 점 (a_2, b_2)에서 함수 f는 미분가능하지 않다. 하지만 점 (a_2, b_2)의 근방에서는 (a_2, b_2)에서의 함숫값이 가장 크므로 $f(a_2, b_2)$는 극댓값이다.

함수 f가 점 (a, b)의 근방에서 정의되어 있다고 하자. 함수 f가 (a, b)에서 극값을 갖고 편미분가능하면 $\nabla f(a, b) = (0, 0)$ 임을 일변수함수의 경우와 같은 방법으로 보일 수 있다. 즉 점 (a,b)의 근방에서 정의된 이변수함수 $f(x,y)$가 (a,b)에서 편미분가능하며 극값을 가지므로 $y=b$를 고정시킨 일변수함수 $g(x)=f(x,b)$는 $x=a$를 포함하는 열린 구간에서 정의되어 있으며 $x=a$에서 미분가능하고 극값을 가진다. 따라서 정리 4.1.4에 의하여 $f_x(a,b)=0$이다. 마찬가지로 $f_y(a,b)=0$이다.

일변수함수와 마찬가지로 $\nabla f(a,b)=(0,0)$이라고 해서 함수 f가 점 (a,b)에서 극값을 갖는다고 말할 수는 없다. 한 점 (a,b)의 근방에서 정의되어 있는 함수 f에 대하여 $\nabla f(a,b)=(0,0)$이거나 f가 (a,b)에서 x 또는 y에 대하여 편미분가능하지 않으면 점 (a,b)를 함수 f의 **임계점**이라고 한다.

보기 8.6.2 함수 $f(x,y)=x^2-y^2$에 대하여 $f_x(x,y)=2x$, $f_y(x,y)=-2y$이므로

$$\nabla f(0,0)=(0,0)$$

이다. 따라서 점 $(0,0)$은 함수 f의 임계점이다. 그러나 $f(0,0)=0$이 함수 f의 극값이 아님을 보일 수 있다.

$x\neq 0$인 경우

$$f(x,0)=x^2>0=f(0,0)$$

이므로 $f(0,0)=0$은 f의 극댓값이 아니다.

또한 $y\neq 0$인 경우

$$f(0,y)=-y^2<0=f(0,0)$$

이므로 $f(0,0)=0$은 f의 극솟값도 아니다.

따라서 $f(0,0)=0$은 f의 극값이 아니다. ■

보기 8.6.2와 같이 $\nabla f(a,b)=(0,0)$이지만 $f(a,b)$가 함수 f의 극값이 아닐 때, 함수 f의 그래프 위의 점 $(a,b,f(a,b))$를 함수 f의 (그래프의) **안장점**(saddle point)이라고 한다.

$\nabla f(a,b)=(0,0)$일 때 $f(a,b)$가 함수 f의 극댓값인지 극솟값인지 또는 점 $(a,b,f(a,b))$가 안장점인지를 이계편미분계수를 이용하여 아래와 같이 판정할 수 있고, 그 증명은 부록에서 찾을 수 있다.

정리 8.6.3 함수 f가 점 (a, b)의 근방에서 연속인 이계편도함수를 가지며

$$\nabla f(a, b) = (0, 0)$$

이라고 가정하자. 또한 점 (a, b)의 근방에서

$$D(x, y) = \begin{vmatrix} f_{xx}(x, y) & f_{xy}(x, y) \\ f_{xy}(x, y) & f_{yy}(x, y) \end{vmatrix}$$

$$= f_{xx}(x, y) f_{yy}(x, y) - \{f_{xy}(x, y)\}^2$$

이라고 정의하자.

(1) $D(a, b) > 0$ 이고 $f_{xx}(a, b) < 0$ 이면 $f(a, b)$는 함수 f의 극댓값이다.

(2) $D(a, b) > 0$ 이고 $f_{xx}(a, b) > 0$ 이면 $f(a, b)$는 함수 f의 극솟값이다.

(3) $D(a, b) < 0$ 이면 점 $(a, b, f(a, b))$는 함수 f의 안장점이다.

예제 8.6.4 함수 $f(x, y) = x^2 + y^2 + x^2 y + 4$의 극값을 조사하여라.

풀이 먼저 연립방정식

$$\begin{cases} f_x(x, y) = 2x + 2xy = 0 \\ f_y(x, y) = 2y + x^2 = 0 \end{cases}$$

의 해를 구하면

$$(x, y) = (0, 0),\ (\sqrt{2}, -1),\ (-\sqrt{2}, -1)$$

이다. 또한,

$$f_{xx}(x, y) = 2 + 2y,\ f_{yy}(x, y) = 2,\ f_{xy}(x, y) = 2x$$

이고

$$D(x, y) = (2 + 2y) \cdot 2 - (2x)^2 = 4(1 + y - x^2)$$

이다. $(x, y) = (0, 0)$일 때, $D(0, 0) = 4 > 0$ 이고 $f_{xx}(0, 0) = 2 > 0$ 이므로 $f(0, 0) = 4$는 함수 f의 극솟값이다. 그리고 $(x, y) = (\pm\sqrt{2}, -1)$일 때는 $D(\pm\sqrt{2}, -1) = -8 < 0$ 이므로 그래프 위의 두 점 $(\pm\sqrt{2}, -1, 5)$는 함수 f의 안장점이다. ■

이제 극값을 이용하여 함수의 최댓값과 최솟값을 구하는 방법에 대하여 알아보자.

정의 8.6.5 이변수함수 f의 정의역의 부분집합 D에 대하여 $(a, b) \in D$라고 하자.

(1) D의 모든 점 (x, y)에 대하여 $f(a, b) \geq f(x, y)$일 때 함숫값 $f(a, b)$를 D에서의 함수 f의 **최댓값**이라고 한다.

(2) D의 모든 점 (x, y)에 대하여 $f(a, b) \leq f(x, y)$일 때 함숫값 $f(a, b)$를 D에서의 함수 f의 **최솟값**이라고 한다.

닫힌 구간 $[a, b]$는 실수 a와 b 사이의 내부의 점들과 경계에 있는 두 점 a와 b를 포함하는 집합이다. 마찬가지로 평면 $\mathbb{R}^2$의 부분집합 D의 내부의 모든 점들과 D의 경계에 있는 모든 점들을 포함하는 집합을 **닫힌 집합**이라고 한다. 예를 들어, 집합

$$D = \{(x, y) | x^2 + y^2 \leq 1\}$$

는 평면에서 원점을 중심으로 하고 반지름이 1인 원의 내부의 모든 점들과 경계인 원 위의 모든 점들을 포함하므로 닫힌 집합이다. 한편 $D \subset \mathbb{R}^2$가 어떤 원판 안에 포함될 때, D는 **유계인 집합**이라고 한다. 다시 말하여, 적당한 양수 r이 존재하여 모든 $(x, y) \in D$에 대하여 $\sqrt{x^2 + y^2} < r$일 때 D는 유계인 집합이다. 아래의 중요한 정리의 증명은 이 책의 수준을 넘어가므로 생략한다.

정리 8.6.6 최대 · 최소 정리

유계이며 닫힌 집합에서 연속인 함수는 최댓값과 최솟값을 갖는다.

지금까지 공부한 것을 정리하면, 유계이며 닫힌 집합인 D에서 연속인 함수 f의 최댓값과 최솟값은 반드시 존재하며 그 값들을 다음과 같이 구할 수 있다.

1. D의 내부에서 f의 모든 임계점을 찾고 그 점들에서의 함숫값을 구한다.
2. D의 경계에서 f의 최댓값과 최솟값을 구한다.
3. 위의 두 과정에서 구한 모든 함숫값들 중 가장 큰 값이 D에서 f의 최댓값, 가장 작은 값이 최솟값이다.

예제 8.6.7 세 직선 $x=0$, $y=0$, $y=9-x$로 둘러싸인 삼각형의 내부와 경계에 있는 모든 점으로 이루어진 집합 D에서 함수 $f(x,y)=x^2+y^2-2x-2y+1$의 최댓값과 최솟값을 구하여라.

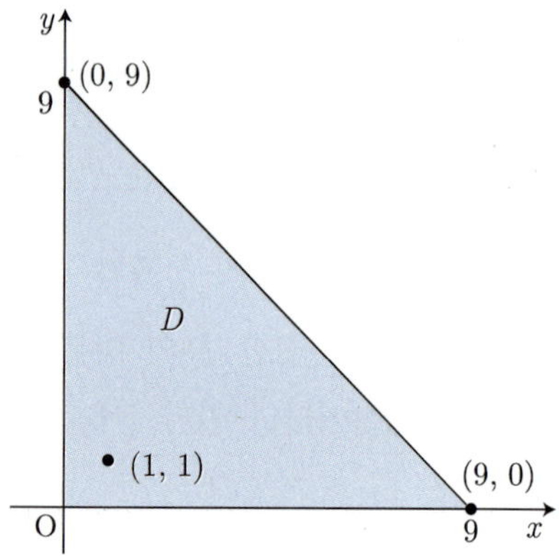

[그림 8-15]

풀이 (1) $f_x(x,y)=2x-2=0$과 $f_y(x,y)=2y-2=0$에서 $(x,y)=(1,1)$이고 이 점은 D의 내부에 있는 f의 임계점으로서 $f(1,1)=-1$이다.

(2) 직선 $x=0$에서는 $f(0,y)=y^2-2y+1\,(0\le y\le 9)$로서 $y=1$일 때, 즉 $f(0,1)=0$이 최솟값이고 $y=9$일 때, 즉 $f(0,9)=64$가 최댓값이다.

(3) 직선 $y=0$에서는 $f(x,0)=x^2-2x+1\,(0\le x\le 9)$로서 $x=1$일 때, 즉 $f(1,0)=0$이 최솟값이고 $x=9$일 때, 즉 $f(9,0)=64$가 최댓값이다.

(4) 직선 $y=9-x$에서는 $f(x,9-x)=2(x^2-9x+32)\;(0\le x\le 9)$로서 $f\left(\frac{9}{2},\frac{9}{2}\right)=\frac{47}{2}$이 최솟값이고 $f(9,0)=f(0,9)=64$가 최댓값이다.

(1)에서 (4)를 통하여 얻은 함숫값들은 $-1, 0, \frac{47}{2}, 64$이므로 D에서 함수 f의 최댓값은 $f(9,0)=f(0,9)=64$이고 최솟값은 $f(1,1)=-1$이다. ■

연습문제 8.6

1. 다음 함수의 모든 극값과 안장점을 조사하여라.

(1) $f(x, y) = 5x^2 + 2y^2 - 2xy - 4x - 4y + 1$

(2) $f(x, y) = x^2 + 2xy + 3$

(3) $f(x, y) = x^3 - y^3 - 2xy + 6$

(4) $f(x, y) = 9x^3 + y^3 - 2xy$

(5) $f(x, y) = xy + \dfrac{1}{x} + \dfrac{1}{y}$

(6) $f(x, y) = e^y(y^2 - x^2)$

2. 집합 D에서 함수 f의 최댓값과 최솟값을 구하여라.

(1) $f(x, y) = 1 + 4x - 5y$, D는 xy평면 위의 세 점 $(0, 0), (2, 0), (0, 3)$을 꼭짓점으로 하는 삼각형의 내부와 경계에 있는 모든 점들의 집합

(2) $f(x, y) = x^2 + y^2 + x^2y + 4$, $D = \{(x, y) \mid |x| \le 1, |y| \le 1\}$

(3) $f(x, y) = x^4 + y^4 - 4xy + 2$, $D = \{(x, y) \mid 0 \le x \le 3, 0 \le y \le 2\}$

(4) $f(x, y) = 2x^3 + y^4$, $D = \{(x, y) \mid x^2 + y^2 \le 1\}$

8.7 라그랑주 승수법

앞 절에서 유계이며 닫힌 집합인 $D \subset \mathbb{R}^2$ 에서 연속인 함수 f의 최댓값과 최솟값을 구하기 위해서는 D의 경계에서 f의 최댓값과 최솟값을 구해야 한다는 것을 알았다. 집합 D의 경계가 곡선 $g(x, y) = 0$ 으로 표현될 때 이 곡선 위에서 f의 최댓값과 최솟값을 구하는 방법을 알아보자. 다시 말하여, 점 (x, y)가 곡선 $g(x, y) = 0$ 위의 점이라는 제약을 받을 때 $f(x, y)$의 최댓값과 최솟값을 구하는 방법을 알아보자.

예제 8.7.1 x, y가 $x + y - 1 = 0$을 만족할 때, 함수 $f(x, y) = 1 - (x^2 + y^2)$의 최댓값과 최솟값을 조사하여라.

풀이 제약조건식 $x+y-1=0$에서 $y=-x+1$이므로 함수 $f(x,y)$는

$$f(x,y)=f(x,-x+1)=1-x^2-(1-x)^2=-2x(x-1)$$

이다. 따라서 $x=\frac{1}{2}$일 때 최댓값을 가지며 최솟값은 존재하지 않는다. 따라서

$$f\left(\frac{1}{2}, \frac{1}{2}\right)=\frac{1}{2}$$

이 제약조건 $x+y-1=0$ 아래에서의 함수 $f(x,y)$의 최댓값이며 최솟값은 존재하지 않음을 알 수 있다.

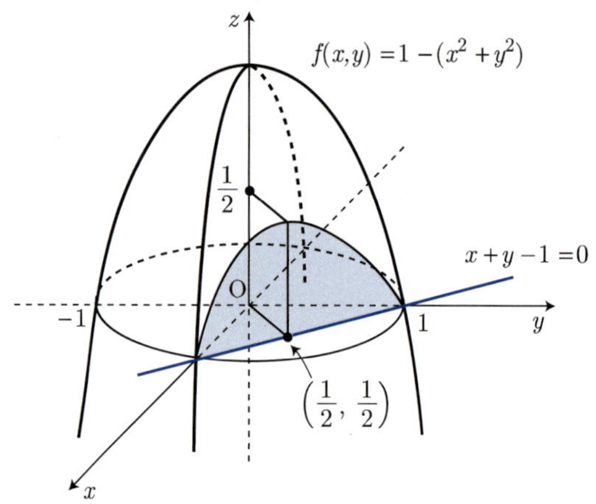

[그림 8-16]

한편, $1-(x^2+y^2)=k$라고 놓으면 $x^2+y^2=1-k$가 되어 $k<1$인 경우 원점을 중심으로 하며 반지름의 길이가 $\sqrt{1-k}$인 원이다. 아래 그림과 같이 주어진 직선 $x+y-1=0$과 원 $x^2+y^2=1-k$가 접할 때 최댓값이 생기며 최솟값은 존재하지 않는다.

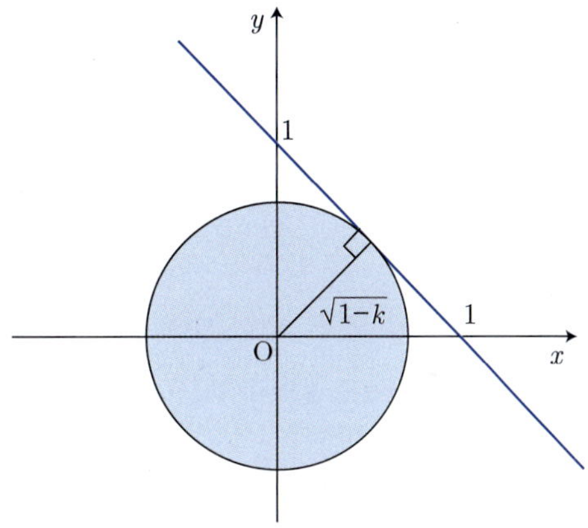

[그림 8-17] ■

미분가능한 이변수함수 f, g에 대하여, 변수 x, y가 $g(x,y)=0$을 만족할 때 함수 $f(x,y)$의 극값을 구하는 방법을 알아보자. 함수 f가 곡선 $g(x,y)=0$ 위의 한 점 (a,b)에서 극값을 갖는다고 가정하자. 또한 점 (a,b)의 근방에서 곡선 $g(x,y)=0$이 열린 구간 $(-r, r)$에서 미분가능한 일변수함수 $x(t), y(t)$에 대하여

$$\begin{cases} x=x(t) \\ y=y(t) \end{cases}, \quad (x(0), y(0))=(a,b)$$

로 표현될 수 있다고 가정하자. 그러면 구간 $(-r, r)$에 속하는 모든 t에 대하여

$$g(x(t), y(t))=0$$

이 성립하고 이 식의 양변은 t에 대하여 미분가능하다. 연쇄법칙에 의하여

$$\frac{d}{dt}g(x(t), y(t))=g_x(x(t), y(t))x'(t)+g_y(x(t), y(t))y'(t)=0$$

이 되므로 $t=0$일 때

$$\left.\frac{d}{dt}g(x(t), y(t))\right|_{t=0}=g_x(a,b)x'(0)+g_y(a,b)y'(0)=0$$

이다. 이를 벡터의 내적을 이용하여 간단히 나타내면

$$\nabla g(a,b) \cdot (x'(0), y'(0)) = 0$$

이다. 한편, 함수 f가 곡선 $g(x,y)=0$ 위에서 극값 $f(a,b)=f(x(0),y(0))$을 가지므로 t에 대한 일변수함수 $f(x(t),y(t))$가 $t=0$에서 극값을 가진다. 따라서 연쇄법칙에 의하여

$$0 = \frac{d}{dt} f(x(t), y(t))\Big|_{t=0} = \nabla f(a,b) \cdot (x'(0), y'(0))$$

이다. 따라서 두 벡터 $\nabla f(a,b)$와 $\nabla g(a,b)$가 곡선 $g(x,y)=0$ 위의 점 (a,b)에서의 접선벡터 $(x'(0), y'(0))$와 각각 수직이다. 일반적으로 $\nabla g(a,b) \neq (0,0)$이면 접선벡터 $(x'(0), y'(0))$가 영벡터가 아닌 함수 $x(t), y(t)$를 찾을 수 있는 것이 알려져 있다. 그러므로 두 벡터 $\nabla f(a,b)$와 $\nabla g(a,b)$는 평행하고

$$\nabla f(a,b) = \lambda \nabla g(a,b)$$

가 되는 상수 λ가 존재한다. 이 상수 λ를 **라그랑주 승수**(Lagrange multiplier)라고 부른다. 이를 정리하면 다음과 같은 중요한 결과를 얻는다.

> **정리 8.7.2 라그랑주 승수법(Lagrange Multiplier Method)**
> 두 이변수함수 f, g가 한 점 (a,b)의 근방에서 연속인 편도함수를 갖는다고 가정하자. 점 (x,y)가 곡선 $g(x,y)=0$ 위의 점이라는 제약을 받을 때 함수 $f(x,y)$가 점 (a,b)에서 극값을 가지며 $\nabla g(a,b) \neq (0,0)$이면
>
> $$\nabla f(a,b) = \lambda \nabla g(a,b)$$
>
> 를 만족하는 실수 λ가 존재한다.

따라서 제약조건식 $g(x,y)=0$이 있을 때 함수 $f(x,y)$가 극값을 가지는 점 (a,b)를 찾기 위해서는 3개의 미지수 x, y, λ에 대한 다음의 연립방정식

$$\begin{cases} \nabla f(x,y) = \lambda \nabla g(x,y) \\ g(x,y) = 0 \end{cases}$$

을 풀면 된다.

예제 8.7.3 함수 $f(x, y) = xy$ 가 제약조건식 $x^2 + y^2 = 1$ 의 제한을 받을 때, 함수 $f(x, y)$ 의 최댓값과 최솟값을 구하여라.

풀이 $g(x, y) = x^2 + y^2 - 1$ 이라고 놓으면 $g(x, y) = 0$ 일 때

$$\nabla f(x, y) = (y, x),\ \nabla g(x, y) = (2x, 2y) \neq (0, 0)$$

이므로, 점 (x, y) 에서 극값을 갖는다면

$$(y, x) = \lambda(2x, 2y),\ x^2 + y^2 = 1$$

을 만족하는 실수 λ 가 존재해야 한다. 이 연립방정식을 풀면

$$(x, y) = \left(\frac{1}{\sqrt{2}},\ \frac{1}{\sqrt{2}}\right), \left(\frac{1}{\sqrt{2}}, -\frac{1}{\sqrt{2}}\right), \left(-\frac{1}{\sqrt{2}}, \frac{1}{\sqrt{2}}\right), \left(-\frac{1}{\sqrt{2}}, -\frac{1}{\sqrt{2}}\right)$$

이다. 각 점에서의 함숫값을 구해 보면

$$f\left(\frac{1}{\sqrt{2}}, \frac{1}{\sqrt{2}}\right) = f\left(-\frac{1}{\sqrt{2}}, -\frac{1}{\sqrt{2}}\right) = \frac{1}{2}$$
$$f\left(\frac{1}{\sqrt{2}}, -\frac{1}{\sqrt{2}}\right) = f\left(-\frac{1}{\sqrt{2}}, \frac{1}{\sqrt{2}}\right) = -\frac{1}{2}$$

이다.

따라서 함수 f 는 점 $\left(\frac{1}{\sqrt{2}}, \frac{1}{\sqrt{2}}\right)$ 과 $\left(-\frac{1}{\sqrt{2}}, -\frac{1}{\sqrt{2}}\right)$ 에서 최댓값 $\frac{1}{2}$ 을 가지며 점 $\left(\frac{1}{\sqrt{2}}, -\frac{1}{\sqrt{2}}\right)$ 과 $\left(-\frac{1}{\sqrt{2}}, \frac{1}{\sqrt{2}}\right)$ 에서 최솟값 $-\frac{1}{2}$ 을 갖는다. ■

마찬가지로, n 개의 변수 $x_1, x_2, \cdots, x_n$ 이 제약조건식 $g(x_1, x_2, \cdots, x_n) = 0$ 을 만족할 때, 다변수함수 $f(x_1, x_2, \cdots, x_n)$ 의 최댓값과 최솟값을 라그랑주 승수법을 이용하여 구할 수 있다. 즉 함수 $f(x_1, x_2, \cdots, x_n)$ 이 제약조건식 $g(x_1, x_2, \cdots, x_n) = 0$ 을 만족하는 어떤 점 $(a_1, a_2, \cdots, a_n)$ 에서 극값을 가지며 $\nabla g(a_1, a_2, \cdots, a_n) \neq \vec{0}$ 이면

$$\nabla f(a_1, a_2, \cdots, a_n) = \lambda \nabla g(a_1, a_2, \cdots, a_n)$$

를 만족하는 실수 λ 가 존재한다. 따라서 함수 f 가 극값을 갖는 점 $(a_1, a_2, \cdots, a_n)$ 을 찾기 위하여, $n+1$ 개의 미지수 $x_1, x_2, \cdots, x_n, \lambda$ 에 대한 다음의 연립방정식

$$\begin{cases} \nabla f(x_1, x_2, \cdots, x_n) = \lambda \nabla g(x_1, x_2, \cdots, x_n) \\ g(x_1, x_2, \cdots, x_n) = 0 \end{cases}$$

을 풀면 된다.

예제 8.7.4 함수 $f(x, y, z) = x + 2y - 2z$ 가 제약조건식 $x^2 + y^2 + z^2 = 1$의 제한을 받을 때, 최댓값과 최솟값을 구하여라.

풀이 $g(x, y, z) = x^2 + y^2 + z^2 - 1$ 이라고 놓으면 $g(x, y, z) = 0$ 일 때

$$\nabla f(x, y, z) = (1, 2, -2),\ \ \nabla g(x, y, z) = (2x, 2y, 2z) \neq (0, 0, 0)$$

이므로 점 (x, y, z) 에서 극값을 갖는다면

$$(1, 2, -2) = \lambda(2x, 2y, 2z)$$
$$x^2 + y^2 + z^2 = 1$$

을 만족하는 실수 λ가 존재해야 한다. 이 연립방정식을 풀면

$$(x, y, z) = \left(\frac{3}{4}, \frac{3}{2}, -\frac{3}{2}\right), \left(-\frac{3}{4}, -\frac{3}{2}, \frac{3}{2}\right)$$

이다. 따라서 구하는 최댓값과 최솟값은 각각

$$f\left(\frac{3}{4}, \frac{3}{2}, -\frac{3}{2}\right) = \frac{27}{4}, \qquad f\left(-\frac{3}{4}, -\frac{3}{2}, \frac{3}{2}\right) = -\frac{27}{4}$$

이다. ■

연습문제 8.7

※ 문제 1~5에서 라그랑주 승수법을 이용하여 주어진 제약조건 아래에서 함수 f의 최댓값과 최솟값을 구하여라.

1. $f(x, y) = x^2 + y^2;\ \ xy = 1$

2. $f(x, y) = -2x^2 - y^2;\ \ 3x + 4y = 12$

3. $f(x, y) = 4x + 6y;\ \ x^2 + y^2 = 13$

4. $f(x, y) = x^2 y;\ \ x^2 + 2y^2 = 6$

5. $f(x, y) = e^{xy};\ \ x^2 + y^2 = 8$

6. 세 양의 실수 x, y, z가 제약조건식 $x + y + z = 1$을 만족할 때, 함수 $f(x, y, z) = xyz$의 최댓값을 구하여라. 또한, 이 결과를 이용하여 세 양의 실수 x, y, z에 대한 산술기하평균 부등식

$$\frac{x+y+z}{3} \geq \sqrt[3]{xyz}$$

을 유도하여라.

7. $0 < a < 1$, $k > 0$인 두 상수 a, k에 대하여, 어떤 재화 x_1과 x_2에 대한 소비자의 효용함수가 아래와 같이 주어진다고 가정하자.

$$u(x_1, x_2) = k x_1^a x_2^{1-a} \quad (x_1, x_2 > 0)$$

재화 x_1과 x_2의 가격은 각각 p_1과 p_2이고 소비자의 소득은 $I > 0$라고 하자. 따라서 소비자는 $p_1 x_1 + p_2 x_2 = I$라는 예산 제약식에 의해 제한을 받는다. 이 소비자의 효용을 극대화하는 x_1과 x_2의 값을 구하여라.

8장 연습문제

1. 다음 극한을 조사하여라.

(1) $\displaystyle\lim_{(x,\,y)\to(0,\,0)} \frac{x-y+2\sqrt{x}-2\sqrt{y}}{\sqrt{x}-\sqrt{y}}$

(2) $\displaystyle\lim_{(x,\,y)\to(0,\,0)} \frac{x^2+y^2}{\sqrt{x^2+y^2+1}-1}$

2. 다음 함수 f 가 $(0,0)$ 에서 연속인지를 조사하여라.

$$f(x,y)=\begin{cases}\dfrac{xy}{x^2+xy+y^2} & ((x,y)\neq(0,0))\\ 0 & ((x,y)=(0,0))\end{cases}$$

3. 함수 $f(x,y)=|x+y|$ 에 대하여 점 $(0,0)$ 에서의 x 와 y 에 관한 편미분가능성을 각각 조사하여라.

4. 좌표공간에서 곡면 $x^2+4y^2+4z^2=9$ 가 주어졌을 때, 이 곡면 위의 점 $(1,1,1)$ 에서의 평면 $y=1$ 로 곡면을 잘라서 생기는 곡선에 접하는 접선의 기울기를 구하여라.

5. 다음 함수에서 주어진 변수의 값과 증분에 대하여 함수의 증분과 선형근삿값을 구하고, 두 값을 비교하여라.

(1) $z=x^2-2xy+3y^2$; $x=2,\ y=1,\ \Delta x=0.3,\ \Delta y=0.1$

(2) $z=x^2\ln y-y^2\ln x$; $x=4,\ y=2,\ \Delta x=\dfrac{1}{4},\ \Delta y=1$

6. $R=\ln(u^2+v^2+w^2)$, $\begin{cases}u=x+2y\\ v=2x-y\\ w=2xy\end{cases}$ 일 때, $(x,y)=(1,1)$ 에서의 편도함수 $\dfrac{\partial R}{\partial x}$ 와 $\dfrac{\partial R}{\partial y}$ 의 값을 구하여라.

7. $\sqrt[3]{8.03}\,(1.02)^8$ 의 근삿값을 구하여라.

8. 두 곡면 $x^2+z^2+4y=0$ 과 $x^2+y^2+z^2-6z+7=0$ 이 점 $(0,-1,2)$ 에서 접하는 것을 보여라.

9. 원점 $(0,0)$ 의 근방에 있는 점 (x,y) 에 대하여 다음의 근사식이 성립함을 설명하여라.

$$\frac{2x+3}{4y+1} \approx 3+2x-12y$$

10. 다음 함수의 모든 극값과 안장점을 조사하여라.

(1) $f(x,y)=x^3y+12x^2-8y$

(2) $f(x,y)=(x^2+y^2)e^{y^2-x^2}$

(3) $f(x,y)=2x^3+xy^2+5x^2+y^2$

11. 주어진 영역 D 에서 다음 함수의 최댓값과 최솟값을 구하여라.

(1) $f(x,y)=3+xy-x-2y$, D는 평면 위의 세 점 $(1,0),(5,0)$, $(1,4)$ 를 꼭짓점으로 하는 삼각형의 내부와 경계점들의 집합

(2) $f(x,y)=xy^2$, $D=\{(x,y)\,|\,x\geq 0,\, y\geq 0,\, x^2+y^2\leq 3\}$

12. 양의 실수 $a_1,a_2,\cdots,a_n$ (단, n 은 $n\geq 2$ 인 자연수)에 대한 산술기하평균 부등식

$$\frac{a_1+a_2+\cdots+a_n}{n} \geq \sqrt[n]{a_1a_2\cdots a_n}$$

을 유도하여라.

13. 실수 $a_1,a_2,\cdots,a_n$ (단, n 은 $n\geq 2$ 인 자연수)에 대한 아래의 절대부등식을 유도하여라.

$$(a_1+a_2+\cdots+a_n)^2 \leq n\left(a_1^2+a_2^2+\cdots+a_n^2\right)$$

14. 두 양수 a, b에 대하여, 생산자의 생산함수가 노동량 L과 자본량 K의 함수

$$Q(L, K) = L^a K^b \quad (L, K > 0)$$

로 주어진다고 하자. 노동과 자본에 대한 각각의 가격이 w와 r로 주어졌을 때, 최소한의 비용으로 주어진 생산량 q를 생산하는데 필요한 노동량과 자본량을 구하여라.

15. 이변수함수 f가 좌표평면 $\mathbb{R}^2$에서 미분가능하고 모든 실수 x, y에 대하여

$$x f_x(x, y) + y f_y(x, y) = \alpha f(x, y)$$

를 만족시키는 실수 α가 존재한다고 하자.

(1) 실수 x, y를 고정시키고 $g(t) = f(tx, ty)$라고 하면 $g'(t) = \dfrac{\alpha}{t} g(t)$임을 보여라.

(2) 함수 $h(t)$가 모든 양수 t에 대하여 $th'(t) - \alpha h(t) = 0$을 만족시키면 $h(t) = t^\alpha h(1)$임을 보여라.

(3) 함수 f가 α차 동차함수임을 보여라. 즉 모든 실수 x, y와 양수 t에 대하여

$$f(tx, ty) = t^\alpha f(x, y)$$

를 만족함을 보여라.

부록

A.1 정리 2.1.17의 증명
A.2 정리 7.4.9의 증명
A.3 정리 8.4.3의 증명
A.4 정리 8.6.3의 증명

A.1 정리 2.1.17의 증명

정리 2.1.17 교대급수판정법

모든 자연수 n에 대하여 $a_n \geq a_{n+1} \geq 0$이고 $\lim_{n \to \infty} a_n = 0$일 때, 교대급수

$$\sum_{n=1}^{\infty} (-1)^{n+1} a_n = a_1 + (-a_2) + a_3 + \cdots + (-1)^{n+1} a_n + \cdots$$

가 수렴한다.

증명 급수 $\sum_{n=1}^{\infty} (-1)^{n+1} a_n$의 부분합의 수열을 $\{S_n\}$, 즉 자연수 n에 대하여

$$S_n = \sum_{k=1}^{n} (-1)^{k+1} a_k = a_1 + (-a_2) + \cdots + (-1)^{n+1} a_n$$

이라고 하자. 그러면 짝수 번째 항까지의 부분합 S_{2n}을 다음과 같이 두 가지 방법으로 쓸 수 있다.

$$\begin{aligned} S_{2n} &= (a_1 - a_2) + (a_3 - a_4) + \cdots + (a_{2n-1} - a_{2n}) \\ &= a_1 - (a_2 - a_3) - \cdots - (a_{2n-2} - a_{2n-1}) - a_{2n} \end{aligned}$$

가정으로부터 모든 자연수 n에 대하여

$$a_n \geq a_n - a_{n+1} \geq 0$$

이다. 따라서 각각의 자연수 n에 대하여 $b_n = a_{2n-1} - a_{2n}$으로 놓으면, 모든 자연수 n에 대하여 $b_n \geq 0$이고

$$\sum_{k=1}^{n} b_k = S_{2n} = a_1 - (a_2 - a_3) - \cdots - (a_{2n-2} - a_{2n-1}) - a_{2n} \leq a_1$$

이다. 따라서 정리 2.1.14에 의하여 급수 $\sum_{n=1}^{\infty} b_n$이 수렴한다. 그러므로 극한

$$S = \lim_{n \to \infty} S_{2n}$$

이 존재한다. 그런데,

$$S_{2n+1} = S_{2n} + a_{2n+1}, \quad \lim_{n\to\infty} a_n = 0$$

이므로

$$\lim_{n\to\infty} S_{2n+1} = \lim_{n\to\infty}(S_{2n} + a_{2n+1}) = S$$

이다. 수열 $\{S_n\}$의 짝수 번째 항의 수열 $\{S_{2n}\}$과 홀수 번째 항의 수열 $\{S_{2n-1}\}$이 모두 같은 값 S로 수렴하므로 수열 $\{S_n\}$도 수렴한다. ■

A.2 정리 7.4.9의 증명

정리 7.4.9 A가 $n\times n$ 행렬일 때, 임의의 $i=1,\cdots,n$에 대하여

$$\det A = a_{i1}C_{i1} + a_{i2}C_{i2} + \cdots + a_{in}C_{in}$$

이다. 이 등식을 A의 행렬식 $\det A$의 i행에 대한 **여인수 전개식**이라고 한다.

증명 우선 이 사실은 $n=1$일 때는 당연히 성립하고 $n=2$일 때는 쉽게 증명할 수 있다. 이제, $n\geq 3$일 때 크기가 $(n-1)\times(n-1)$인 임의의 행렬의 모든 행에 대한 여인수 전개가 가능하다고 가정하고, A를 $n\times n$ 행렬이라고 하자. 정의 7.4.5에 의해서 $\det A$를 1행에 대한 여인수 전개식으로 구할 수 있다. 즉,

$$\det A = \sum_{j=1}^{n} a_{1j}(-1)^{1+j}\det M_{1j}$$

이다. 여기서 M_{ij}는 행렬 A의 (i,j) 소행렬로서 $(n-1)\times(n-1)$ 행렬이다. 각각의 j에 대하여 M_{1j}의 행렬식 $\det M_{1j}$를 계산하기 위하여 행렬 A에서 i,k행과 j,l열(단, $i\neq k, j\neq l$)을 제거하여 얻은 크기가 $(n-2)\times(n-2)$인 행렬을 M_{ijkl}로 나타내자. 정의에 의해서 $M_{ijkl}=M_{klij}$이다.

이제, $i=2,\cdots,n$인 임의의 i를 생각하자. 그러면 $(n-1)\times(n-1)$ 행렬 M_{11}과 M_{12}의 행렬식을 $(i-1)$행에 대한 여인수 전개식을 이용하여 구하면

$$\begin{aligned}\det M_{11} &= \begin{vmatrix} a_{22} & a_{23} & \cdots & a_{2n} \\ \vdots & \vdots & \ddots & \vdots \\ a_{i2} & a_{i3} & \cdots & a_{in} \\ \vdots & \vdots & \ddots & \vdots \\ a_{n2} & a_{n3} & \cdots & a_{nn} \end{vmatrix} \\ &= \sum_{k=2}^{n} a_{ik}(-1)^{i+k}\det M_{11ik}\end{aligned}$$

이고

$$\det M_{12} = \begin{vmatrix} a_{21} & a_{23} & \cdots & a_{2n} \\ \vdots & \vdots & \ddots & \vdots \\ a_{i1} & a_{i3} & \cdots & a_{in} \\ \vdots & \vdots & \ddots & \vdots \\ a_{n1} & a_{n3} & \cdots & a_{nn} \end{vmatrix}$$
$$= a_{i1}(-1)^{i} \det M_{12i1} + \sum_{k=3}^{n} a_{ik}(-1)^{i+k} \det M_{12ik}$$

이다. 일반적으로는, 임의의 $j = 1, \cdots, n$에 대하여

$$\det M_{1j} = \sum_{k<j} a_{ik}(-1)^{i+k-1} \det M_{1jik} + \sum_{k>j} a_{ik}(-1)^{i+k} \det M_{1jik}$$

이므로

$$\begin{aligned} &\det A \\ &= \sum_{j=1}^{n} a_{1j}(-1)^{1+j} \left[\sum_{k<j} a_{ik}(-1)^{i+k-1} \det M_{1jik} + \sum_{k>j} a_{ik}(-1)^{i+k} \det M_{1jik} \right] \\ &= \sum_{j=1}^{n} \left[\sum_{k<j} a_{1j}(-1)^{1+j} a_{ik}(-1)^{i+k-1} \det M_{1jik} + \sum_{k>j} a_{1j}(-1)^{1+j} a_{ik}(-1)^{i+k} \det M_{1jik} \right] \end{aligned}$$

이다. 여기서 j와 k에 대한 합의 순서를 바꾸면

$$\begin{aligned} &\det A \\ &= \sum_{k=1}^{n} \left[\sum_{j<k} a_{1j}(-1)^{1+j} a_{ik}(-1)^{i+k} \det M_{1jik} + \sum_{j>k} a_{1j}(-1)^{1+j} a_{ik}(-1)^{i+k-1} \det M_{1jik} \right] \\ &= \sum_{k=1}^{n} a_{ik}(-1)^{i+k} \left[\sum_{j<k} a_{1j}(-1)^{1+j} \det M_{1jik} + \sum_{j>k} a_{1j}(-1)^{j} \det M_{1jik} \right] \end{aligned}$$

이다. 여기서, $M_{1jik} = M_{ik1j}$이므로 행렬식의 정의(정의 7.4.5)에 의하여

$$\det M_{ik} = \sum_{j<k} a_{1j}(-1)^{1+j} \det M_{1jik} + \sum_{j>k} a_{1j}(-1)^{j} \det M_{1jik}$$

이다. 따라서

$$\det A = \sum_{k=1}^{n} a_{ik}(-1)^{i+k} \det M_{ik}$$

이다. 그러므로 임의의 $n \times n$ 행렬 A의 행렬식을 모든 행에 대한 여인수 전개식으로 구할 수 있다. ■

A.3 정리 8.4.3의 증명

정리 8.4.3 이변수함수 f 의 모든 편도함수들이 점 (a, b) 의 근방에서 존재하고 (a, b) 에서 연속이면 f 는 (a, b) 에서 미분가능하다.

증명 함수 f 의 모든 편도함수들이 점 (a,b) 의 근방에서 존재하므로 적당한 양수 r 에 대하여 중심이 (a,b) 이고 반지름의 길이가 $2r$ 인 열린 원판

$$B_{2r}(a,b) = \{(x,y) \mid (x-a)^2 + (y-b)^2 < (2r)^2\}$$

의 모든 점 (x,y) 에서 함수 f 의 편도함수가 존재한다. 이제 (x,y) 를 반지름의 길이가 r 인 열린 원판 $B_r(a,b)$ 의 중심 (a,b) 가 아닌 임의의 한 점이라 하고, 함수 f 의 증분을 아래와 같이 쓰자.

$$f(x,y) - f(a,b) = \{f(x,y) - f(a,y)\} + \{f(a,y) - f(a,b)\}$$

한편, 닫힌 구간 $[a-r, a+r]$ 에서 정의된 일변수함수 $g(t) = f(t,y)$ 를 생각하면 이변수함수 f 의 x 에 대한 편도함수 f_x 가 열린 원판 $B_{2r}(a,b)$ 의 모든 점에서 존재하므로 함수 g 는 닫힌 구간 $[a-r, a+r]$ 에서 연속이고 열린 구간 $(a-r, a+r)$ 에서 미분가능하다. 따라서 $x \neq a$ 이면 평균값 정리에 의하여

$$g(x) - g(a) = g'(x^*)(x-a)$$

인 x^* 가 a 와 x 사이에 존재한다. 그런데, $g'(t) = f_x(t,y)$ 이므로

$$f(x,y) - f(a,y) = f_x(x^*, y)(x-a)$$

이다. $x = a$ 인 경우에는 $x^* = a$ 로 놓으면 이 등식이 성립한다. 마찬가지로

$$f(a,y) - f(a,b) = f_y(a, y^*)(y-b)$$

인 y^* 가 b 와 y 사이(또는 $y = b$ 인 경우에는 $y^* = b$)에 존재한다. 그러므로 함수 f 의 점 (x,y) 에서의 함숫값과 그 점에서의 선형근사식의 차를 아래와 같이 쓸 수 있다.

$$\begin{aligned} & f(x,y) - \{f(a,b) + f_x(a,b)(x-a) + f_y(a,b)(y-b)\} \\ &= \{f(x,y) - f(a,y)\} + \{f(a,y) - f(a,b)\} - \{f_x(a,b)(x-a) + f_y(a,b)(y-b)\} \\ &= \{f_x(x^*,y) - f_x(a,b)\}(x-a) + \{f_y(a,y^*) - f_y(a,b)\}(y-b) \end{aligned}$$

가정에 의하여 함수 f의 편도함수들이 모두 점 (a, b)에서 연속이고

$$|x^* - a| \le |x - a|, \quad |y^* - b| \le |y - b|$$

이므로

$$\lim_{(x,y)\to(a,b)} \{f_x(x^*, y) - f_x(a, b)\} = \lim_{(x,y)\to(a,b)} \{f_y(a, y^*) - f_y(a, b)\} = 0$$

이다. 또한,

$$|x - a| \le \sqrt{(x-a)^2 + (y-b)^2}, \quad |y - b| \le \sqrt{(x-a)^2 + (y-b)^2}$$

이므로

$$\lim_{(x,y)\to(a,b)} \frac{f(x, y) - \{f(a, b) + f_x(a, b)(x-a) + f_y(a, b)(y-b)\}}{\sqrt{(x-a)^2 + (y-b)^2}} = 0$$

이다. 따라서 정리 8.4.2에 의하여 함수 f는 점 (a, b)에서 미분가능하다. ■

A.4 정리 8.6.3의 증명

정리 8.6.3 함수 f가 점 (a,b)의 근방에서 연속인 이계편도함수를 가지며

$$\nabla f(a,b)=(0,0)$$

이라고 가정하자. 또한 점 (a,b)의 근방에서

$$\begin{aligned} D(x,y) &= \begin{vmatrix} f_{xx}(x,y) & f_{xy}(x,y) \\ f_{xy}(x,y) & f_{yy}(x,y) \end{vmatrix} \\ &= f_{xx}(x,y)f_{yy}(x,y)-\{f_{xy}(x,y)\}^2 \end{aligned}$$

이라고 정의하자.

(1) $D(a,b)>0$이고 $f_{xx}(a,b)<0$이면 $f(a,b)$는 함수 f의 극댓값이다.

(2) $D(a,b)>0$이고 $f_{xx}(a,b)>0$이면 $f(a,b)$는 함수 f의 극솟값이다.

(3) $D(a,b)<0$이면 $(a,b,f(a,b))$는 함수 f의 안장점이다.

증명 (1)을 증명하면 (2)는 $-f$를 이용하여 쉽게 얻을 수 있다. 여기서는 (1)만 증명하고 (3)은 연습문제로 남긴다.

함수 f의 모든 이계편도함수들이 점 (a,b)의 근방에서 연속이므로 적당한 양수 r에 대하여 반지름의 길이가 $2r$인 열린 원판 $B_{2r}(a,b)$의 모든 점 (x,y)에 대하여 $D(x,y)>0$이고 $f_{xx}(x,y)<0$이 성립한다. 이제 (x,y)를 반지름의 길이가 r인 열린 원판 $B_r(a,b)$의 중심 (a,b)가 아닌 임의의 한 점이라 하고, 아래와 같이 정의된 함수 $h:[-2,2]\to\mathbb{R}$를 생각하자.

$$h(t)=f(a+t(x-a),b+t(y-b))$$

연쇄법칙에 의하여

$$h'(t)=(x-a)f_x+(y-b)f_y$$

이고

$$\begin{aligned} h''(t) &= (x-a)\{(x-a)f_{xx}+(y-b)f_{xy}\}+(y-b)\{(x-a)f_{yx}+(y-b)f_{yy}\} \\ &= (x-a)^2f_{xx}+2(x-a)(y-b)f_{xy}+(y-b)^2f_{yy} \end{aligned}$$

이다. 또한, $h''(t)$ 에 대한 식을 $x-a$ 에 대한 완전제곱꼴로 정리하면

$$h''(t) = f_{xx}\left\{(x-a) + \frac{f_{xy}}{f_{xx}}(y-b)\right\}^2 + \frac{f_{xx}f_{yy} - f_{xy}^2}{f_{xx}}(y-b)^2$$

이다. 그런데, 열린 원판 $B_{2r}(a,b)$ 에서 $f_{xx} < 0$ 이고 $f_{xx}f_{yy} - f_{xy}^2 = D > 0$ 이므로 모든 $t \in (-2, 2)$ 에 대하여 $h''(t) < 0$ 이다. 따라서 정리 4.5.2에 의하여 함수 h 는 구간 $(-2, 2)$ 에서 위로 볼록하다. 또한, $\nabla f(a,b) = (0,0)$ 이므로 $h'(0) = 0$ 이다. 따라서 0 이 아닌 모든 $t \in (-2, 2)$ 에 대하여

$$h(t) < h(0) + h'(0)(t-0) = h(0)$$

이 성립한다. 특별히 $t=1$ 을 생각하면

$$f(x,y) = h(1) < h(0) = f(a,b)$$

를 얻는다. 여기서 (x,y) 가 중심이 (a,b) 인 열린 원판 $B_r(a,b)$ 의 중심이 아닌 임의의 점이므로 $f(a,b)$ 가 함수 f 의 극댓값이다. ■

찾아보기

ㄱ

가속도 · 233
가우스 함수 · 52
가우스-조던 소거법 · 253
감소함수 · 21
계수 · 26
계수행렬 · 249
공간벡터 · 209
공역 · 18
교대급수 · 47
교대급수판정법 · 47, 340
구간 I에서 연속 · 60
그래디언트 · 301, 305
그래프 · 21
극값 · 118, 324
극댓값 · 118, 324
극솟값 · 118, 324
극한 · 40, 49, 232, 293
극한값 · 49, 293
근방 · 118, 309
급수 · 43
기본 행 변형 · 250
기본행렬 · 250
기약 행 사다리꼴 행렬 · 251
기울기벡터 · 301, 305
기함수 · 181

ㄷ

다변수함수 · 286
다항함수 · 26
단위벡터 · 209
닫힌 구간 · 15
닫힌 집합 · 327
대각행렬 · 259
대수적 함수 · 27
도함수 · 87, 233
독립변수 · 18, 286
(양의) 동차함수 · 322
두 번 미분가능하다 · 89
등고선 · 288
등비급수 · 44

ㄹ

라그랑주 승수 · 332
라플라스방정식 · 307
로그 · 30
로그미분법 · 108
로그법칙 · 32

로그함수 · 30
로피탈의 법칙 · 129
로피탈의 제2법칙 · 131
롤의 정리 · 123
리만합 · 163

ㅁ

매개변수방정식 · 232
미분가능하다 · 77, 233, 309
미분계수 · 77
미분법 · 92
미적분의 기본 정리 I · 172
미적분의 기본 정리 II · 173
밑 · 29, 30

ㅂ

발산한다 · 40, 43, 49, 197, 293
방향 · 209
방향미분계수 · 302
법선벡터 · 229
벡터 · 209
벡터공간 · 211
벡터함수 · 232
변곡점 · 142
부분적분법 · 179
부분합 · 43
부정적분 · 160
부정형 · 55
불연속 · 60
불연속점 · 60
비교정리 · 42
비교판정법 · 46, 199

ㅅ

사이값 정리 · 62
산술기하평균 부등식 · 14
삼각부등식 · 14
삼각행렬 · 259
상 · 18
상삼각행렬 · 259
상수함수 · 18
샌드위치정리 · 42, 53
선두성분 · 251
선형근사식 · 112, 309
선형성 · 44
성분 · 240
소거법 · 253
소행렬 · 264
속력 · 233
수렴한다 · 40, 43, 49, 197, 293
수열 · 40
수직 · 220
순간변화율 · 77
순간속도 · 233
시점 · 209
실수열 · 40

ㅇ

아래로 볼록 · 141
아래로 오목 · 141
안장점 · 325
압축정리 · 42, 53

양의 무한대 · 41
여인수 · 264
여인수 전개식 · 266, 270
여인수 행렬 · 275
역함수 · 20
역행렬 · 257
연속 · 59, 233, 296
연쇄법칙 · 95, 313, 315
열린 구간 · 15
열전도방정식 · 307
영벡터 · 211
영행 · 251
영행렬 · 240
우극한 · 51
우미분계수 · 79
우함수 · 181
원점 · 15, 21, 208
위로 볼록 · 141
위로 오목 · 141
위치벡터 · 210
유계 · 167
유계인 집합 · 327
유리함수 · 26
음의 무한대 · 41
음함수 · 96
이계도함수 · 89
이계도함수에 의한 극값 판정법 · 137
이계편도함수 · 303
이변수함수 · 286
이항정리 · 13
일계도함수에 의한 극값 판정법 · 136
일대일 대응 · 20
일대일함수 · 19
일변수함수 · 286
임계점 · 120, 325

ㅈ

자연로그함수 · 103
자연지수함수 · 103
적분가능 · 164
적분법 · 176
적분상수 · 160
적분에 대한 평균값 정리 · 171
전치행렬 · 245
접선 · 78
접점 · 78
접평면 · 319
정사각행렬 · 240
정의역 · 18
정적분 · 164
정칙행렬 · 257
조화급수 · 45
조화함수 · 322
종속변수 · 18, 286
종점 · 209
좌극한 · 51
좌미분계수 · 79
좌표 · 15, 21, 208
좌표공간 · 208
좌표직선 · 15
좌표축 · 208
좌표평면 · 21
증가함수 · 21

증감표 · 136
증분 · 76
지수법칙 · 29
지수함수 · 29

ㅊ

차수 · 26
초월함수 · 27
최대 · 최소 정리 · 63, 327
최댓값 · 63, 327
최솟값 · 63, 327
치역 · 18
치환적분법 · 176, 178

ㅋ

코시-슈바르츠 부등식 · 14
코시의 평균값 정리 · 128
크래머의 공식 · 278

ㅌ

이상적분 · 197

ㅍ

파동방정식 · 307
페르마의 정리 · 119
편도함수 · 301
편미분가능하다 · 300
편미분계수 · 300, 305
평균값 정리 · 124
평균변화율 · 76
평면벡터 · 213
평행 · 220

ㅎ

하삼각행렬 · 259
함수 · 18
함숫값 · 18
합성함수 · 26
항등함수 · 18
항등행렬 · 245
행렬 · 240
행렬식 · 263

기타

n계도함수 · 89
n변수함수 · 286
n제곱근함수 · 20

이 연구는 2017년도 서강대학교 교내연구비 지원에 의한 연구임('201719028.01')

2판
대학수학

2018년 8월 20일 2판 1쇄 펴냄 | 2021년 2월 1일 2판 3쇄 펴냄
지은이 김현석 · 이영란 · 조성희
펴낸이 류원식 | **펴낸곳** **교문사**

편집팀장 모은영 | **본문편집** OPS design | **표지디자인** 유선영
제작 김선형 | **홍보** 김은주 | **영업** 함승형 · 박현수 · 이훈섭

주소 (10881) 경기도 파주시 문발로 116(문발동 536-2)
전화 031-955-6111~4 | **팩스** 031-955-0955
등록 1968. 10. 28. 제406-2006-000035호
홈페이지 www.gyomoon.com | E-mail genie@gyomoon.com
ISBN 978-89-363-1763-8 (93410) | 값 22,000원